PIE遥感图像处理教学丛书

# PIE遥感图像处理二次开发教程

杨灿坤　任永强　刘东升　梁军龙　等　编著

科学出版社

北　京

# 内 容 简 介

本书基于 PIE-SDK 6.0，以 C#.NET 2013 为开发语言对遥感图像处理二次开发实例进行讲解。全书共 9 章，包括 PIE-SDK 二次开发概述、PIE-SDK 主要控件入门、数据基础操作、遥感数据预处理、遥感数据处理、遥感算法开发、遥感与 GIS 一体化开发、地图制图、系统设计与开发综合实战等内容。本书配有大量具有实际背景的编程案例，并给出实现思路和代码详解，读者可对照书中代码进行练习。本书强调实用性、实战性和全面性，案例丰富、由易及难、便于自学，展示了基于 PIE-SDK 进行遥感二次开发的全流程。

本书可作为高等学校遥感、地理信息科学、测绘工程等专业本科生和研究生的教材，也可作为相关专业从业人员和 PIE 软件用户的学习和操作指南，同时还可作为相关领域从事科学研究和工程技术开发人员的参考书。

**图书在版编目(CIP)数据**

PIE 遥感图像处理二次开发教程/杨灿坤等编著. —北京：科学出版社，
2021.9

（PIE 遥感图像处理教学丛书）

ISBN 978-7-03-069799-8

Ⅰ. ①P… Ⅱ. ①杨… Ⅲ. ①遥感图像–图像处理–教材 Ⅳ. ①TP751

中国版本图书馆 CIP 数据核字(2021)第 189311 号

责任编辑：杨 红 郑欣虹/责任校对：杨 赛
责任印制：张 伟/封面设计：迷底书装

科 学 出 版 社 出版
北京东黄城根北街 16 号
邮政编码：100717
http://www.sciencep.com
**北京中石油彩色印刷有限责任公司** 印刷
科学出版社发行 各地新华书店经销
\*
2021 年 9 月第 一 版 开本：787×1092 1/16
2021 年 9 月第一次印刷 印张：13
字数：332 000

定价：59.00 元
（如有印装质量问题，我社负责调换）

# 序　一

随着我国卫星遥感蓬勃发展，国产卫星实现"从有到好、从模仿到创新引领"的跨越式发展。随之而来的是国产自主遥感数据与日俱增，数据获取与处理技术快速提升，各行业领域对遥感应用软件需求旺盛。遥感图像处理软件是实现遥感图像数据在各行业领域应用的重要工具。然而长期以来，我国各行业领域的遥感图像处理主要依赖于国外遥感图像处理软件。大力发展自主可控的遥感图像处理软件，推动国产遥感图像处理软件在各个行业领域内的广泛使用成为促进遥感事业发展和保障国家空间信息安全的迫切需求。

航天宏图信息技术股份有限公司自 2008 年成立以来一直致力于卫星遥感、导航技术创新实践与普及应用，是国内知名的卫星应用服务商。经过十余年技术攻关，研发了一套集多源遥感影像处理和智能信息提取于一体的国产遥感影像处理软件——PIE（pixel information expert），形成了覆盖多平台、多载荷、全流程的系列化软件产品体系。PIE 聚焦卫星应用的核心需求，面向自然资源管理与监测、生态环境监管应用、气象监测与气候评估、海洋环境保障、防灾减灾以及军民融合等领域，激活数据价值，提供行业应用解决方案。PIE 具备完全自主知识产权，程序高度可控，是中国人自己的遥感影像处理软件。PIE 在国产卫星数据处理与应用方面具有极大优势，打破了国外商业化软件在我国遥感应用市场中的垄断地位，也使遥感信息真正能为政府科学决策、科研院校研究和社会公众应用提供及时有效的服务。

作为一名测绘遥感工作者，我对国内遥感学科教材体系的建设充满期待。"PIE 遥感图像处理教学丛书"的问世，从软件和应用实践的角度丰富了教材内容体系，无疑令人欣慰。在使用 PIE 软件的过程中，我见证了国产遥感图像处理软件的发展与壮大。本丛书集校企专家众贤所能，在实践的基础上，集系统性与实用性于一体，循序渐进地介绍 PIE 的使用方法、专题实践与二次开发，为读者打开遥感应用的大门，开启遥感深入应用之路，展示遥感大众化的应用前景，旨在培育国产软件应用生态，形成国产遥感技术及应用完整产业链。希望国产遥感软件 PIE 继续促进国产遥感行业应用水平提升与技术进步，持续提高科技贡献率，推进遥感应用现代化！

期望未来有更好的 PIE 产品不断涌现，让更多的中国人了解 PIE，使用 PIE，强大 PIE。一马当先，带来万马奔腾。我相信，这套丛书在我国遥感技术的发展和人才培养等方面必将发挥越来越重要的作用。

# 序　二

"坐地日行八万里,巡天遥看一千河。"随着我国航空航天遥感技术的飞速发展,立体式、多层次、多视角、全方位和全天候对地观测的新时代呼啸而来。借此,人类得以用全新的视角重新认识和发现我们的家园;用更宏观的视野更精准的数据整合观照对地球的现有认知;用更科学智慧的方案探索解决全球气候变化、自然资源调查、环境监测、防灾减灾等与我们息息相关的问题。

国家民用空间基础设施中长期发展规划、高分专项等一系列重大战略性工程的实施,使得我国遥感数据日趋丰富,而如何使这些海量数据发挥最大效用和价值,为人类可持续发展服务,先进的遥感图像处理软件必不可少。长期以来,遥感图像处理软件市场一直被国外垄断,保障国家空间信息安全、践行航天强国战略、培育经济发展新动能、加大技术创新,服务经济社会发展,大力发展自主可控的遥感图像处理软件便成为当务之急。可喜的是,航天宏图信息技术股份有限公司致力于研发中国人自己的遥感图像处理软件 PIE(pixel information expert)系列产品和核心技术,解决了程序自主可控安全可靠的"卡脖子"问题,并广泛服务于气象、海洋、水利、农业、林业等领域。

与此同时,为有效缓解国产遥感软件 PIE 教材市场不足的问题,满足日益快速增长的遥感应用需求,航天宏图联合首都师范大学、中国矿业大学(北京)遥感地信一线教学科研专家,对 PIE 的理论、方法和技术进行系统性总结,共同撰写了"PIE 遥感图像处理教学丛书"。丛书包括《PIE 遥感图像处理基础教程》《PIE 遥感图像处理专题实践》《PIE 遥感图像处理二次开发教程》等。其中,《PIE 遥感图像处理基础教程》系统介绍了 PIE-Basic 遥感图像基础处理软件、PIE-Ortho 卫星影像测绘处理软件、PIE-SAR 雷达影像数据处理软件、PIE-Hyp 高光谱影像数据处理软件、PIE-UAV 无人机影像数据处理软件、PIE-SIAS 尺度集影像分析软件的使用方法;《PIE 遥感图像处理专题实践》则选取典型应用案例,基于 PIE 系列软件从专题实践角度进行应用介绍;《PIE 遥感图像处理二次开发教程》提供大量翔实的开发实例,帮助读者提升开发技能。丛书基础性、系统性、实践性、科学性和实用性并具,可使读者即学即用,触类旁通,快速提高实践能力。该丛书不仅适合于高校师生教学使用,而且可以作为各专业领域广大遥感、地信、测绘等专业技术人员工作和学习的参考书。

日月之行，星河灿烂。众"星"云集时代，遥感不再遥远。仰望星空，脚踏实地，国产遥感软件的发展承载着广大测绘地理信息科技工作者的家国担当、赤子情怀，丛书的出版是十分必要而且适时的。预祝丛书早日面世，为我国遥感科技的创新发展持续发力！

# 前　言

遥感（remote sensing，RS）是利用各类平台和传感器，不与被测地物目标直接接触，在高空或远距离处，接收地物目标辐射或反射的电磁波信息，并对这些信息进行加工、处理与分析，揭示出地物目标的特征、性质、参数及其运动状态的综合性探测技术。遥感技术以其观测面积大、时效性强的优势，广泛应用于农业、林业、海洋、交通、军事、土地调查、地质找矿、水利普查、防灾减灾、生态监测、城市建设等多个行业领域。近年来，随着航空航天技术和计算机技术的迅猛发展，各类遥感平台和传感器不断更新换代，遥感图像处理算法也不断推陈出新，遥感在国民生产和生活中发挥着越来越重要的作用，引起了各国政府的广泛重视。PIE（pixel information expert）是新一代国产遥感图像处理软件，涵盖了遥感图像预处理、融合镶嵌、智能解译、综合制图、流程定制等全流程操作，提供了全要素遥感信息分析处理，形成了覆盖全载荷、全行业应用的遥感图像处理产品体系，具有完全自主知识产权。PIE-SDK 是 PIE 提供的二次开发包，在遥感图像处理和信息提取方面有着灵活、敏捷、可定制等优势，为遥感方面的工作提供了强有力的工具。

PIE-SDK 类似于 ArcGIS Engine 二次开发的应用方式，在组件库划分、接口组织、方法命名方面与 ArcObject 保持了很大的一致性，同时还提供了大量的帮助和示例，大大减少了二次开发人员的学习和开发成本，有 ArcGIS Engine 开发经验的读者可以很快上手。PIE-SDK 支持国外主流卫星数据的读取和显示，针对某些国内卫星数据（如 FY 系列、HJ 系列），PIE-SDK 预置其卫星轨道和载荷信息等参数，在数据处理精度方面具有优势。PIE-SDK 支持矢量、栅格、服务、专题、长时间序列等数据或服务类型，并且支持数据的动态坐标转换，同时 PIE-SDK 底层统一了地理信息系统（geographic information system，GIS）和 RS 的相关接口，减少了中间的数据交换流程，算法运行效率高。支持海量数据的精准显示和瓦片快速显示，且 PIE-SDK 中部分算法充分考虑不同算法的特性，实现中央处理器（central processing unit，CPU）和图形处理单元（graphics processing unit，GPU）资源的自动分配，并对资源的分配提供了控制方案。支持 C++、C#语言进行二次开发，并且支持用户通过 Python、IDL、Matlab 等语言直接调用图像处理算法构建解决方案。拥有通用、标准的接口规范，并提供完善的帮助、示例、类图等相关资料。基于 PIE-SDK 进行二次开发可以大大降低开发难度，并且能够很好地支持用户需求。为了进一步推进国产遥感图像处理二次开发在高校的使用和发展，我们从本科实践教学的需求出发，编写了这本关于 PIE 遥感图像处理二次开发的高校本科教材。

本书站在学生的角度、面向工程的实际应用，充分兼顾不同层次读者的知识结构和知识水平来设计。同时本书内容丰富、由浅入深、由易及难、循循善诱，具有全面性和实战性，既能使基础比较薄弱而又有强烈的遥感二次开发欲望的读者容易入门，又可让具有一定基础的读者有提高水平的余地。本书内容共分 9 章：第 1 章为 PIE-SDK 二次开发概述，梳理了主流遥感图像处理二次开发软件的对比，介绍了 PIE-SDK 的体系结构和组件库，以及开发环境的配置过程。第 2 章为 PIE-SDK 主要控件入门。第 3 章展开介绍 PIE-SDK 的数据基础操作，对不同数据源的数据加载与交互方式进行了介绍并给出大量示例代码。对 PIE-SDK 不太了解但具备二次开发基础的读者，可以从第 3 章开始阅读。第 4 章针对遥感数据预处理涉及的辐射校正、几何校正、图像融合、图像裁剪、图像拼接、图像镶嵌等功能进行了介绍，每部分均提供了核心代码。第 5 章是遥感数据处理的核心算法介绍，包含了图像分类、图像变换、图像滤波、边缘增强的操作，每部分均提供了核心代码。第 6 章是在前述章节的基础上，利用 PIE-SDK 的组件功能，自定义算法工作流以及扩展算法，实现算法开发。第 7 章全面介绍了 PIE-SDK 中的 GIS 功能，将遥感与 GIS 进行一体化集成开发。第 8 章主要介绍地图制图的功能开发。第 9 章系统设计与开发综合实战，主要内容是通过系统开发全流程的展示快速指导开发者进行项目的实战开发。

    限于编写人员的水平，书中疏漏之处在所难免，敬请读者批评指正。

    本书实验所需代码和数据，请发信至 pie-support@piesat.cn 邮箱索取。

作 者

2020 年 6 月 20 日

# 目　　录

# 第1章　PIE-SDK 二次开发概述

## 1.1　遥感图像处理二次开发技术

遥感软件开发是软件实体化的过程，是遥感技术得以应用的重要手段。遥感数据处理软件的实现要基于专业的遥感算法理论、程序架构设计理论及一定的软件开发能力。目前常见的遥感图像处理软件按照其应用场景可以大致分为两大类：通用遥感图像处理软件、面向特定应用领域的遥感图像处理软件。通用遥感图像处理软件包含了很多通用的遥感处理功能，可应用于不同的遥感领域，如 ENVI、ERDAS IMAGINE、PCI Geomatica、PIE 等。面向特定应用领域的遥感图像处理软件一般应用于某个领域、某个业务场景或者某个单位等，此类软件可以从底层开始进行开发，也可以基于通用遥感图像处理软件进行二次开发。某些通用遥感软件提供了很多基础的遥感处理功能、专业的遥感算法接口、便捷的功能调用方式，在其基础上进行二次开发可以降低遥感系统开发门槛、缩短开发周期、降低开发难度，开发人员可以根据具体业务需求快速构建解决方案，且不需要考虑底层的实现，这就是二次开发的优势。近些年随着遥感技术的不断发展，越来越多的行业领域需要遥感技术提供支持，对遥感系统的需求也日益增多，遥感业务化软件平台逐渐成为行业软件的重要组成部分。遥感软件二次开发技术作为遥感系统开发的核心技术之一，在遥感应用领域发挥了重大作用。

ERDAS IMAGINE 的二次开发平台提供了一系列的客户化工具，拥有基于 SPATIAL MODELER（空间建模工具）和 C Developer's Toolkit（简称 C Toolkit）的 EML 语言客户化图形用户界面。其中 SPATIAL MODELER 提供了面向目标的模型语言环境，空间建模语言（SML）和模型生成器（model maker）提供了操作栅格数据、矢量数据、矩阵、表格及分级数据的函数和操作算子，在定义好模型后，将其转换为脚本形式，便可用 EML 语言为其编写界面，实现功能客户化。C Toolkit 为用户提供了应用编程接口 API，以方便用户修改软件的版本或者开发一个完整的应用模块，从而扩展软件功能，满足其特定项目需要。

PCI ProSDK：超图软件与加拿大 PCI 公司合作推广的 ProSDK&ProPack。PCI 专业软件开发工具套装（ProSDK）为用户提供了用 C++、Java 及 Python 等编程语言对 Geomatica 软件组件以应用程序的方式进行应用或扩展的能力。使用 ProSDK 和 ProPacks 能够让用户灵活自由地调用 PCI 可插入函数（PPF），并允许用户自建功能模块，从而实现用户特定功能需求的自行定制。PCISDK 包括：PCI 可插入函数架构，支持执行可插入函数（PPF）；通用数据库（GDB）函数，支持利用 C++或 Python 语言获取多种 Geomatics 文件格式和数据产品；FIMPORT 和 FEXPORT 的 PCI 可插入函数，分别支持向 GDB 读写文件操作以及通过 PCIDSK 文件实现 GDB 交互；连接 Geomatica Focus，利用 Focus 接口实现远程过程调用方法和一系列 Focus 操作，如打开 Focus 窗口、装入文件和工程、执行栅格和矢量数据操作等功能。ProPacks 是对 ProSDK 的扩展，包含一系列特定应用领域的 PCI 可插入函数，如正射校正、影像配准、自动 DEM 生成、数据融合、影像增强和企业数据库支持等。

ENVI 是使用 IDL 编写的功能完整的遥感图像处理平台。在 ENVI 中，用户可以很方便地通过 IDL 及 ENVI 提供的二次开发应用程序接口（API）对 ENVI 的功能进行扩展，添加新的功能函数。ENVI 平台的大部分图像处理功能以函数方式（ENVI Routines）或对象方式（ENVI Task）提供，IDL 可以很方便地调用这些函数或对象，同时 IDL 本身具有开发图形用户界面（GUI）的功能，开发人员可以很方便地基于 ENVI+IDL 开发一个业务化平台（阎殿武，2003；韩培友，2006；董彦卿，2012）。

MapGIS 二次开发组件：MapGIS 是武汉中地数码科技有限公司开发的 GIS 基础平台软件系统。作为一个 GIS 基础平台软件，MapGIS 提供了多种二次开发方式，用户可以在软件中进行二次开发，开发出适合自己需要的应用系统。MapGIS 的二次开发方式主要有 API 函数、MFC 类库、组件开发三种方式。MapGIS 二次开发库封装在若干动态链接库（DLL 文件）中。MapGIS 提供的二次开发方式采用的开发接口独立于开发工具（MFC 类库开发方式除外），用户无须学习新的开发工具就可以进行 MapGIS 二次开发。

PIE 提供的二次开发包是 PIE-SDK。PIE-SDK 类似于 ArcGIS 二次开发的应用方式，在组件库划分、接口组织、方法命名方面与 ArcObject 保持了很大的一致性，同时还提供了大量的帮助和示例，大大减少了二次开发人员的学习和开发成本。PIE-SDK 支持国外主流卫星数据的读取和显示，针对某些国内卫星数据（如 FY 系列、HJ 系列），PIE-SDK 拥有其卫星轨道和载荷信息等参数，在数据处理精度方面具有优势。PIE-SDK 支持矢量、栅格、服务、专题、长时间序列等数据类型，并且支持数据的动态坐标转换。同时 PIE-SDK 底层统一了 GIS 和 RS 的相关接口，减少了中间的数据交换流程，算法运行效率高。PIE-SDK 支持海量数据的精准显示和瓦片快速显示，且部分算法充分考虑不同算法的特性，实现系统对相关 CPU 和 GPU 资源的自动分配，并对资源的分配提供了控制方案。PIE-SDK 支持 C++、C#语言进行二次开发，并且支持用户通过 Python、IDL、Matlab 等语言直接调用图像处理算法构建解决方案，同时还拥有通用、标准的接口规范，并提供完善的帮助、示例、类图等相关资料。综上所述，基于 PIE-SDK 进行二次开发可以大大降低开发难度，且能够很好地支持用户需求，如表 1.1 所示。

表 1.1　现有二次开发软件对比表

| 二次开发软件 | 产品名称 | 开发方式 | 支持语言 | 优缺点 |
|---|---|---|---|---|
| ERDAS IMAGINE | IMAGINE Developer's Toolkit 开发工具包 | 定义好模型后，将其转换为脚本形式，再用 EML 语言为其编写界面，实现功能客户化，也可以使用 C 语言开发工具包和动态链接库 | SML、EML、C/C++ | 优点：提供了通用的二次开发功能，IMAGINE Developer's Toolkit 的用户有权访问 IMAGINE Developer's Toolkit Network，这是在线的、交互式的工具，可与其他用户交流 |
| | | | | 缺点：进行二次开发，需要学习建模语言 SML 和宏语言 EML，增加了二次开发难度；不支持某些流行语言的开发，如 Java、C#；运行二次开发程序需要同时运行 ERDAS IMAGINE |
| PCI ProSDK / SuperMap | PCI Geomatics 专业软件开发工具包（ProSDK） | 提供利用C++、JAVA 和 Python 编程语言调用 Geomatics 组件实现应用软件开发和功能扩展的能力 | C++、Java 及 Python 等主流语言 | 优点：PCI 软件平台为早期遥感应用的发展的做出了突出贡献；国内超图代理后强强联合，有不错的发展前景 |
| | | | | 缺点：目前基于 ProSDK 二次开发的应用系统较少 |

| 二次开发软件 | 产品名称 | 开发方式 | 支持语言 | 优缺点 |
| --- | --- | --- | --- | --- |
| ENVI | ENVI IDL 二次开发组件 | 面向对象的开发方式，不是由传统的开发语言如 C/C++开发的，而是由它的二次开发语言 IDL 开发 | IDL | 优点：由于 ENVI 和 IDL 的高度集成，二次开发和定制非常方便，其可用性大大增加，使用者可以用 IDL 定制一个适用于自己的流程化系统，几乎成为主流<br><br>缺点：不能用于大型应用系统的开发 |
| MapGIS | MapGIS 二次开发组件 | API 函数、MFC 类库和组件开发三种方式 | C 语言、VB 语言、MFC 类库 | 优点：组件式开发，方便快捷<br><br>缺点：调用的功能厂家已配置好，扩展功能较少，编程性能较弱 |
| PIE | PIE-SDK | 底层统一由 C++进行编写，对外提供 C++和.NET 的二次开发包 | C++、C#、Python 等主流开发语言 | 优点：支持插件式二次开发和组件式二次开发，软件流畅，功能强大<br><br>缺点：工程导向的特点较为突出，功能灵活性稍弱 |

## 1.2　PIE-SDK 简介

PIE-SDK 是航天宏图信息技术股份有限公司自主研发的、可重用的、通用的 PIE 二次开发组件包，集成了专业的遥感影像处理、辅助解译、信息提取、专题图表生成、二三维可视化等功能，是一套标准 C++编写的通用二次开发组件集。底层采用“微内核+插件”式架构，功能模块之间低耦合，交互方便，可部署在 Windows、Linux、中标麒麟等跨平台操作系统中；提供多种形式的 API，支持 C++、C#、Python 等主流开发语言，提供向导式二次开发功能，可快速构建遥感应用解决方案。类似于 ArcGIS 等常见的 GIS、遥感软件，PIE 系列软件也提供了各个阶段和层次的数据处理、加工、分析、展示工具，并组合成不同产品，这些组合产品包含了不同层级的功能，但是从底层逻辑看，都是通过 PIE-SDK 所提供的组件来实现的。PIE-SDK 是一组通用跨平台嵌入式组件，它是 PIE 系列软件的底层组件，用来构建定制和桌面数据处理应用程序，或是向原有的应用程序增加新的功能。通过 PIE-SDK 构建的应用，既可以以 GIS 功能为核心，也可以以遥感数据处理为核心，该特点使 PIE-SDK 特别适合构建遥感与 GIS 一体化的应用。

PIE-SDK 目前包含 C++和.NET 两个版本。两个版本都支持插件式开发和组件式开发。本书所述实例代码为 Microsoft 的.NET Framework 下的.NET 版本，以 C#语言实现，如果选用 C++版本进行开发可参考官方帮助文档，相关资源获取请参见本章 1.4.2 节。

PIE-SDK 功能特点包括：

（1）支持可见光、红外、多光谱、合成孔径雷达（SAR）、激光雷达（LiDAR）等多源卫星遥感数据处理能力。

（2）支持多源海量数据的读取、显示与漫游；支持长时间序列数据的动态展示；支持数据格式的快速扩展。

（3）具有面向对象自动分类、智能信息化提取能力。

（4）具有多源海量数据的共享分发和二三维一体化显示、查询与分析能力。

（5）具有 CPU-GPU 协同计算能力。

（6）便捷的向导式二次开发能力。

（7）支持算法工作流定制功能。

（8）自主可控、内核精简、支持跨平台、支持主流开发语言。

## 1.2.1 PIE-SDK 体系结构

开发者使用 PIE-SDK 进行应用的二次开发，需要用到 PIE-SDK 提供的各类支持开发任务的资源，包括多种应用程序接口、类、方法、类型，这些资源以组件库的方式提供给开发者。组件库采用分层架构，将功能相近的对象归于某一组件库中或者视为组织到某个命名空间中，从而方便开发者调用。在组件库划分、接口组织、方法命名上和 ArcObject 保持了很大的一致性，减少了开发者学习的成本。此外，提供了大量的帮助和示例，能够让开发人员快速上手。

从 PIE-SDK 体系结构中可以看出各层之间向下依赖，这种体系结构具有迁移方便、自由聚合、即插即用、易于重构和复用性高等特点，如图 1.1 所示。

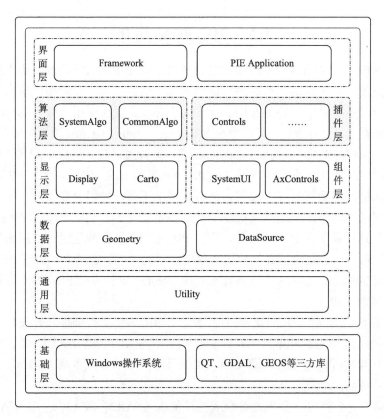

图 1.1   PIE-SDK 体系结构图

（1）基础层：操作系统和依赖的第三方库。目前 PIE-SDK For .NET 只支持 Windows 操作系统下 Visual Studio 2010 及更高版本集成开发环境（integrated development environment，IDE）进行二次开发。

（2）通用层：Utility 库是 PIE-SDK 框架中最底层的一个库，提供了可以被其他组件库应用的对象和方法。例如，PIE-SDK 基础对象类 PIE Object、通用数学运算类、数值单位转换等。

（3）数据层：包括 Geometry 库和 DataSource 库，这两个库都是与数据相关的库。Geometry库包含了核心几何空间对象的定义，如点、线、面等，除此之外，该库还包含了空间参考对象的定义。DataSource 库包含的对象是用于读取和操作地理数据库的，这个库中包含了核心的地理数据对象，如 FeatureDataset 要素数据集对象、Feature 要素对象、Field 字段对象、RasterDataset 栅格数据集对象、RasterBand 栅格波段对象、ColorTable 颜色表对象等。

（4）显示层：显示层包含 Display 库和 Carto 库，定义了地图的显示样式和显示方式。Display 库包含了显示图形所需要的对象，包括 Symbol 符号对象和 DisplayTransformation 显示转换对象。Symbol 符号对象用于修饰几何形体的表现形式，任何一种几何形体都必须使用某种 Symbol 符号才能显示在视图上。DisplayTransformation 显示转换对象用于控制地图坐标和屏幕坐标之间的转换，维护地图坐标和屏幕坐标之间的映射关系。Carto 库包含了为数据表达而服务的各种组件对象，如 MapDocument 地图文档、PageLayout 布局视图、Map 地图、Layer 图层、Render 渲染、Element 元素等，它们是数据层的数据和显示层的显示方式相结合的产物，并且不同的对象之间通过一定的逻辑关系关联起来，组成地图的各个要素，直观地来表达现实世界。

（5）组件层：包括 SystemUI 和 AxControls 库，它们是用 PIE-SDK 做二次开发最常用的两个库。SystemUI 库定义了被 PIE 用户界面组件所使用的对象，如 ICommand 命令接口、ICommandControl 命令组件接口、ITool 工具接口、ITrackerCancel 跟踪取消接口等。AxControls 库包含了在程序开发中可以使用的可视化组件对象：MapControl（地图控件）、PageLayoutControl（页面布局控件）、TOCControl（目录树控件）等，这些是用户操作地图的主要入口。

（6）算法层：包括 SystemAlgo 和 CommonAlgo 库。SystemAlgo 库主要服务于图像处理功能的开发，定义了 ISystemAlgo 接口和 AlgoFactory 类。ISystemAlgo 接口是算法的基础接口，它定义了算法实现的规则，AlgoFactory 对象实现了对各种算法的同步或异步调用的管理和监视。CommonAlgo 库包含了 PIE 桌面版中几乎所有的图像处理的算法。

（7）插件层：主要包括 Controls 库。Controls 库主要定义了一些 PIE 已经实现的 Command命令、Tool 工具和 Control 控件，如地图缩放、元素绘制、量算等。

（8）界面层：包括 Framework 库和主应用程序 PIE Application，是 PIE 的最顶层设计，其主要为 PIE 的桌面版软件服务，开发者在开发的过程中很少使用到，这里不再详细介绍。

## 1.2.2　PIE-SDK 组件库

开发者在学习 PIE-SDK 的二次开发过程中，需要不断了解这些库本身及库与库之间的关系，下面将对这些组件库做简要的介绍，后续章节会展开介绍。

### 1. Utility 库

Utility 库主要存放在 PIE.Utility.dll 中。它是 PIE 框架中最底层的一个库，提供了可以被其他组件库应用的一些对象。例如，PIE-SDK 基础对象类 PIE Object、通用数学运算类、数值单位转换等。

**2. SystemUI 库**

SystemUI 库主要存放在 PIE.SystemUI.dll 中。它定义了一些被 PIE 用户界面组件所使用的对象，如 ICommand（命令接口，如图 1.2 所示）、ITool（工具接口）、ICommandControl（命令控件接口）、ITrackerCancel（跟踪取消接口）等。

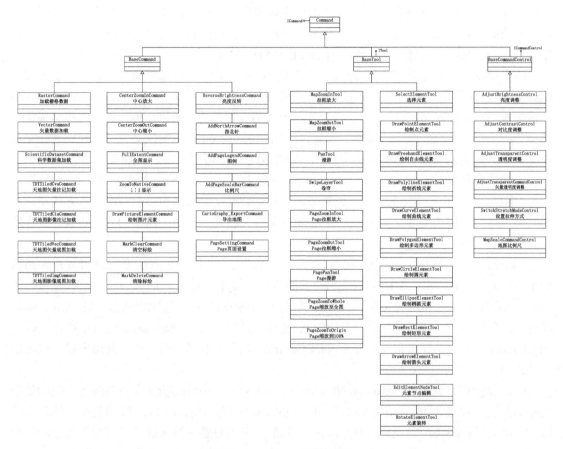

图 1.2　Command 类结构图

**3. Geometry 库**

Geometry 库主要存放在 PIE.Geometry.dll 中。它包含了核心的几何空间对象，如点、线、面等，如图 1.3 所示。PIE-SDK 中要素和图形要素的几何空间都可以在这个组件库中找到。除此之外，该库还包含了空间参考对象，包括 GeographicCoordinate System（地理坐标系统）、ProjectedCoordinate System（投影坐标系统）和 CoordinateTransformation（地理变换）等，如图 1.4 所示。几何空间对象和空间参考内容是 PIE-SDK 中比较重要的部分。

**4. Display 库**

Display 库主要存放在 PIE.Display.dll 中。它包含了在设备上显示图形所需要的对象。包括 Symbol 符号对象和 DisplayTransformation 显示转换对象。Symbol 符号对象是用于修饰几何空间对象的，任何一种几何空间都必须使用某种 Symbol 才能显示在视图上，如图 1.5 所示。DisplayTransformation 显示转换对象是地图显示的 "幕后推手"，它直接管理了地图数据的绘制和显示。

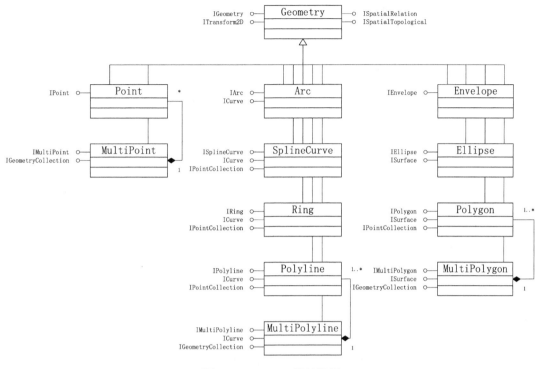

图 1.3　Geometry 类结构图

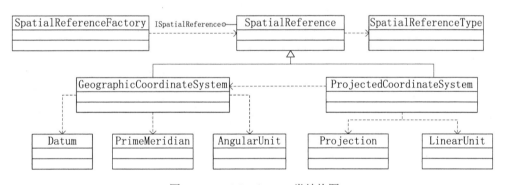

图 1.4　SpatialReference 类结构图

**5. DataSource 库**

DataSource 库主要存放在 PIE.DataSource.dll 中。它包含的对象用于读取和操作地理数据库。这个库中包含了核心的地理数据对象，如 FeatureDataset 要素数据集对象、FeatureClass要素类对象、Feature 要素对象、Fields 字段数据集、Field 字段、RasterDataset 栅格数据集对象类、RasterBand 栅格波段对象类、ColorEntry 颜色项对象类、ColorTable 颜色表对象类等。

**6. Carto 库**

Carto 库主要存放在 PIE.Carto.dll 中。它包含了为数据显示而服务的各种组件对象，如MapDocument 地图文档对象（图 1.6）、PageLayout 排版布局对象、Map 地图对象、Layer 图层对象（图 1.7）、Render 渲染对象、Element 元素对象（图 1.8）等。

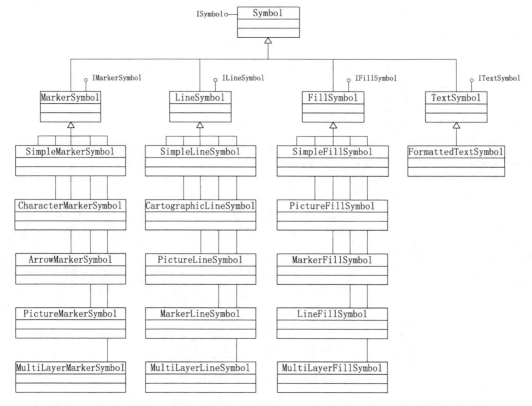

图 1.5　Symbol 类结构图

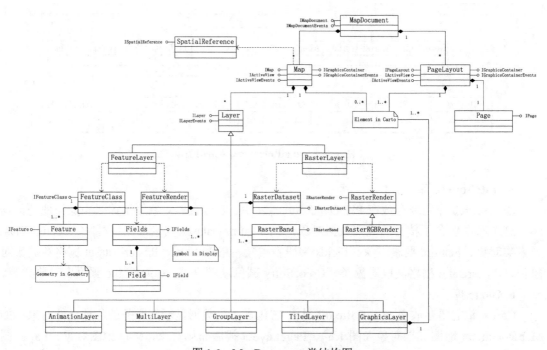

图 1.6　MapDocument 类结构图

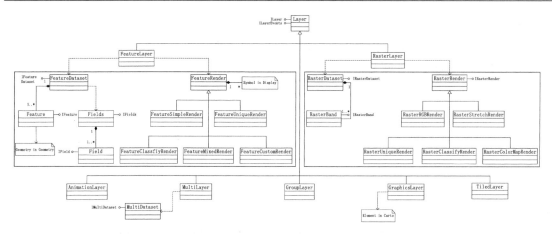

图 1.7　Layer 类结构图

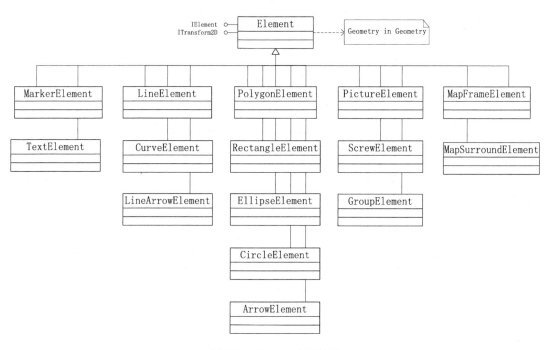

图 1.8　Element 类结构图

### 7. AxControls 库

　　AxControls 库主要存放在 PIE.AdapterUICLR.dll 和 PIE.AdapterUI.dll 中。它包含了在程序开发中可以使用的可视化组件对象,如 PIE.AdapterUICLR.dll 中主要包含了 MapControl 地图空间、PageLayoutControl 页面布局控件,这两个对象是地图显示的重点;而 PIE.AdapterUI.dll 中主要包含了图层树控件（Tree of Content Control, TOCControl）。

### 8. Controls 库

　　Controls 库主要放在 PIE.Controls.dll、PIE.ControlsEx.dll 中。它主要定义了一些 PIE 已经实现的 Command 命令、Tool 工具和 Control 控件,如地图缩放、元素绘制、量算、矢量编辑中的创建矢量数据、编辑矢量数据、编辑要素节点等常用功能和工具。

### 9. ControlsUI 库

ControlsUI 库主要放在 PIE.ControlsUI.dll 中。它主要定义了 PIE 一些已经实现的与界面框架相关的 Command 命令和 Control 控件，如打开地图文档、保存地图文档、元素字体、颜色控件等。因此 PIE.ControlsUI.dll 中的对象是和界面相关的且依赖应用程序框架的，不是组件式二次开发的主要内容。

### 10. SystemAlgo 库

SystemAlgo 库主要存放在 PIE.SystemAlgo.dll 中。它主要定义了 ISystemAlgo 接口和 AlgoFactory 算法工厂，主要服务于图像处理功能的开发。ISystemAlgo 接口是算法的基础接口，AlgoFactory 算法工厂对象主要完成对各种算法的同步或异步执行的管理，如图 1.9 所示。

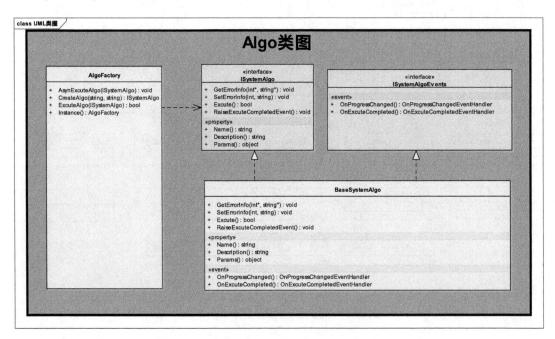

图 1.9　SystemAlgo 类结构图

### 11. CommonAlgo 库

CommonAlgo 库主要存放在 PIE.CommonAlgo.dll 中。它包含了 PIE 桌面版中几乎所有的图像处理算法。

### 12. ImagePreProcess 库

ImagePreProcess 库主要存放在 PIE.ImagePreProcess.dll 中。它包含了 PIE 桌面版中图像预处理的相关算法界面和算法 Command 命令。

### 13. ImageTransform 库

ImageTransform 库主要存放在 PIE.ImageTransform.dll 中。它包含了 PIE 桌面版中图像转换的相关算法界面和算法 Command 命令。

### 14. Framework 库

Framework 库主要存放在 PIE.Framework.dll 中。它包含了 PIE 桌面版中用户应用程序架构设计的相关内容，如 Application 应用程序、ICommandManager 命令管理器等。

## 1.3　PIE-SDK 开发方式

PIE-SDK 开发方式有插件式开发、组件式开发、混合式开发。目前 C++和.NET 两个版本都支持插件式开发和组件式开发。

组件式开发允许用户利用集成开发工具进行自定义应用程序界面，开发难度相对插件式开发要大，适合对应用程序界面具有较高要求的用户，满足个性化定制需求。

插件式开发简单，用户不需要搭建界面，可直接应用 PIE 桌面应用程序的界面。用户只需要了解 PIE 桌面软件的插件规则就可以把自己的插件集成到 PIE 桌面软件中，这种方式解放了开发者对应用程序界面的搭建，使得开发者拥有更多的时间去完成算法和插件的开发工作。适合对程序界面无特殊要求的用户，简单快捷。

混合式二次开发允许用户通过 Python、IDL、Matlab 等语言直接调用图像处理算法构建解决方案。

本书主要使用.NET 版本 SDK，以 C#语言为基础详细介绍 PIE-SDK 的二次开发过程。

## 1.4　PIE-SDK 二次开发环境配置

**1. 二次开发环境配置**

参见共享文件夹中"02 附录\03PIE-SDK 二次开发环境配置过程"。

**2. PIE-SDK 开发帮助与示例代码资源**

开发者入门所需要的 PIE-SDK 开发帮助与教程已经包含在安装包中，教程位于默认安装目录 Document 文件夹，开发实例位于 Sample 文件夹。

# 第2章　PIE-SDK 主要控件入门

为了快速地搭建一个遥感应用系统，PIE-SDK 给开发者提供了一些可视化的控件，本章将详细介绍地图控件 MapControl、图层树控件 TOCControl、制图控件 PageLayoutControl 以及一些其他常用控件，这些控件均在 AxControls 库中被定义。

## 2.1　地　图　控　件

### 2.1.1　MapControl 介绍

MapControl（地图控件）主要用于地图数据的显示和分析。它封装了一个 Map 地图对象，并提供了相应的属性、方法和事件，用于管理控件的显示属性、调整地图属性、控制地图的显示范围、管理数据图层、加载地图文档等。

### 2.1.2　IMapControl 控件接口

MapControl 类实现了 IMapControl 接口，定义了 MapControl 常用的属性和方法。当 MapControl 控件被拖放到窗体上时会自动创建一个 MapControl 对象，开发者可以操作该对象来完成图层的管理控制和地图的显示调整。下面对该接口（图 2.1）做详细的介绍。

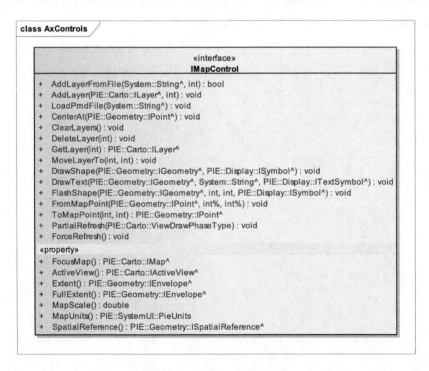

图 2.1　IMapControl 接口

**1. IMapControl 接口常用方法**

（1）LoadPmdFile 方法。函数原型：void LoadPmdFile（String pmdPath）；函数说明：该方法用于在当前地图显示控件中加载工程文档，参数 pmdPath 为目标工程文档路径。

（2）AddLayerFromFile 方法。函数原型：bool AddLayerFromFile（String filePath,int toIndex）；函数说明：该方法用于在当前地图显示控件中通过文件路径添加图层，参数 filePath 为目标文件路径，参数 toIndex 为添加到地图上的图层索引值，返回值参数为 bool 值，添加成功时为 true，否则为 false。

（3）AddLayer 方法。函数原型：void AddLayer（ILayer layer, int toIndex）；函数说明：该方法用于在当前地图显示控件中添加图层，参数 layer 为目标图层对象，参数 toIndex 为所要添加到地图的图层索引值。

（4）MoveLayerTo 方法。函数原型：void MoveLayerTo（int fromIndex, int toIndex）；函数说明：该方法用于移动当前地图显示控件中某个图层，参数 fromIndex 为该图层原来位置索引值，参数 toIndex 为目标位置索引值。

（5）DeleteLayer 方法。函数原型：void DeleteLayer（int index）；函数说明：该方法用于删除当前地图显示控件中的某个图层，参数 index 为要删除图层的索引值。

（6）ClearLayers 方法。函数原型：void ClearLayers（）；函数说明：该方法用于清除当前地图显示控件中的所有图层。

（7）GetLayer 方法。函数原型：ILayer GetLayer(int index);函数说明：该方法用于获得当前地图显示控件中的某个图层，参数 index 为要获取图层的索引值，返回值 ILayer 为获得的目标图层对象。

（8）DrawShape 方法。函数原型：void DrawShape（IGeometry shape, ISymbol symbol）；函数说明：该方法用于在当前地图显示控件中绘制图形，参数 shape 为所要绘制的几何图形对象，参数 symbol 为符号样式对象。

（9）DrawText 方法。函数原型：void DrawText（IGeometry geometry, String text, ITextSymbol symbol）；函数说明：该方法用于在当前地图显示控件中绘制文字，参数 geometry 为目标几何图形要素，参数 text 为目标文字，参数 symbol 为目标文字符号样式。

（10）TrackLine 方法。函数原型：IPolyline TrackLine（）；函数说明：该方法用于在当前地图显示控件中绘制线，返回值为获得的线几何对象。

（11）TrackCircle 方法。函数原型：IEllipse TrackCircle（）；函数说明：该方法用于在当前地图显示控件中绘制圆，返回值为获得的圆几何对象。

（12）TrackPolygon 方法。函数原型：IPolygon TrackPolygon（）；函数说明：该方法用于在当前地图显示控件中绘制多边形，返回值为获得的多边形几何对象。

（13）TrackRectangle 方法。函数原型：IEnvelope TrackRectangle（）；函数说明：该方法用于在当前地图显示控件中绘制矩形对象的包络范围，返回值为获得的矩形几何对象。

（14）FlashShape 方法。函数原型：void FlashShape（IGeometry shape, int nFlashes, int flashInterval, ISymbol symbol）；函数说明：该方法用于当前地图显示控件中图形闪现，参数 shape 为目标几何图像要素、参数 nFlashes 为显示的次数、参数 flashInterval 为每次显示的间隔，参数 symbol 为目标符号样式。

（15）FromMapPoint 方法。函数原型：void FromMapPoint（IPoint pt, ref int x, ref int y）；

函数说明：该方法用于将当前地图显示控件中某个地图点转化为屏幕点，参数 pt 为目标地图点对象，参数 x 和 y 为分别对应的屏幕点 X、Y 坐标值。

（16）ToMapPoint 方法。函数原型：IPoint ToMapPoint（int x, int y）；函数说明：该方法用于将当前地图显示控件中某个屏幕点转化为地图点，参数 x 和 y 为该屏幕点的 X、Y 坐标值，返回值为转化完成后的地图点对象。

（17）CenterAt 方法。函数原型：void CenterAt（IPoint centerPoint）；函数说明：该方法用于将当前地图显示控件以某点为中心显示，参数 centerPoint 为该目标中心点对象。

（18）PartialRefresh 方法。函数原型：void PartialRefresh（ViewDrawPhaseType dpType）；函数说明：该方法用于刷新当前地图显示控件，参数 dpType 为刷新类型。

（19）ForceRefresh 方法。函数原型：void ForceRefresh（）；函数说明：该方法用于强制刷新当前地图显示控件。

**2. IMapControl 接口常用属性**

属性参数均是可读可写的。

（1）FocusMap 属性：获取或者设置当前地图显示控件的焦点地图。

（2）ActiveView 属性：获取或者设置当前地图显示控件的活动视图。

（3）Extent 属性：获取或者设置当前地图显示控件的四至范围。

（4）FullExtent 属性：获取或者设置当前地图显示控件的全图范围。

（5）SpatialReference 属性：获取或者设置当前地图显示控件的空间参考。

（6）MapScale 属性：获取或者设置当前地图显示控件的地图比例尺。

（7）MapUnits 属性：获取或者设置当前地图显示控件的地图单位。

### 2.1.3　IMapControlEvents 事件接口

IMapControlEvents 接口是一个地图控件的事件接口，它定义了 MapControl 能够处理的全部事件，如 OnKeyDownEvent 键盘按下事件、OnKeyUpEvent 键盘弹起事件、OnMouseDownEvent 鼠标按下事件、OnMouseUpEvent 鼠标弹起事件、OnMouseMoveEvent 鼠标移动事件、OnMouseEnterEvent 鼠标确定事件、OnDoubleClickEvent 鼠标双击事件等。

### 2.1.4　IPmdContents 接口

IPmdContents 接口是用来管理地图工程文档及制图模板的基础接口。它扮演着地理数据显示和地理数据容器的双重身份，文档对象的 ActiveView 属性用来获得 Map 对象的数据显示身份，FocusMap 属性用来获得当前正在使用的数据容器身份。一个文档对象可能拥有多个 Map 对象，但是在同一时刻内仅仅只能有一份地图处于使用状态。通过 IPmdContents 接口的 CurrentTool 属性可以获取和设置当前工具，具体接口的方法和属性如下。

1）IPmdContents 接口常用方法

（1）LoadPmdFile 方法。函数原型：System.Collections.Generic.IList〈IMap〉GetMaps（）；函数说明：该方法用于获得制图显示控件 MapControl 里所有的地图对象，返回值为地图对象集合。

（2）GetControlHandle 方法。函数原型：int GetControlHandle（）；函数说明：该方法用于获得当前控件的 Handle，返回值为当前控件的 Handle。

2）IPmdContents 接口常用属性

（1）ActiveView 属性：获取活动视图对象。

（2）FocusMap 属性：获取或设置焦点地图对象。

（3）PageLayout 属性：获取或设置制图 PageLayout 对象。

（4）CurrentTool 属性：获取或设置当前工具。

（5）CustomerProperty 属性：获取或设置当前用户属性。

（6）TrackerCancel 属性：获取或设置 TrackerCancel 对象。

## 2.2　图层树控件

### 2.2.1　TOCControl 介绍

TOCControl 用来管理图层的可见性和编辑标签。TOCControl 需要一个"伙伴控件"，伙伴控件可以是 MapControl（地图控件）、PageLayoutControl（制图控件）。"伙伴控件"可以通过 SetBuddyControl 方法来设置。TOCControl 类主要实现了 ITOCControl 接口，如图 2.2 所示。

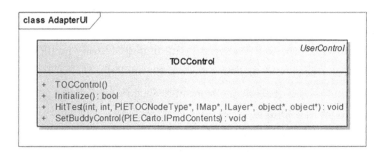

图 2.2　ITOCControl 接口

### 2.2.2　TOCControl 控件接口

ITOCControl 方法包括 Initialize 和 HitTest 两种方法。Initialize 方法用于 TOCControl 的初始化，HitTest 方法用于测试对应的位置所选择的地图、图层、渲染对象等。ITOCControl 接口常用方法如下。

（1）SetBuddyControl 方法。函数原型：void SetBuddyControl（IPmdContents buddy）；函数说明：该方法用于设置当前 TOC 控件的关联对象。参数 buddy 为设置当前 TOC 控件的关联对象。

（2）HitTest 方法。函数原型：void HitTest（int x, int y, ref PIETOCNodeType nodeType, ref IMap map, ref ILayer layer, ref object unk, ref object data）；函数说明：该方法用于传递当前 TOCControl 控件中点击节点的数据类型，参数 x 为屏幕点 X 坐标值、参数 y 为屏幕点 Y 坐标值、参数 nodeType 为目录树节点参数类型、参数 map 为当前节点所在地图、参数 layer 为当前节点所在图层、参数 unk 为当前节点的 render 类型、参数 data 为当前节点的渲染类型。

# 2.3　制图控件

## 2.3.1　PageLayoutControl 介绍

PageLayoutControl 控件封装了一个 PageLayout 对象,并提供了其他的属性、方法和事件,用于管理制图控件页面版式的外观、图例、指北针、比例尺、标尺、地图模板等对象。PageLayoutControl 实现的接口包括: IPageLayoutControl、IPageLayoutControlEvents、IPmdContents。

## 2.3.2　PageLayoutControl 控件的接口

IPageLayoutControl 接口是制图控件的基础接口,当 PageLayoutControl 控件被拖放到容器上时,会自动创建一个 AxPageLayoutControl 对象,该对象全部继承父类接口的方法和属性。下面对相关的方法和属性进行介绍。

**1. IPageLayoutControl 接口常用方法**

(1) Activate 方法。函数原型: void Activate ( ); 函数说明: 该方法用于对当前制图显示控件添加事件监听。

(2) DeActivate 方法。函数原型: void DeActivate ( ); 函数说明: 该方法用于对当前制图显示控件取消事件监听。

(3) LoadPmdFile 方法。函数原型: void LoadPmdFile (String pmdPath); 函数说明: 该方法用于在当前制图显示控件中加载工程文档,参数 pmdPath 为目标工程文档路径。

(4) FromPagePoint 方法。函数原型: void FromPagePoint (IPoint pt, ref int x, ref int y); 函数说明: 该方法用于将当前制图显示控件中某个地图点转化为屏幕点,参数 pt 为目标地图点对象,参数 x 和 y 为分别对应的屏幕点 X、Y 坐标值。

(5) ToPagePoint 方法。函数原型: IPoint ToPagePoint (int x,int y); 函数说明: 该方法用于将当前制图显示控件中某个屏幕点转化为地图点,参数 x 和 y 分别为屏幕点的 X、Y 坐标值,返回值为转化完成的地图点对象。

(6) ZoomToWholePage 方法。函数原型: void ZoomToWholePage ( ); 函数说明: 该方法用于将当前制图显示控件的制图对象全图显示。

(7) CenterAt 方法。函数原型: void CenterAt (IPoint centerPoint); 函数说明: 该方法用于将当前制图显示控件以某点为中心显示,参数 centerPoint 为该目标点对象。

(8) PartialRefresh 方法。函数原型: void PartialRefresh (ViewDrawPhaseType dpType); 函数说明: 该方法用于刷新当前制图显示控件,参数 dpType 为刷新类型。

(9) ForceRefresh 方法。函数原型: void ForceRefresh ( ); 函数说明: 该方法用于强制刷新当前制图显示控件。

**2. IPageLayoutControl 接口常用属性**

(1) PageLayout 属性: 获取或者设置当前制图显示控件的 PageLayout 对象。

(2) FocusMap 属性: 获取或者设置当前制图显示控件的焦点地图。

(3) ActiveView 属性: 获取当前制图显示控件的活动视图。

(4) Extent 属性: 获取或者设置当前制图显示控件的四至范围。

(5) FullExtent 属性: 获取或者设置当前制图显示控件的全图范围。

（6）GraphicContainer 属性：获取或者设置当前制图显示控件的 GraphicContainer 图形容器对象。

### 2.3.3　IPageLayoutControlEvents 事件接口

IPageLayoutControlEvents 接口是一个事件接口，它定义了 PageLayoutControl 能够处理的全部事件，具体事件与 2.1.3 节 IMapControlEvents 事件接口相同。

### 2.3.4　IPmdContents 接口

该接口的方法和属性在地图控件 MapControl 中已经介绍，在此不再重复介绍。

## 2.4　其他控件

### 2.4.1　符号选择器控件

符号选择器控件 SymbolSelectorDialog 可以根据不同的需求改变矢量图层（点线面等）的符号形状以及颜色，是一个内置的控件，可以直接拿来使用。

**1. 开发思路**

第一步：加载矢量图层；
第二步：判断图层的符号类型；
第三步：对话框里显示当前对应符号类型的符号界面；
第四步：将选中的符号进行渲染，并显示。

**2. 核心接口与方法**

核心接口与方法说明如表 2.1 所示。

表 2.1　接口与方法说明表

| 接口/类 | 方法 | 说明 |
| --- | --- | --- |
| PIE.AxControls.SymbolSelectorDialog | Symbol | 获取或设置符号 |
| GeometryType | GetGeomType（） | 获取几何类型 |
| IFeatureUniqueValueRender | DefaultSymbol | 获取或设置默认符号 |
| IFeatureLayer | Render | 获取或设置矢量图层渲染 |

**3. 核心代码和运行效果**

参见共享文件夹中的"01 源代码\02 第 2 章 PIE-SDK 主要控件入门\2.4.1 符号选择器控件"。

### 2.4.2　坐标系选择控件

坐标系选择控件可以查看当前图层的坐标系信息和显示其他坐标系的信息。

**1. 开发思路**

第一步：获取当前地图；
第二步：实例化空间参考窗口对象；
第三步：设置坐标选择器空间的地图对象为当前对象。

**2. 核心接口与方法**

核心接口与方法说明如表 2.2 所示。

表 2.2　AxControls 接口与方法说明表

| 接口/类 | 方法 | 说明 |
|---|---|---|
| AxControls.SpatialReferenceSelectorDialog | SetMap（IMap map） | 设置地图对象 |
|  | ShowDialog | 打开坐标系选择对话框 |
|  | SpatialReference | 设置或获取坐标系 |

**3. 核心代码和运行效果**

参见共享文件夹中的"01 源代码\02 第 2 章 PIE-SDK 主要控件入门\2.4.2 坐标系选择控件"。

# 2.5　综合开发环境搭建和开发实例

## 2.5.1　搭建开发环境

软件开发的基本流程是开发环境的搭建、功能设计和界面设计、功能实现、系统调试、系统发布等。PIE-SDK 二次开发环境已经在"2.4 二次开发环境配置"部分进行了详细介绍，请参考此部分内容。为了方便初学者快速入门，本部分将主要介绍实现组件式二次开发的快速流程，包括搭建界面和实现综合开发。

新建项目，选择"Windows 窗体应用程序"，设置程序的名称和保存路径即可。新建完成后可以将程序的窗体名称单击右键重命名为"FormMain"，将窗体界面属性的 Text 名称设置为"PIE 应用程序"，如图 2.3 所示。

图 2.3　新建项目

新建项目完成后，系统默认的环境解决方案配置是 Debug 模式，解决方案设置为 Any CPU，需要将平台改为 x86，也就是 32 位平台，如图 2.4 所示。

图 2.4　配置管理

在工程项目的解决方案的引用中添加 PIE-SDK 引用，如图 2.5 所示。根据需要添加相应的引用，添加引用的位置为安装目录下的 Bin 下的 dll 库。

图 2.5　添加引用

### 2.5.2　添加图层、删除图层、移动图层

拖拽 MapControl 控件，增加 3 个 Button 按钮"btnAddLayer""btnDelLayer""btnMoveLayer"，Text 属性分别设置为【添加图层】【删除图层】【移动图层】，界面如图 2.6 所示。

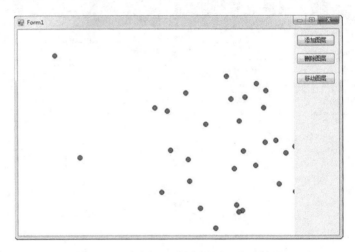

图 2.6　添加图层、删除图层、移动图层

**核心代码**：参见共享文件夹中的"01 源代码\02 第 2 章 PIE-SDK 主要控件入门\2.5.2 功能实现–添加图层、删除图层、移动图层"。

### 2.5.3　地图放大、地图缩小、地图平移、全图显示

拖拽 MapControl 控件，增加 4 个 Button 按钮"BtnZoomin""BtnZoomout""BtnMove""BtnFull"，Text 属性分别设置为【地图放大】【地图缩小】【地图平移】【全图显示】，界面如图 2.7 所示。

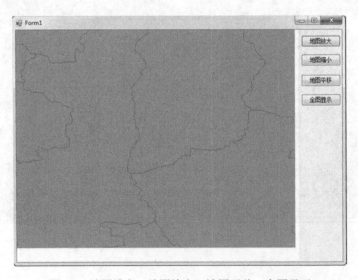

图 2.7　地图放大、地图缩小、地图平移、全图显示

**核心代码**：参见共享文件夹中的"01 源代码\02 第 2 章 PIE-SDK 主要控件入门\2.5.3 功能实现-地图放大、地图缩小、地图平移、全图显示"。

## 2.5.4 绘制点、线、面和矩形对象

拖拽 MapControl 控件，增加 4 个 Button 按钮"BtnDrawPoint""BtnDrawPolyline""BtnDrawPolygon""BtnDrawRectangle"，Text 属性分别设置为【绘制点对象】【绘制线对象】【绘制面对象】【绘制矩形对象】，界面如图 2.8 所示。

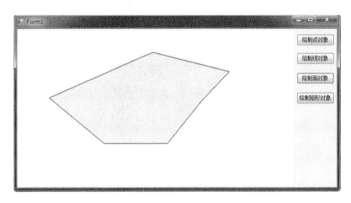

图 2.8　绘制点、线、面和矩形对象

**核心代码**：参见共享文件夹中的"01 源代码\02 第 2 章 PIE-SDK 主要控件入门\2.5.4 功能实现-绘制点、线、面和矩形对象"。

## 2.5.5 鹰眼图

分别拖拽 2 个 MapControl 控件，一个作为主地图窗口，一个作为鹰眼图窗口，名称分别为 MapControlMain 和 MapControlEye，界面如图 2.9 所示。

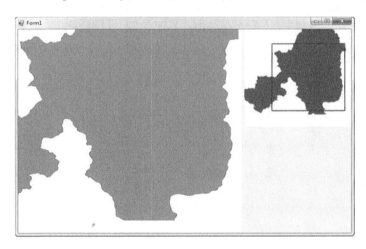

图 2.9　鹰眼图

**核心代码**：参见共享文件夹中的"01 源代码\02 第 2 章 PIE-SDK 主要控件入门\2.5.5 功能实现-鹰眼图"。

### 2.5.6 图查属性和属性查图

拖拽 MapControl 控件，增加 4 个 Button 按钮 "BtnPointSelect" "BtnRectangleSelect" "BtnClear" "BtnAttrNameSelect"，Text 属性分别设置为【点选】【矩形选择】【清除选择】【名称选择】，界面如图 2.10 所示。

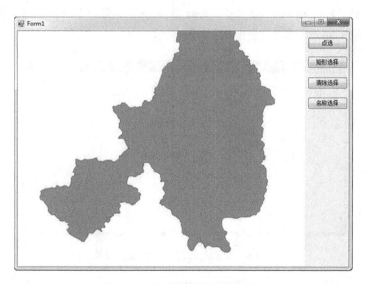

图 2.10    图查属性和属性查图

**核心代码：**参见共享文件夹中的 "01 源代码\02 第 2 章 PIE-SDK 主要控件入门\2.5.6 功能实现-图查属性和属性查图"。

### 2.5.7 图层树控件和地图控件关联

拖拽 SplitContainer 拆分器控件到主窗口中，然后分别拖拽 TOCControl 图层树控件和 MapControl 地图控件并设置 Dock 属性为 Fill，界面如图 2.11 所示。

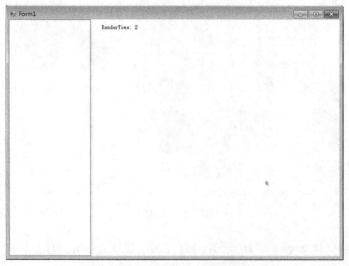

图 2.11    图层树控件和地图控件关联

**核心代码：** 参见共享文件夹中的"01 源代码\02 第 2 章 PIE-SDK 主要控件入门\2.5.7 功能实现-图层树控件和地图控件关联"。

## 2.5.8　图层树控件右击事件

本实例程序继续 2.5.7 节的代码编写和功能延伸。查找 TOCControl 图层树控件的 MouseClick 事件，双击鼠标完成 tocControl1_MouseClick 事件响应函数的代码绑定，实现图层树控件右击查看图层信息的功能，界面如图 2.12 所示。

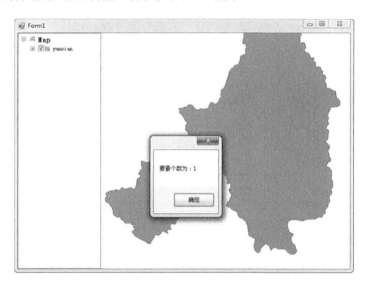

图 2.12　图层树控件右击事件

**核心代码：** 参见共享文件夹中的"01 源代码\02 第 2 章 PIE-SDK 主要控件入门\2.5.8 功能实现-图层树控件右击事件"。

## 2.5.9　制图控件及其操作

拖拽 PageLayoutControl 制图布局控件，增加 11 个 Button 按钮，Text 属性分别设置为"添加图层""拉框放大""拉框缩小""平移""全图""Page 拉框放大""Page 拉框缩小""Page 平移""Page 全图""缩放至 100%""切换模板"，界面如图 2.13 所示。

**核心代码：** 参见共享文件夹中的"01 源代码\02 第 2 章 PIE-SDK 主要控件入门\2.5.9 功能实现-制图控件及其操作"。

## 2.5.10　图层树控件右键菜单

拖拽 SplitContainer 拆分器控件到主窗口中，然后分别拖拽 TOCControl 图层树控件和 MapControl 地图控件、并设置 Dock 属性为 Fill，界面如图 2.14 所示。

**核心代码：** 参见共享文件夹中的"01 源代码\02 第 2 章 PIE-SDK 主要控件入门\2.5.10 功能实现-图层树控件右键菜单"。

## 2.5.11　地图控件右键菜单

拖拽 MapControl 地图控件，并设置 Dock 属性为 Fill，界面如图 2.15 所示。

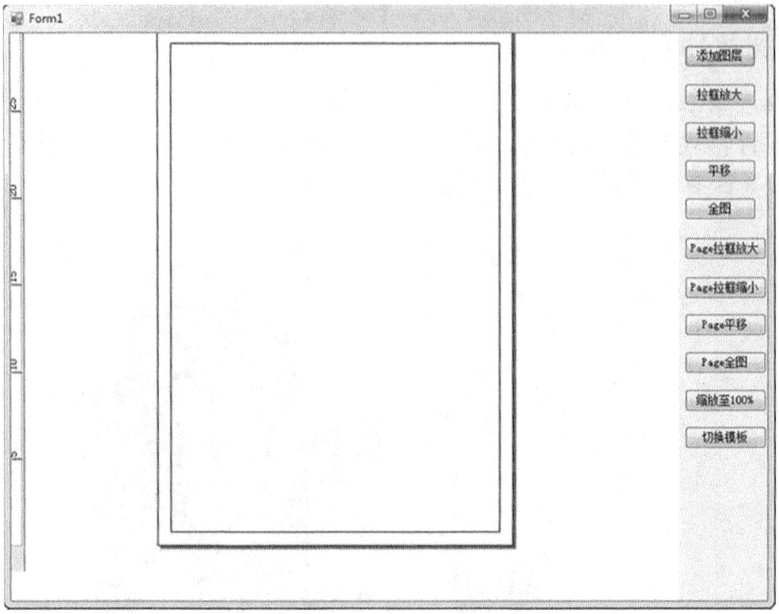

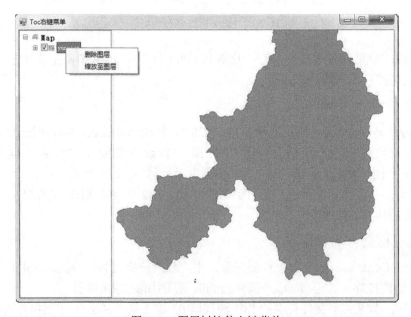

图 2.13　制图控件及其操作

图 2.14　图层树控件右键菜单

图 2.15　地图控件右键菜单

**核心代码**：参见共享文件夹中的"01 源代码\02 第 2 章 PIE-SDK 主要控件入门\2.5.11 功能实现–地图控件右键菜单"。

# 第 3 章　数据基础操作

遥感图像处理二次开发的基本任务是实现地图数据基础操作。常见的地图交互操作主要包括数据加载显示、地图操作、查询工具、量测工具、显示控制等。例如，实现一个带有数据操作功能的基础框架，首先要在地图上加载基础数据和业务数据；然后实现各类地理数据的浏览和查看，如放大、缩小等地图操作功能；还应包括一般的查询工具，如探针工具、属性查找功能；要提供空间量测功能，包括距离量测、面积量测、元素量测等；也要具备显示控制功能来进行亮度增强、对比度增强、透明度控制、标注控制、拉伸增强、亮度反转等操作。经过如上过程，系统具备数据交互的基本功能后，才能支撑起后续的遥感数据处理及算法开发工作。本章主要是对上述基础操作用到的各个功能模块进行实例开发讲解。

## 3.1　数　据　加　载

PIE-SDK 能够实现对国外主流卫星数据、国内陆海气卫星数据、常见矢量数据、地图服务数据、常规观测资料数据、雷达数据的支持，并支持长时间序列数据的动画播放。本节主要介绍如何在 PIE-SDK 中加载各类数据。

### 3.1.1　加载矢量数据

**1. 操作说明**

矢量数据模型常常使用点、线和多边形来表示具有清晰空间位置和边界的空间要素，如控制点（点）、河流（线）和宗地（面）等，每个要素被赋予一个唯一的 ID 号，以便与其属性相关联。

本实例介绍如何在 PIE-SDK 中添加 ESRI Shapefile 格式的矢量数据。ESRI Shapefile（shp），或简称 Shapefile，是美国环境系统研究所（ESRI）开发的一种空间数据开放格式。该文件格式已经成为地理信息系统软件界的一个开放标准，它采用文件的方式分开存储地理数据的空间信息和属性信息，但其不能存储拓扑关系，具有简单、快速显示的优点。一个 Shapefile 数据的文件结构如图 3.1 所示。

| 名称 | 修改日期 | 类型 | 大小 |
|---|---|---|---|
| 省级行政区.shx | 2018/7/16 19:27 | SHX 文件 | 1 KB |
| 省级行政区.dbf | 2018/7/16 19:27 | DBF 文件 | 4 KB |
| 省级行政区.prj | 2018/7/16 19:27 | PRJ 文件 | 1 KB |
| 省级行政区.shp | 2018/7/16 19:27 | SHP 文件 | 20,296 KB |
| 省级行政区.qix | 2018/8/22 17:01 | QIX 文件 | 2 KB |
| 省级行政区.sbn | 2018/8/22 17:04 | SBN 文件 | 1 KB |
| 省级行政区.sbx | 2018/8/22 17:04 | SBX 文件 | 1 KB |

图 3.1　Shapefile 数据文件结构图

一个完整的 Shapefile 文件应该至少包括 3 个同名文件，分别为.shp、.dbf 和.shx，其他为可选文件。详细的 Shapefile 数据文件结构如表 3.1 所示。

表 3.1　Shapefile 数据文件结构

| 编号 | 后缀 | 文件说明 |
|---|---|---|
| 1 | .shp | 基本文件，存储地理要素的几何图形信息 |
| 2 | .dbf | 基本文件，存储地理要素的属性信息 |
| 3 | .shx | 基本文件，存储图形要素与属性信息的索引 |
| 4 | .prj | 可选文件，存储数据的空间参考信息 |
| 5 | .sbn/.sbx | 可选文件，存储数据的空间索引信息（ESRI 创建的空间索引） |
| 6 | .qix | 可选文件，存储数据的空间索引信息（PIE 创建的空间索引） |

**2. 开发思路**

第一步：通过打开文件对话框选择矢量数据文件；

第二步：根据矢量文件路径创建矢量数据集；

第三步：通过矢量数据集创建矢量图层；

第四步：将矢量图层添加到地图上。

**3. 核心接口与方法**

加载矢量数据核心接口与方法说明如表 3.2 所示。

表 3.2　加载矢量数据核心接口与方法说明表

| 接口/类 | 方法 | 说明 |
|---|---|---|
| DataSource.DatasetFactory | OpenFeatureDataset | 打开矢量数据集 |
| Carto.LayerFactory | CreateDefaultFeatureLayer | 创建矢量图层 |

**4. 核心代码和运行效果**

参见共享文件夹中的"01 源代码\03 第 3 章数据基础操作\3.1.1 加载矢量数据"。

### 3.1.2　加载栅格数据

**1. 操作说明**

栅格数据模型使用一个格网和栅格单元（像元）代表空间要素，栅格单元（像元）值表示该栅格位置的空间要素属性。栅格数据模型适用于表示连续的要素，如海拔和降水量。栅格数据模型中，点实体表现为一个栅格单元或像元，线实体表现为一串彼此相连的像元，面实体则由一系列相邻像元构成。栅格单元形状通常是正方形，栅格的行列栅格数据模型信息和原点地理位置被记录在每一层中，像元值对应一个实体属性值。其显著特点是：属性明显、定位隐含。

本实例介绍如何在 PIE-SDK 中添加栅格数据。常见的栅格数据文件格式包括.tiff、.tif、.img、.dat、.bmp、.jpg 等，它们采用文件的方式存储相关信息，Tiff 数据的文件结构如表 3.3 所示。

本实例以 GF-1（高分 1 号）数据为例，多光谱数据（MSS）GF1_PMS1_E116.5_N39.4_20131127_L1A0000117600-MSS1.tiff 和全色波段数据（PAN）GF1_PMS1_E116.5_N39.4_20131127_L1A0000117600-PAN1.tiff 分别如图 3.2 和图 3.3 所示。

表 3.3 **Tiff 数据文件结构表**

| 编号 | 后缀 | 文件说明 |
|:---:|:---:|:---:|
| 1 | .tiff | 基本文件，存储栅格数据的像素、坐标系、坐标等信息 |
| 2 | .jpg | 可选文件，栅格数据的示意图 |
| 3 | .rpb | 可选文件，坐标参数文件 |
| 4 | .xml | 可选文件，数据相关信息文件 |
| 5 | .ovr/aux.xml | 可选文件，栅格数据金字塔文件 |

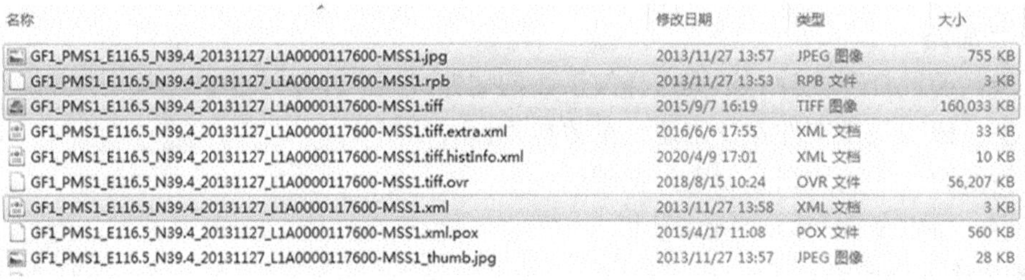

图 3.2 GF-1 多光谱数据

图 3.3 GF-1 全色波段数据

## 2. 开发思路

第一步：通过打开文件对话框选择 GF-1 的多光谱 MSS 栅格数据文件；

第二步：根据栅格数据文件路径创建栅格数据集；

第三步：通过栅格数据集创建栅格图层；

第四步：将栅格图层添加到地图上。

## 3. 核心接口与方法

加载栅格数据核心接口与方法说明如表 3.4 所示。

表 3.4 **加载栅格数据核心接口与方法说明表**

| 接口/类 | 方法 | 说明 |
|:---|:---|:---|
| DataSource.DatasetFactory | OpenRasterDataset | 打开栅格数据集 |
| Carto.LayerFactory | CreateDefaultRasterLayer | 创建栅格图层 |

**4. 核心代码和运行效果**

参见共享文件夹中的"01 源代码\03 第 3 章数据基础操作\3.1.2 加载栅格数据"。

## 3.1.3　加载科学数据集

**1. 操作说明**

遥感数据处理需要用到不同种类的数据和数据集，其中，科学数据集是用于存储和分发科学数据一种数据格式。它是一种可自我描述、多对象的层次数据格式，可存储由不同计算机平台产生的各类型科学数据，包含多套栅格数据及元数据和属性数据，具备跨平台应用能力，易于扩展。

在数据存储格式方面，HDF（hierarchy data format）是美国国家超级计算应用中心（National Center for Supercomputing Application）为了满足各种领域研究需求而研制的一种能高效存储和分发科学数据的新型数据格式。美国国家航空航天局（National Aeronautics and Space Administration，NASA）把 HDF 格式作为存储和发布 EOS（Earth Observation System）数据的标准格式，在 HDF 标准基础上，开发了另一种 HDF 格式即 HDF-EOS ，专门用于处理 EOS 产品。HDF-EOS 数据类型定义了点、条带、栅格 3 种特殊数据类型，并引入了元数据(Metadata) 。此外常见的科学数据集还有 NC 格式，NC 是 NetCDF 的简称，其全称为 network common data form（网络通用数据格式），其是针对科学数据的特点开发的，是一种面向数组型的数据描述和编码标准，并适于网络共享。目前，NetCDF 广泛应用于大气科学、水文、海洋学、环境模拟、地球物理等诸多领域（王桥等，2011）。用户可以借助多种方式方便地管理和操作 NetCDF 数据集。

本实例介绍如何在 PIE-SDK 中添加科学数据集 HDF 或 NC。

**2. 开发思路**

第一步：通过打开文件对话框选择.hdf 数据文件；

第二步：根据.hdf 数据文件路径创建科学数据集；

第三步：通过科学数据集创建科学数据集图层；

第四步：将科学数据集图层添加到地图上。

**3. 核心接口与方法**

加载科学数据集核心接口与方法说明如表 3.5 所示。

表 3.5　加载科学数据集核心接口与方法说明表

| 接口/类 | 方法 | 说明 |
|---|---|---|
| DataSource.DatasetFactory | OpenDataset | 打开数据集 |
| Carto.LayerFactory | CreateDefaultMultiLayer | 创建多图层 |

**4. 核心代码和运行效果**

参见共享文件夹中的"01 源代码\03 第 3 章 数据基础操作\3.1.3 加载科学数据集"。

### 3.1.4  加载 GDB 地理数据库

**1. 操作说明**

目前不同的 GIS 软件平台具有自己独特的数据支持格式,如 ESRI 的 File Geodatabase(文件地理数据库,简称 FGDB)和 Personal Geodatabase(个人地理数据,简称 PGDB)、MapInfo 的 mif 数据、AutoCAD 的 DWG 数据、Google 的 Kml 和 Kmz 数据等,PIE-SDK 支持这些常用软件的数据格式,能够方便地进行浏览查看。

File Geodatabase 和 Personal Geodatabase 是 ESRI 的本地数据库存储格式,其中 File Geodatabase 以文件方式存储,Personal Geodatabase 则为一个 MS-Access 的 MDB 数据库。FGDB 较 PGDB 具有更高的效率、更大的数据支持空间、更广的运行平台。

本实例介绍如何在 PIE-SDK 中添加文件地理数据库 FGDB、个人地理数据库 PGDB。

**2. 开发思路**

第一步:通过打开文件对话框选择本地数据库文件(文件地理数据库、个人地理数据库或 CAD 数据);

第二步:根据数据文件路径创建多数据集;

第三步:通过多数据集创建多数据集图层;

第四步:将多数据集图层添加到地图上。

**3. 核心接口与方法**

加载 GDB 地理数据库核心接口与方法说明如表 3.6 所示。

表 3.6  加载 GDB 地理数据库核心接口与方法说明表

| 接口/类 | 方法 | 说明 |
|---|---|---|
| DataSource.DatasetFactory | OpenDataset | 打开数据集 |
| Carto.LayerFactory | CreateDefaultMultiLayer | 创建多图层 |
|  | CreateDefaultLayer | 创建图层 |

**4. 核心代码和运行效果**

参见共享文件夹中的"01 源代码\03 第 3 章  数据基础操作\3.1.4 加载 GDB 地理数据库"。

### 3.1.5  加载 ArcGIS 在线服务

**1. 操作说明**

网络地图数据是在线地图服务发布出来的数据,其支持数据的网络查看和传输,极大地促进了 GIS 在互联网领域的发展。

目前 PIE-SDK 支持 ArcGIS Server 发布的各类服务,实现在线地图的加载和显示。

本实例以加载 ArcGIS Server 发布的 MapServer 地图服务、ImageServer 影像服务和动态服务为例。

MapServer 地图服务 url:http://cache1.arcgisonline.cn/ArcGIS/rest/services/ChinaOnline Community/MapServer/

ImageServer 影像服务 url:https://sampleserver6.arcgisonline.com/arcgis/rest/services/ Toronto/ImageServer

动态地图服务 url:https://sampleserver6.arcgisonline.com/arcgis/rest/services/Sync/ SaveThe

BaySync/MapServer

**2. 开发思路**

第一步：获取在线地图服务地址；

第二步：根据不同的 ArcGIS Server 在线地图类型，实例化不同的图层对象；

第三步：将图层加载到地图并刷新。

**3. 核心接口与方法**

加载 ArcGIS 在线服务核心接口与方法说明如表 3.7 所示。

**表 3.7　加载 ArcGIS 在线服务核心接口与方法说明表**

| 接口/类 | 方法 | 说明 |
|---|---|---|
| ArcGISImageTiledLayer | | ImageServer 瓦片地图图层对象 |
| ArcGISImageDynamicLayer | | MapServer 地图服务图层对象 |
| ArcGISMapDynamicLayer | | 动态地图服务图层对象 |

**4. 核心代码和运行效果**

参见共享文件夹中的"01 源代码\03 第 3 章　数据基础操作\3.1.5 加载 ArcGIS 在线服务"。

### 3.1.6　加载谷歌在线服务

**1. 操作说明**

网络地图数据是在线地图服务发布出来的数据，其支持数据的网络查看和传输，极大地促进了 GIS 在互联网领域的发展。目前 PIE-SDK 支持谷歌发布的各类服务，实现在线地图的加载和显示。

本实例以加载谷歌路网图层、谷歌卫星图、谷歌地形图和谷歌注记图层服务为例。

谷歌路网图层 url：http://mt[$Host]. google.cn/vt/lyrs=m&x=[$Column]&y=[$Row]&z=[$Level]

谷歌卫星图 url：http://mt[$Host].google.cn/vt/lyrs=s&x=[$Column]&y=[$Row]&z=[$Level]

谷歌地形图 url：http://mt[$Host].google.cn/vt/lyrs=t&x=[$Column]&y=[$Row]&z=[$Level]

谷歌注记图层 url：http://mt[$Host].google.cn/vt/lyrs=h&x=[$Column]&y=[$Row]&z=[$Level]

例如，加载谷歌路网图层可利用以下网址：http://mt2.google.cn/vt/lyrs=m&x=6891&y=3040&z=13。其他类型以此类推。

**2. 开发思路**

第一步：定义主机可选地址；

第二步：获取谷歌在线地图服务地址；

第三步：根据不同的谷歌在线地图 url，实例化 ICustomerOnlineTiledLayer 自定义在线切片图层对象；

第四步：将图层加载到地图并刷新。

**3. 核心接口与方法**

加载谷歌在线服务核心接口与方法说明如表 3.8 所示。

**表 3.8　加载谷歌在线服务核心接口与方法说明表**

| 接口/类 | 方法 | 说明 |
|---|---|---|
| ICustomerOnlineTiledLayer | | 自定义在线切片图层接口 |
| | SetHostList | 设置主机可选地址 |

**4. 核心代码和运行效果**

参见共享文件夹中的"01 源代码\03 第 3 章　数据基础操作\3.1.6 加载谷歌在线服务"。

### 3.1.7　加载高德在线服务

**1. 操作说明**

网络地图数据是在线地图服务发布出来的数据，其支持数据的网络查看和传输，极大地促进了 GIS 在互联网领域的发展。目前 PIE-SDK 支持高德发布的各类服务，实现在线地图的加载和显示。在调用高德地图服务过程中要注意高德地图本身坐标系统的问题，高德地图采用 2002 年国家测绘局发布的 GCJ-02 坐标系，包含一种对经纬度数据的加密算法，即坐标系统加入随机的偏差。

本实例以加载高德路网简图、高德卫星图和高德注记图层服务为例。

高德路网简图 url：http://webst0[$Host].is.autonavi.com/appmaptile?style=7&x=[$Column]&y=[$Row]&z=[$Level]

高德卫星图 url：http://webst0[$Host].is.autonavi.com/appmaptile?style=6&x=[$Column]&y=[$Row]&z=[$Level]

高德注记图层 url：http://webst0[$Host].is.autonavi.com/appmaptile?style=8&x=[$Column]&y=[$Row]&z=[$Level]

例如，访问高德 WMTS 瓦片地图服务，请求高德路网简图时，应当将链接修改为如下网址：http://webst01.is.autonavi.com/appmaptile?style=7&x=54658&y=26799&z=16。

**2. 开发思路**

第一步：定义主机可选地址；

第二步：获取在线地图服务地址；

第三步：根据不同的高德在线地图 url，实例化 ICustomerOnlineTiledLayer 自定义在线切片图层对象；

第四步：将图层加载到地图并刷新。

**3. 核心接口与方法**

加载高德在线服务核心接口与方法说明表如表 3.9 所示。

表 3.9　加载高德在线服务核心接口与方法说明表

| 接口/类 | 方法 | 说明 |
| --- | --- | --- |
| ICustomerOnlineTiledLayer | | 自定义在线切片图层接口 |
| | SetHostList | 设置主机可选地址 |

**4. 核心代码和运行效果**

参见共享文件夹中的"01 源代码\03 第三章　数据基础操作\3.1.7 加载高德在线服务"。

### 3.1.8　加载自定义切片服务（天地图）

**1. 操作说明**

2020 年 4 月 17 日中华人民共和国自然资源部发布《自然资源部关于启用地理信息公共服务平台 2020 版的公告》，新的天地图服务更新了 2m 分辨率遥感影像 1000 万 km$^2$、优于 1m

分辨率遥感影像 537 万 km$^2$；更新了道路、水系、居民地和地名地址等地理信息。这些极大地优化了数据显示的精度和效果。本实例介绍如何在 PIE-SDK 中加载天地图服务。

PIE-SDK 支持用户自定义瓦片数据的加载显示，支持数据服务器的自动切换，开发者只要了解自定义切图图层类的应用，就可以快速地把天地图服务加载到应用程序的地图中。

天地图各类服务路径如下所示（**球面墨卡托投影**下的影像服务）：

http://t[$Host].tianditu.gov.cn/**img_w**/wmts?SERVICE=WMTS&REQUEST=GetTile&VERSION=1.0.0&LAYER=**img**&STYLE=default&TILEMATRIXSET=w&FORMAT=tiles&TILEMATRIX=[$Level]&TILEROW=[$Row]&TILECOL=[$Column]&tk=19d104158f9689146523c3872c81318b

在基于 PIE-SDE 进行应用开发过程中需要把秘钥 19d104158f9689146523c3872c81318b 调整成自己申请的天地图服务 Key。访问地址时根据需要将链接中方括号内的变量改为需要的数值，如 t[$Host]应该改为 t0 到 t7 的某个值。服务路径下的 **img_w** 和 **img** 标识要加载影像底图服务，调整为其他即可加载对应的数据服务和数据，如表 3.10 所示。

表 3.10　加载自定义切片服务（天地图）种类

| 标识 | 说明 | 标识 | 说明 | 标识 | 说明 |
|---|---|---|---|---|---|
| vec_w | 矢量底图 | cva_w | 矢量注记 | eva_w | 矢量英文注记 |
| img_w | 影像底图 | cia_w | 影像注记 | eia_w | 影像英文注记 |
| ter_w | 地形晕渲 | cta_w | 地形注记 | ibo_w | 全球境界 |

例如，加载球面墨卡托投影下的矢量底图服务地址为（修改其中加黑两处）：

http://t0.tianditu.gov.cn/**vec_w**/wmts?SERVICE=WMTS&REQUEST=GetTile&VERSION=1.0.0&LAYER=**vec**&STYLE=default&TILEMATRIXSET=w&FORMAT=tiles&TILEMATRIX={z}&TILEROW={y}&TILECOL={x}&tk=您的秘钥

天地图地图服务二级域名包括 t0~t7，可以随机替换使用；**vec_w** 是切片服务种类；**vec** 是图层路径的前缀，不同类型图像的前缀不同，如 vec_c 的前缀是 vec；您的秘钥根据申请到的秘钥修改。

**2. 开发思路**

由于不同坐标系下的切片方案不一致，故需要考虑的坐标系不同，加载切片方案不同。创建 WGS84 坐标系下的切片加载方法为 AddTDTServerLayer_WGS84（string url,string name），其中 url 为服务地址，name 为自定义切片服务图层名称；创建球面墨卡托投影坐标系下的切片加载方法为 AddTDTServerLayer_Mercator（string url,string name），其中 url 为服务地址，name 为自定义切片服务图层名称。

天地图服务在不同坐标系统下的自定义切片服务方法通用过程如下。

第一步：定义坐标系统；

第二步：根据 url 生成创建自定义在线服务切片图层 CustomerOnlineTiledLayer；

第三步：根据 name 定义在线服务切片图层的显示名称；

第四步：设置自定义在线图层的可访问主机列表；

第五步：定义图层的瓦片信息；

第六步：设置每一瓦片的分辨率和比例尺信息；

第七步：设置瓦片信息的坐标系信息；

第八步：设置服务切图的起始点信息；

第九步：设置瓦片信息的范围和瓦片大小信息；

第十步：将自定义切片服务图层加载到地图显示。

**3. 核心接口与方法**

加载自定义切片服务核心接口与方法说明如表 3.11 所示。

表 3.11　加载自定义切片服务核心接口与方法说明表

| 接口/类 | 方法 | 说明 |
| --- | --- | --- |
| PIE.Geometry.ISpatialReference | CreateSpatialReference | 创建空间参考系统 |
| PIE.Carto.CustomerOnlineTiledLayer | 构造函数 | 创建自定义在线服务切片图层 |
| | SetHostList | 设置自定义在线图层的可访问主机列表 |
| PIE.Carto.TileInfo | Format | 瓦片格式 |
| | DPI | 瓦片像素 |
| | CompressionQuality | 压缩质量 |
| | LODInfos | 每一瓦片的分辨率和比例尺信息 |
| | SpatialReference | 瓦片的空间参考 |
| | InitialExtent | 瓦片的初始范围 |
| | FullExtent | 瓦片的全图范围 |
| | TileWidth | 瓦片宽度 |
| | TileHeight | 瓦片高度 |

**4. 核心代码和运行效果**

参见共享文件夹中的"01 源代码\03 第 3 章　数据基础操作\3.1.8 加载自定义切片服务（天地图）"。

### 3.1.9　加载静止卫星数据

**1. 操作说明**

静止卫星是位于地球赤道上空约 3.58 万 km 处，与地面始终保持相对静止的卫星。静止卫星的特点是覆盖区域广，具有很强的机动灵活性，能够对特定区域进行分钟级高重复观测，可快速监测灾害目标的动态变化。目前风云 2 系列、风云 4 系列、葵花 8（Himawari）系列、高分 4 卫星均为静止卫星。

PIE-SDK 支持对静止卫星数据的加载显示和浏览，同时提供了针对常用静止卫星数据显示的优化方案。下面以 FY-4A（风云）数据为例来进行实例说明。

FY-4A 卫星是气象卫星，其数据采用 HDF 方式存储，包括 4000、2000、1000、500 四种分辨率的数据，不同分辨率数据包括不同的通道。其各通道均为默认标准投影的全圆盘的数据，其星下点和卫星姿态等信息均存储在 HDF 的对应数据集下。HDF 数据采用了高效率压缩的数据，实现了高效的存储、分发，但却造成了数据的显示浏览缓慢（每次数据浏览，都需要从压缩文件中解压出原始数据，再获取到要显示浏览的数据），并且整个过程会占用大量的内存资源。为了保证数据的高效浏览效率，建议将 HDF 中的各通道数据生成一份支持快速浏览查看的.tiff 本地缓存数据，以满足浏览查看的需求。

本实例以 FY-4A 4000m 数据的 NOMChannel13 通道为例，演示如何完成对 FY-4A 数据的快速读取、浏览。

**2. 开发思路**

读取静止卫星数据的思路为把静止卫星数据中的对应通道（NOMChannel13）保存为一份本地的栅格数据，再通过对栅格数据的加载浏览，完成数据读取。

第一步：打开静止卫星数据为多数据集；

第二步：获取指定通道的栅格数据集；

第三步：读取第二步中的数据集数据至内存中；

第四步：创建与静止卫星同数据类型、同宽高、同波段数的目标栅格文件；

第五步：将数据写入目标栅格数据文件；

第六步：目标栅格数据此时存在投影缺失的问题，因此要对其添加空间参考（投影坐标系），以及图像坐标和地理坐标仿射变换的一组转换系数（六参数）。

**3. 核心接口与方法**

加载静止卫星数据核心接口与方法说明如表 3.12 所示。

表 3.12　加载静止卫星数据核心接口与方法说明表

| 接口/类 | 方法 | 说明 |
| --- | --- | --- |
| DataSource.DatasetFactory | OpenDataset | 打开数据集 |
| | CreateRasterDataset | 创建栅格数据集 |
| DataSource.IRasterDataset | Read | 将栅格数据读取至内存中 |
| | Write | 将内存数据写入至栅格数据中 |

**4. 核心代码和运行效果**

参见共享文件夹中的"01 源代码\03 第 3 章　数据基础操作\3.1.9 加载静止卫星数据"。

### 3.1.10　加载 Micaps 数据

**1. 操作说明**

Micaps 数据是气象信息处理和天气预报制作中的一种气象数据格式，其包含多种气象信息产品（地面常规气象观测数据产品、高空常规气象观测数据产品等）。比较常用的格式包括 Micaps1 地面观测数据、Micaps2 高空观测数据、Micaps3 散点数据、Micaps4 格点数据等。Micaps 数据后缀一般是*.000。

PIE-SDK 支持 Micaps1、2、3、4、7 类数据的加载和显示控制。

Micaps 采用文本文件的方式存储数据，包含多种类型的气象特征数据。每种数据的存储结构不同，可参考相关的说明。因为 Micaps 数据是特定的气象数据，所以每一种气象元素都有自己独特的显示方式和符号。PIE-SDK 中对 Micaps 中数据进行了高度化的支持，用户直接加载数据就能按照标准的方式显示数据。

本实例以 Micaps1 类数据为例，展示如何在 PIE-SDK 中加载 Micaps 数据。

**2. 开发思路**

第一步：通过打开文件对话框选择 Micaps1 数据文件；

第二步：根据 Micaps1 数据文件路径创建要素数据集；

第三步：根据要素数据集创建要素图层；

第四步：将要素图层添加到地图上。

**3. 核心接口与方法**

加载 Micaps 数据核心接口与方法说明如表 3.13 所示。

表 3.13　加载 Micaps 数据核心接口与方法说明表

| 接口/类 | 方法 | 说明 |
| --- | --- | --- |
| DataSource.DatasetFactory | OpenFeatureDataset | 打开要素数据集 |
| Carto.LayerFactory | CreateDefaultFeatureLayer | 创建要素图层 |

**4. 核心代码和运行效果**

参见共享文件夹中的"01 源代码\03 第 3 章　数据基础操作\3.1.10 加载 Micaps 数据"。

## 3.1.11　加载长时间序列数据

**1. 操作说明**

时间序列数据（time series data）是指按一定时间顺序采集的数据，用于表达空间对象随时间变化演化的情况。随着遥感卫星技术的发展，遥感卫星的重访周期越来越短，外加历史数据的积累，产生了海量的遥感时间序列数据产品，这些数据真实地反映了地表在一段时间范围内的动态变化情况，成为遥感影像信息提取和分析的重要数据参考。

PIE-SDK 支持长时间序列卫星影像数据的加载和动态显示，并提供了便利的控制方式。

**2. 开发思路**

第一步：通过打开文件对话框获取数据（至少两个序列化栅格数据）；

第二步：将栅格图层添加至动画图层 Animation 对象中；

第三步：将动画图层添加到地图中进行播放；

第四步：控制动画图层播放的时间间隔、启动、暂定、继续、结束等。

**3. 核心接口与方法**

加载长时间序列数据核心接口与方法说明如表 3.14 所示。

表 3.14　加载长时间序列数据核心接口与方法说明表

| 类/接口 | 方法 | 说明 |
| --- | --- | --- |
| Carto. IAnimationLayer | AddLayer（） | 增加图层 |
| | Start（） | 开始动画图层播放 |
| | Pause（） | 暂停动画图层播放 |
| | Resume（） | 继续动画图层播放 |
| | SetInterval（int msec） | 设置动画图层播放间隔 |
| | GetAnimationState | 获取当前的动画状态 |

**4. 核心代码和运行效果**

参见共享文件夹中的"01 源代码\03 第 3 章　数据基础操作\3.1.11 加载长时间序列数据"。

### 3.1.12　加载自定义矢量数据

**1. 操作说明**

在遥感信息提取和解译的过程中，经常会生成一部分中间临时矢量数据，这些数据在执行完对应操作后就失去了存在的价值。针对这种情况，PIE-SDK 增加了内存矢量数据集，协助用户完成对自定义矢量数据的读取和显示。

本实例以 Micaps1 类数据为例介绍自定义矢量数据的构建和显示。

**2. 开发思路**

第一步：构建数据的字段、空间参考等信息；

第二步：根据字段和空间参考信息创建内存矢量数据集；

第三步：在内存矢量数据集中逐条添加数据记录（包括几何图形和属性）；

第四步：通过内存数据集创建矢量图层；

第五步：添加第四步中的图层到地图，并刷新。

**3. 核心接口与方法**

加载自定义矢量数据核心接口与方法说明如表 3.15 所示。

表 3.15　加载自定义矢量数据核心接口与方法说明表

| 接口/类 | 方法 | 说明 |
| --- | --- | --- |
| IField | 构造函数 | 构造字段 |
| IFields | AddField（） | 添加字段 |
| DatasetFactory | CreateFeatureDataset（） | 创建要素数据集 |
| IFeatureDataset | CreateNewFeature（） | 创建要素 |
|  | AddFeature（） | 添加要素 |
| IFeature | SetValue（） | 属性赋值 |

**4. 核心代码和运行效果**

参见共享文件夹中的"01 源代码\03 第 3 章　数据基础操作\3.1.12 加载自定义矢量数据"。

### 3.1.13　加载自定义栅格数据

**1. 操作说明**

针对遥感信息提取和解译中产生的临时栅格数据，同样利用内存栅格数据集来实现这些自定义栅格数据的读取和应用。

本实例以一副影像数据的抠图算法来演示自定义栅格数据的应用。

**2. 开发思路**

第一步：打开原始栅格数据（打开地图）；

第二步：读取部分数据至内存中，设置读取的起始点、读取范围等参数；

第三步：建立栅格内存数据集；

第四步：将内存中的数据写入内存数据集；

第五步：通过内存数据集创建栅格图层；

第六步：添加栅格图层到地图并刷新。

**3. 核心接口与方法**

加载自定义栅格数据核心接口与方法说明如表 3.16 所示。

表 3.16　加载自定义栅格数据核心接口与方法说明表

| 接口/类 | 方法 | 说明 |
| --- | --- | --- |
| IRasterDataset | GetBandCount（） | 获取波段个数 |
| | GetRasterBand（） | 获取指定索引的波段 |
| | Read（） | 将数据读取至内存中 |
| | Write（） | 将内存数据写入栅格数据集中 |
| | SetGeoTransform | 设置六参数 |
| | SpatialReference | 空间参考 |
| DatasetFactory | CreateRasterDataset（） | 创建栅格数据集 |

**4. 核心代码和运行效果**

参见共享文件夹中的"01 源代码\03 第 3 章　数据基础操作\3.1.13 加载自定义栅格数据"。

# 3.2　地　图　浏　览

**1. 操作说明**

地图浏览功能包括地图放大操作、缩小操作、平移操作、全图显示操作、1∶1 显示操作和卷帘操作。

拉框放大：在视图上按住鼠标左键拉框，即可对当前 Map 下的所有图层进行拉框放大操作。

拉框缩小：在视图上按住鼠标左键拉框，即可对当前 Map 下的所有图层进行拉框缩小操作。

中心放大：可对当前 Map 下的所有图层进行中心放大操作（即固定放大）。

中心缩小：可对当前 Map 下的所有图层进行中心缩小操作（即固定缩小）。

漫游：在视图上按住鼠标左键拖动图层，即可对当前 Map 下的所有图层进行漫游操作。

全图显示：可将当前 Map 下的所有图层在视图中全部显示。

1∶1 显示：可将当前图层以 1∶1 方式进行显示（屏幕的一个像素代表图层的 1 个像素）。

卷帘：在视图中按住鼠标左键向上、向下、向左、向右移动，可实现上层影像的卷帘效果。注意：使用卷帘操作功能需要至少有两个图层，选中其中一个图层作为卷帘图层。

**2. 开发思路**

地图浏览操作基本功能都已经封装到 ICommand 命令和 ITool 工具中，可直接调用相应的接口执行地图浏览基本操作。

**3. 核心接口与方法**

地图浏览核心接口与方法说明如表 3.17 所示。

表 3.17　地图浏览核心接口与方法说明表

| 接口/类 | 方法 | 说明 |
| --- | --- | --- |
| PIE.Controls.MapZoomInTool | | 地图放大工具 |
| PIE.Controls.MapZoomOutTool | | 地图缩小工具 |
| PIE.Controls.CenterZoomInCommand | | 中心放大命令 |
| PIE.Controls.CenterZoomOutCommand | | 中心缩小命令 |
| PIE.Controls.PanTool | | 地图平移工具 |
| PIE.Controls.FullExtentCommand | | 全图显示命令 |
| PIE.Controls.ZoomToNativeCommand | | 1∶1 显示命令 |
| PIE.Controls.SwipeLayerTool | | 卷帘工具 |

**4. 核心代码和运行效果**

参见共享文件夹中的"01 源代码\03 第 3 章　数据基础操作\3.2 地图浏览"。

# 3.3　信息查看

## 3.3.1　探针工具

**1. 操作说明**

探针工具是对当前视图中的栅格数据的像素信息进行查询,包括当前鼠标指针点的 RGB 值、像素坐标、地理坐标、图层名称、数据值等内容。注意:探针工具仅对栅格图层可用,操作时需要在图层列表中选中一个栅格图层。

本实例通过调用 PIE-SDK 提供的探针工具接口进行开发。注意实例运行过程中有可能会出现显示英文界面和乱码情况,请参考本书共享文件夹中"02 附录\02 常见问题及解决方案"。

**2. 开发思路**

探针工具功能封装到 ITool 工具中,可直接调用 PIE.Controls.RasterIdentifyTool 探针识别工具的接口执行,实现查看栅格基本信息。

**3. 核心接口与方法**

探针工具核心接口与方法说明如表 3.18 所示。

表 3.18　探针工具核心接口与方法说明表

| 接口/类 | 方法 | 说明 |
| --- | --- | --- |
| PIE.Controls.RasterIdentifyTool | OnCreate（） | 探针工具创建事件 |
| | OnClick（） | 探针工具点击事件 |

**4. 核心代码和运行效果**

参见共享文件夹中的"01 源代码\03 第 3 章　数据基础操作\3.3.1 探针工具"。

## 3.3.2　属性查询

**1. 操作说明**

属性查询主要用来查询矢量数据的属性信息。属性信息对话框中显示的内容包含矢量数据的所有字段信息及字段属性信息。注意：属性查询工具仅对矢量图层可用。

**2. 开发思路**

属性查询功能封装在 ITool 工具中，可直接调用 PIE.Controls.AttributeIdentifyTool 属性查询工具的接口执行矢量图层的属性信息查询。

**3. 核心接口与方法**

属性查询核心接口与方法说明如表 3.19 所示。

表 3.19　属性查询核心接口与方法说明表

| 接口/类 | 方法 | 说明 |
| --- | --- | --- |
| PIE.Controls.AttributeIdentifyTool | OnCreate（） | 属性查询创建事件 |
| | OnClick（） | 属性查询点击事件 |

**4. 核心代码和运行效果**

参见共享文件夹中的"01 源代码\03 第 3 章　数据基础操作\3.3.2 属性查询"。

### 3.3.3　图层属性

**1. 操作说明**

通过查看图层属性可以对图层的基本信息（一般信息、来源、注释、字段信息等）有所了解，本实例介绍查看图层属性功能的实现。对图层属性信息查看分为矢量图层属性和栅格图层属性，展示的页面信息是不一样的。

1）矢量图层属性

A. 通用界面

（1）【图层名称】：可显示和修改图层的名称。

（2）【可见性】：用来显示或隐藏图层，勾选后在主视图显示该图层，取消勾选则在主视图隐藏该图层。

（3）【图层描述】：可查看和编辑图层的详细信息。

（4）【显示比例区间设置】：勾选"任何比例尺都显示"则该图层在主视图中任何比例尺下都显示；勾选"超出以下比例尺范围图层不显示"，并设置"最小显示比例尺"和"最大显示比例尺"，则图层只在这个比例尺区间内显示，超出这个比例尺区间就会被隐藏。

B. 数据源界面

（1）【数据路径】：显示数据的存储路径。

（2）【数据类型】：显示数据的数据类型。

（3）【空间范围】：显示数据的空间坐标范围。

（4）【坐标系】：显示数据的坐标信息。

C. 字段界面

（1）【主显示字段】：可以通过下拉列表快速选取需要的字段信息。

（2）【字段列表】：显示字段名称、别名、类型、宽度、精度、小数位数等属性信息。

D. 标注界面

（1）【标注界面】：用来设置标注信息的属性。

（2）【标注此图层中的要素】：勾选该选项时，可以显示本矢量图层的标注信息，取消勾选该选项，则不显示本矢量图层的标注信息。

（3）【标注方法】：可选择以相同方式为所有要素添加标注或者以分级渲染的方式添加标注。

（4）【字符编码】：可以设置字符编码标准。

（5）【单一标注】：在【选择字段】下拉列表中选择某一字段信息作为标注在地图上显示。

（6）【混合标注】：可在【选择字段】下拉列表中选择多个字段进行标注。

（7）【标注字段】：选择标注的字段。

（8）【字体符号】：当标注方法选择的是以相同方式为所有要素添加标注时，可单击【字体符号】按钮，对标注的字体做统一设置。

（9）【分级设置】：当标注方法选择的是以分级渲染的方式添加标注时，通过【分级设置】设置分级，并对每一级标注字体样式进行设置。

（10）【点标注】：对标注点的位置进行设置。

（11）【显示比例区间】：勾选"任何比例尺都显示"则该"标注要素"在主视图的任何比例尺下都显示；勾选"以下比例尺范围图层不显示"，并设置"最小显示比例尺"和"最大显示比例尺"，若主视图中该图层的比例尺不在这个范围内，则该"标注要素"在主视图中自动隐藏。

E. 符号化界面

单击【符号化】按钮，切换到符号化界面，可根据矢量属性数据的要素、类别、数量对其进行渲染。

（1）【要素渲染】：简单符号渲染即把单一符号填充到整幅矢量数据中，在【符号化】对话框左侧单击【要素】按钮选择【简单符号渲染】对其进行渲染。

（2）【类别渲染】：唯一值渲染是按选中的字段进行分类渲染，字段的每一类数值对应一种渲染符号，在【符号化】对话框左侧单击【类别】按钮，选择【类别】中的【唯一值渲染】。

（3）【数量渲染】：分级渲染是先对分类字段值进行分组，然后使用不同的符号区分设置的分组；每组对应一种符号，在【属性符号化】对话框左侧【渲染方式】中单击【数量】按钮选择【分级渲染】可打开分级渲染参数设置对话框。

F. 定义查询界面

软件提供了用 SQL 语句进行数据查询的功能，用来查询与查询条件匹配的要素。符合条件的要素会被显示在主视图区，不符合条件的要素会被隐藏。单击【定义查询】按钮，切换到定义查询界面，单击【查询构建器】，弹出【查询构建器】窗口。

2）栅格图层属性

A. 通用界面

与矢量图层属性信息一致，不再赘述，请参考矢量图层属性中的通用界面。

B. 数据源界面

与矢量图层属性信息一致，不再赘述，请参考矢量图层属性中的数据源界面。

C. 栅格信息界面

（1）【像素行数】：显示数据的像素行数值。

（2）【像素列数】：显示数据的像素列数值。

（3）【波段数】：显示数据的波段数值。

（4）【金字塔层数】：显示数据的金字塔层数。

（5）【控制点】：显示栅格数据中控制点的个数。

（6）【像素类型和深度】：显示栅格数据的数据类型和位深。

（7）【存储格式】：显示栅格数据的存储格式（BSQ/BIL/BIP）。

（8）【NoData 值】：显示栅格文件中的无效值。

（9）【像元大小】：显示栅格文件中的像元大小。

D. 自定义透明度界面

（1）【原始值透明】：以图像的像元值作为判断依据，当图像的像元值在所设的透明值域范围内时，该像元会被透明处理。

（2）【添加透明值域】：输入透明值域的最大值和最小值。

（3）【添加】：设置透明值域后，单击【添加】按钮，将透明值域加载到左侧列表中，可增加多组透明值域。

（4）【删除】：选中左侧列表中的数值组，单击【删除】按钮，删除选中的信息。

（5）【修改】：单击列表中添加的透明值范围，可在最大最小值输入框中重新输入值，单击【修改】按钮，即可对选中的透明值范围进行更改。

（6）【颜色值透明】：以图像的 RGB 显示值作为判断依据，当像元的显示 RGB 值与所设的 RGB 三个值均相同时，在显示的时候会将该像元进行透明处理。

（7）【设置透明值（R，G，B）】：勾选此选项，可设置 RGB 对应的透明值，默认不勾选。

E. 栅格渲染界面

针对栅格数据，可以多种不同的方式进行显示或渲染。栅格数据的渲染方式取决于它所包含的数据的类型以及要显示的内容，并可对设置的渲染属性进行保存。某些栅格数据包含一个可自动用于显示栅格数据的预定义配色方案，即色彩映射表。而对于未包含预定义配色方案的栅格，也会选择一种合适的显示方法，且可根据需要对其进行调整。软件中针对栅格数据提供了拉伸、RGB、已分类、唯一值 4 种渲染方式。

【透明度】：设置栅格图层的透明度，范围是 0～100，可以和以下几种渲染方式配合使用，也可单独使用。

（1）【拉伸渲染】：拉伸渲染方法使用统计数据应用拉伸，用平滑渐变的颜色来显示连续的栅格像元值，适用于显示单波段或连续数据。该方法非常适合于像素值范围较大的影像或者高程模型等栅格数据。

（2）【RGB 合成渲染】：RGB 合成渲染方法以"红、绿、蓝"合成方式组合多个波段，进行波段组合，适用于多波段栅格影像的渲染。

（3）【已分类渲染】：已分类渲染方法通过将像元值归组到各个类，并为这些类指定各种颜色，适用于单波段栅格图层。

（4）【唯一值渲染】：唯一值渲染方法用于分别显示栅格图层中的每个值，将每个值随机显示为一种颜色。

**2. 开发思路**

第一步：加载矢量图层；

第二步：通过当前地图获取某一个图层；

第三步：实例化图层属性窗口对象；

第四步：实例化 TOC 节点类，并设置 Map 和 Layer 属性；

第五步：图层属性窗口对象初始化和显示对话框。

**3. 核心接口与方法**

图层属性核心接口与方法说明如表 3.20 所示。

表 3.20 图层属性核心接口与方法说明表

| 接口/类 | 方法/属性 | 说明 |
|---|---|---|
| PIE.AxControls.LayerPropertyDialog | Initial （IMap map,ILayer layer） | 图层属性对话框初始化 |
| PIE.AxControls.PIETOCNodeTag | Map | 获取或设置地图 |
| | Layer | 获取或设置图层 |

**4. 核心代码和运行效果**

参见共享文件夹中的"01 源代码\03 第 3 章 数据基础操作\3.3.3 图层属性"。

### 3.3.4 书签管理

**1. 操作说明**

地图书签是指记录当前地图的范围和放大级别，在后续的操作中如果想回到地图之前的状态，就可以单击保存的书签以回到此状态。本实例介绍如何创建书签，以及单击某一个书签时如何查看书签内容。

**2. 开发思路**

第一步：创建书签；

第二步：单击书签时，地图定位到书签的范围。

**3. 核心代码和运行效果**

参见共享文件夹中的"01 源代码\03 第 3 章 数据基础操作\3.3.4 书签管理"。

# 3.4 空 间 量 测

**1. 操作说明**

空间量测包括距离量测、面积量测、要素量测和元素量测，并可对量测单位进行设置。

距离量测：单击【距离量测】按钮后，选取量测的起点和终点，即可自动计算量测的距离。

面积量测：单击【面积量测】按钮后，绘制出量测的范围，即可自动计算量测的面积。

要素（矢量）量测：单击【要素量测】按钮后，选取空间矢量对象，显示所选要素的周长和面积信息。

元素（标注标绘信息）量测：单击【元素量测】按钮后，选取标绘信息，显示所选元素的周长和面积信息。

**2. 开发思路**

空间量测功能封装在 ITool 工具中，可直接调用 PIE.Controls. SpatialMeasureCommand 空间量测工具的接口执行矢量图层的各类空间量测。

**3. 核心接口与方法**

空间量测核心接口与方法说明如表 3.21 所示。

表 3.21　空间量测核心接口与方法说明表

| 接口/类 | 方法 | 说明 |
|---|---|---|
| PIE.Controls.SpatialMeasureCommand | OnCreate（） | 空间量测创建事件 |
| | OnClick（） | 空间量测点击事件 |

**4. 核心代码和运行效果**

参见共享文件夹中的"01 源代码\03 第 3 章　数据基础操作\3.4.1 空间量测"。

# 3.5　数据显示控制

## 3.5.1　亮度增强

**1. 操作说明**

亮度是指发光体（反光体）表面发光（反光）强弱的物理量。栅格数据亮度增强控制主要是通过对亮度这个属性数值进行调整，从而实现显示效果的调整和增强。

在 PIE-SDK 中设置的亮度属性值为 0～100 的整数。

**2. 开发思路**

第一步：获取栅格图层 Render 进行接口转换；

第二步：设置亮度属性值；

第三步：触发渲染改变事件，重新绘制。

**3. 核心接口与方法**

亮度增强核心接口与方法说明如表 3.22 所示。

表 3.22　亮度增强核心接口与方法说明表

| 接口/类 | 方法 | 说明 |
|---|---|---|
| PIE.Carto.IRasterDisplayProps | BrightnessValue | 亮度属性 |
| | ContrastValue | 对比度属性 |
| | TransparencyValue | 透明度属性 |

**4. 核心代码和运行效果**

参见共享文件夹中的"01 源代码\03 第 3 章　数据基础操作\3.5.1 亮度增强"。

## 3.5.2　对比度增强

**1. 操作说明**

对比度指的是一幅图像中明暗区域最亮的白和最暗的黑之间不同亮度层级的测量。栅格数据对比度增强控制主要是通过对对比度这个数值进行调整，从而达到对数据显示的增强，以显示不同的图像效果。

在 PIE-SDK 中设置的对比度属性值为 0～100 的整数。

**2. 开发思路**

第一步：获取栅格图层 Render 进行接口转换；

第二步：设置对比度属性值；

第三步：触发渲染改变事件，重新绘制。

**3. 核心接口与方法**

对比度增强核心接口与方法说明同表 3.22。

**4. 核心代码和运行效果**

参见共享文件夹中的"01 源代码\03 第 3 章　数据基础操作\3.5.2 对比度增强"。

## 3.5.3　透明度控制和标注控制

**1. 操作说明**

透明度和标注是矢量图层的相关属性，是完成地图整饰的重点要素。透明度是描述光线透过的程度，图层透明度数值是 0 到 100 的整数。标注是显示在地图上的文字信息，其样式丰富，放置位置灵活。

本实例展示在 PIE-SDK 相关接口中进行图层的透明度和标注控制。

**2. 开发思路**

（1）矢量图层透明度开发思路如下。

第一步：获取图层的 Render；

第二步：修改 Render 的透明值属性；

第三步：触发渲染改变事件。

（2）矢量图层标注开发思路如下。

第一步：设置图层显示标注属性为 True；

第二步：设置标注字段；

第三步：触发渲染改变事件。

**3. 核心接口与方法**

透明度控制相关核心接口与方法说明如表 3.23 所示。

表 3.23　透明度控制核心接口与方法说明表

| 接口/类 | 方法 | 说明 |
| --- | --- | --- |
| Carto. IFeatureRender | Transparency | 图层透明值为 0～100 之间整数 |
| Carto. IFeatureLayer | DisplayAnnotation | 图层是否显示注记 |
|  | AnnoProperties | 图层注记属性 |

**4. 核心代码和运行效果**

参见共享文件夹中的"01 源代码\03 第 3 章　数据基础操作\3.5.3 透明度控制和标注控制"。

## 3.5.4　拉伸增强

**1. 操作说明**

在实际应用过程中，对于一般 16bit 或者更大比特深度的影像，像元值都是大于 255 的。这种情况下，RGB 的显示器是不能够直接使用像元值进行显示的，需要将像元值换算到 0～

255 的区间内显示。常用的增强方式是通过拉伸来增大栅格显示的视觉对比度，以生成一副更清晰的影像，从而使某些要素变得更容易识别。

常用的拉伸方式最常见的有标准差（standard deviation），最大最小值（minimum-maximum），直方图均衡化（histogram equalization）等。对于不同栅格数据情况，应选择最适合的拉伸方式。

**2. 开发思路**

第一步：获取栅格图层的 Render 并进行接口转换；

第二步：设置拉伸类型；

第三步：根据拉伸类型进行参数设置；

第四步：触发渲染改变事件，重新绘制。

**3. 核心接口与方法**

拉伸增强核心接口与方法说明如表 3.24 所示。

表 3.24 拉伸增强核心接口与方法说明表

| 接口/类 | 方法 | 说明 |
| --- | --- | --- |
| PIE.Carto.IRasterStretch | StretchType | 栅格拉伸类型属性 |
|  | LinearStretchPercent | 拉伸百分比属性 |
|  | SetMinimumMaximum | 设置指定波段拉伸显示的最大值、最小值 |

**4. 核心代码和运行效果**

参见共享文件夹中的"01 源代码\03 第 3 章 数据基础操作\3.5.4 拉伸增强"。

### 3.5.5 亮度反转

**1. 操作说明**

亮度反转是对当前栅格图层执行亮度反转操作。亮度反转是对图像亮度范围进行线性或非线性取反，产生一幅与输入图像相反的图像，即原来亮的地方变暗，原来暗的地方变亮。

**2. 开发思路**

直接调用 PIE-SDE 提供的 ReverseBrightnessCommand 亮度反转命令插件。

**3. 核心接口与方法**

亮度反转核心接口与方法说明如表 3.25 所示。

表 3.25 亮度反转核心接口与方法说明表

| 接口/类 | 方法 | 说明 |
| --- | --- | --- |
| Controls.ReverseBrightnessCommand | OnCreate（） | 命令创建事件 |
|  | OnClick（） | 命令单击事件 |

**4. 核心代码和运行效果**

参见共享文件夹中的"01 源代码\03 第 3 章 数据基础操作\3.5.5 亮度反转"。

# 第 4 章　遥感数据预处理

遥感影像的预处理主要是对原始影像进行一系列校正与重建，提高数据质量，使其达到图像解译要求的过程，主要目的是改善由于传感器的外在原因造成的遥感影像几何畸变与信息误差。外在影响主要包括：卫星姿态变化、高度、速度等平台因素，以及大气干扰等。遥感数据预处理流程主要包括辐射校正、几何校正、图像融合、图像裁剪、图像镶嵌、分幅处理、批处理、流程化处理等。本章主要是对遥感数据预处理的各个功能模块进行实例开发讲解。

## 4.1　辐　射　校　正

**1. 操作说明**

遥感传感器观测目标物辐射或反射的电磁波能量时，遥感器本身的光电系统特征、太阳高度、地形以及大气条件等都会引起光谱亮度的失真。消除图像数据中依附在辐射亮度里的各种失真的过程即为辐射校正（樊文锋等，2016）。

辐射校正包括辐射定标、大气校正两部分，PIE-SDK 支持 HJ-CCD、GF-1、GF-2、ZY-102C、ZY-3、TH-1、Landsat-5/Landsat-7/Landsat-8、VRSS 等数据的处理。需要注意的是针对 Landsat-5 数据，需要将第 6 个热红外波段去掉，按照"1、2、3、4、5、7"的波段排列顺序进行波段合成，然后对波段合成后的数据进行辐射定标和大气校正处理；针对 Landsat-7 数据，需要将第 6 个热红外波段和第 8 个全色波段去掉，按照"1、2、3、4、5、7"的波段排列顺序进行波段合成，然后对波段合成后的数据进行辐射定标和大气校正处理；针对 Landsat-8 数据，需要将第 1 蓝色波段、第 8 全色波段以及第 10、第 11 两个热红外波段去掉，按照"2、3、4、5、6、7、9"的波段排列顺序进行波段合成，然后对波段合成后的数据进行辐射定标和大气校正处理。

1）辐射定标

辐射定标是指使用大气纠正技术将影像数据的灰度值转化为表观辐亮度（$L_\lambda$）、表观反射率（$\rho$）等物理量的过程，以纠正传感器本身产生的误差。

利用式（4.1）可将卫星各载荷的通道图像像元数值 DN（digital number）转换为卫星载荷入瞳处等效表观辐亮度数据。

$$L_\lambda = \text{Gain}\cdot\text{DN} + \text{Bias} \tag{4.1}$$

式中，$\lambda$ 为不同波段取值；Gain 为定标斜率；DN 为卫星载荷观测值；Bias 为定标截距。以上参数由卫星数据的元数据获取。

利用表观辐亮度根据式（4.2）计算表观反射率。

$$\rho = \frac{\pi\cdot L_\lambda\cdot d^2}{\text{ESUN}_\lambda\cdot\cos\theta} \tag{4.2}$$

式中，$L_\lambda$ 同上式，为载荷通道入瞳处等效表观辐亮度；ESUN 为太阳辐照度；$d$ 为日地距离参数；$\theta$ 为太阳天顶角。

辐射定标参数设置对话框如图 4.1 所示。各参数含义如下。

图 4.1　辐射定标参数设置对话框

【输入文件】：输入待处理的卫星影像数据。

【元数据文件】：默认自动读取该影像对应的元数据（.xml）文件，也可以用户自定义（国产卫星数据元数据文件一般是和数据存放在一起的，软件会自动读取，Landsat 系列数据元数据文件是 MTL.txt）。

【定标类型】：有"表观辐亮度"和"表观反射率"两个选项，默认选项是表观反射率。

【输出文件】：设置输出结果保存路径及文件名。

2）大气校正

大气校正的目的是消除大气对太阳辐射、大气对目标辐射产生的吸收和散射作用的影响，从而获得目标反射率、辐射率、地表温度等真实物理模型参数。大多数情况下，大气校正同时也是反演地物真实反射率的过程。

PIE-SDK 的大气校正模块基于 6S 大气辐射传输模型构建。6S 模型改进了参数输入，兼顾考虑水汽、$CO_2$、$O_3$、$CH_4$、$N_2O$ 和 $O_2$ 等气体的吸收，以及大气分子和气溶胶的散射、非均一地面和双向反射率等问题，使它不但可以模拟地表非均一性，还可以模拟地表双向反射特性。6S 模型光谱积分的步长为 2.5nm，可以模拟机载观测、设置目标高程、解释双向反射分布函数（BRDF）作用和邻近效应，增加了两种吸收气体的计算（$CO_2$、$N_2O$）。采用逐次散射 SoS（successive order of scattering）方法计算散射作用以提高精度。

其中大气校正参数设置对话框如图 4.2 所示。各参数含义如下。

【数据类型】：设置待处理影像的数据类型，要与输入的文件保持一致，支持 DN 值、表观辐亮度和表观反射率三种数据类型；DN 值是没有经过辐射定标的原始影像数据，表观辐亮度和表观反射率类型是辐射定标输出的结果文件。

【输入文件】：输入待处理的影像数据。

【元数据文件】：默认自动输入该影像对应的元数据（.xml）文件，也可以用户自定义，一般都是系统自动读取。

【大气模式】：选择大气模式，支持系统自动选择大气模式和手动选择模式；手动选择模式有热带大气模式、中纬度夏季大气模式、中纬度冬季大气模式、副极地夏季大气模式、副极地冬季大气模式、美国 1962 大气模式 6 种，根据影像的实际位置来选择。

图 4.2　大气校正参数设置对话框

【气溶胶类型】：支持的气溶胶类型有大陆型、海洋型、城市型、沙尘型、煤烟型、平流层型，根据影像的地类情况进行选择。

【初始能见度】：可以自定义设置，也可以选择系统默认值。默认值是 40.00km，设置能见度时可参考表 4.1（根据影像拍摄时间当时的天气情况设置能见度）。

表 4.1　能见度设置参考表

| 天气状况 | 能见度/km | 天气状况 | 能见度/km |
| --- | --- | --- | --- |
| 晴朗 | 25～1000 | 严重污染 | 5～10 |
| 轻度污染 | 15～25 | 重度污染 | 小于 5 |
| 中度污染 | 10～15 | | |

选择是否逐像元反演气溶胶。PIE 内置了反演气溶胶光学厚度的程序，选择【是】，表示进行气溶胶光学厚度的反演处理；选择【否】，则不做反演，而是直接将初始能见度转换的 AOD 值赋给影像的每个像元，作为每个像元的初始气溶胶光学厚度。

【输出文件】：设置生成的地表反射率影像的保存路径及文件名。

**2. 开发思路**

第一步：调用辐射校正/大气校正窗口；

第二步：辐射校正/大气校正算法参数设置；

第三步：辐射校正/大气校正算法调用；

第四步：辐射校正/大气校正算法执行；

第五步：辐射校正/大气校正算法结果显示。

**3. 核心接口与方法**

辐射定标和大气校正核心接口与方法说明如表 4.2 和表 4.3 所示。

表 4.2　辐射定标核心接口与方法说明表

| 接口/类 | 方法 | 说明 |
| --- | --- | --- |
| PIE.CommonAlgo.dll | | 算法 DLL 库 |
| PIE.Plugin.FrmPIECalibration | | 辐射定标插件 |
| PIE.CommonAlgo.CalibrationAlgo | | 辐射定标算法类 |
| DataPreCali_Exchange_Info | | 辐射定标参数结构体类 |
| | InputFilePath | 输入影像路径（*.tif、*.tiff、*.bmp、*.img、*.jpg、*.ldf） |
| | XMLFilePath | 输入文件的元数据文件（*.xml 或者*.txt） |
| | OutputFilePath | 输出影像路径（*.tif、*.tiff、*.img） |
| | FileTypeCode | 根据输出类型获得文件编码类型：.tif/.tiff-Gtiff；.img-HFA；其他-ENVI |
| | Type | 取值为 100（表观辐射率）或 200（表观反射率） |

表 4.3　大气校正核心接口与方法说明表

| 接口/类 | 方法 | 说明 |
| --- | --- | --- |
| PIE.CommonAlgo.dll | | 算法 DLL 库 |
| PIE.CommonAlgo.CalibrationAlgo | | 大气校正算法类 |
| PIE.Plugin.FrmAtmosphericCorrection | | 大气校正插件 |
| DataPreCali_Exchange_Info | | 大气校正参数结构体类 |
| | DataType | 数据类型：1-DN 值；2-表观辐亮度；3-表观反射率 |
| | InputFile | 输入文件（多光谱数据）：（*.tif、*.tiff、*.bmp、*.img、*.jpg、*.ldf） |
| | InputXML | 输入文件的元数据文件 |
| | OutputSR | 输出文件路径：（输出类型*.tif、*.tiff、*.img） |
| | AtmModel | 大气模式（默认是 0，即系统会根据影像的中心经纬度和成像时间自动确定一种大气模式）：0-系统自动选择大气模式；1-热带大气模式；2-中纬度夏季大气模式；3-中纬度冬季大气模式；4-副极地夏季大气模式；5-副极地冬季大气模式；6-美国 1962 大气模式 |
| | AerosolType | 气溶胶类型（必需设置成 1~5，选择一种气溶胶类型）：1-大陆型气溶胶；2-海洋型气溶胶；3-城市型气溶胶；4-沙尘型气溶胶；5-煤烟型气溶胶；6-平流层型气溶胶 |
| | InitialVIS | 初始能见度，默认为 40.0km |
| | FileTypeCode | 根据输出类型获得文件编码类型：.tif/.tiff-GTiff；.img-HFA；其他- ENVI |
| | AeroRetrieval | 是否逐像元反演气溶胶（0 代表否，1 代表是，默认是 1） |
| | SatelliteID | 传感器类型 |

## 4. 核心代码和运行效果

因为本章中的遥感数据预处理各个功能模块调用的是 PIE-SDK 封装的相关功能模块，而这些模块是在 DEV Express 基础上进行开发的，所以运行本章的示例程序需要提前安装 DEV Express18.1.7 版本，具体的安装过程可以参见共享文件夹中"02 附录\03 安装 DEV Express"。

同时进行大气校正时需要在 Bin 文件夹同级的 Data 文件夹中放入大气校正所需的数

据参数（AtmCor_LUT）。参数下载地址、核心代码和运行效果参见共享文件夹中的"01 源代码\04 第 4 章 遥感数据预处理\4.1 辐射校正"。

# 4.2　几何校正

**1. 操作说明**

几何校正的目的是纠正系统和非系统性因素引起的图像形变。

几何校正模块包括影像配准和图像校正，支持 HJ-CCD、GF-1、GF-2、ZY-02C、ZY-3 等数据的处理。

影像配准是指将同一区域利用不同传感器、不同时间和位置获取的不同特性的影像在几何上相互匹配对齐的过程，配准的过程可以涉及两景或者多景影像。其中影像配准窗口的主要功能如下。

【待配准影像】：在左侧视图单击【▨】按钮，添加待配准影像。

【基准数据】：在右侧视图单击【▨】按钮，添加基准影像。

【选择控制点】：

（1）在缺乏基准影像的前提下，PIE 支持手动选取外业实测控制点。在左侧待配准影像工具栏中单击【添加控制点】按钮，将十字丝的中心对准视图中的相应位置，然后鼠标右键选择输入实测点，选择对应的实测点投影坐标系，输入实测点 X、Y、Z 坐标值。

（2）在有基准影像的前提下，PIE 提供了手动选取控制点和自动选取控制点两种控制点选取方式。手动选取控制点：分别在待配准影像和基准影像的工具栏中单击【添加控制点】按钮，将十字丝的中心对准视图中的相应位置，然后单击【增加点】按钮即可向视图中增加一对控制点。自动选取控制点：PIE 通过专业的控制点匹配方法自动选取控制点，还可通过读取待配准影像的 RPC 文件、DEM 文件提高影像之间的匹配精度。

控制点相关操作如下。

（1）增加点：从待配准影像和基准影像中选取一对控制点，单击【增加点】按钮，该对控制点即被添加到控制点列表中。

（2）删除点：在控制点列表中选中待删除的控制点对，单击【删除点】按钮，即可删除该对控制点。

（3）更新点：在控制点列表中选中待更新的控制点对，在视图中调整控制点的位置，调整完毕后单击【更新点】按钮，即可更新该对控制点。

（4）预测点：在待配准影像上选取一个控制点，单击【预测点】按钮，在基准影像上便会显示预测的与之对应的控制点的位置，该功能需要至少选取三对控制点才能使用。

（5）删除超标点：单击【删除超标点】按钮，弹出"设置误差范围"对话框，选择或输入误差范围，即可将误差大于误差范围的控制点删除，并重新计算误差。

（6）拾取同名点：获取同名点在匹配视窗中进行关联显示，并在控制点列表中高亮显示拾取同名点信息。

控制点应选取图像上易分辨且较精细的特征点，这很容易通过目视方法辨别，如道路交叉点、河流弯曲或分叉处、海岸线弯曲处、湖泊边缘、飞机场、城市边缘等；特征变化大的地区应多选些；图像边缘部分一定要选取控制点，以避免外推；此外，尽可能满幅均匀选取，特征实在不明显的大面积区域（如沙漠），可用求延长线交点的办法来弥补，但应尽可能避免这样做，以避免造成人为的误差。

设置相关的匹配参数后，单击【确定】按钮，即可实现从待配准影像和基准影像中自动提取控制点。

图像校正包括几何精校正、正射校正和平移变换。几何精校正是利用控制点进行的几何校正，它是用一种数学模型来近似描述遥感图像的几何畸变过程，并利用基准影像与基准影像同名点之间的匹配进行校正，不考虑影像具体的畸变原因。正射校正是对影像空间和几何畸变进行校正生成多中心投影平面正射图像的处理过程。它除了能纠正一般系统因素产生的几何畸变外，还可以消除地形引起的几何畸变。平移变换是对经过几何校正的数据做整体位置的平移变换。

几何精校正：在影像配准对话框中的控制点选取完毕后，单击【校正】按钮，在下拉菜单中选择【几何精校正】，弹出几何精校正参数设置界面，设置校正模型、重采样方式、重采样精度等参数，点击【确定】按钮，即可进行几何精校正处理。或者通过 PIE-SDK 封装的几何精校正窗口 PIE.Plugin.FrmGeoRectify（方法 2）进行二次开发，此方法适用于已经有控制点文件的数据，不用再进行配准直接做几何精校正即可。

正射校正：在影像配准对话框中将控制点选取完毕后，单击【校正】按钮，在下拉菜单中选择【正射校正】，弹出正射校正参数设置界面，设置数字高程、重采样精度等参数，同时系统自动默认读取待校正影像的 RPC 系数以及选取的控制点，单击【确定】按钮，即可进行正射校正处理。或者通过 PIE-SDK 封装的正射校正窗口 PIE.Plugin.FrmPIEOrtho（方法 2）进行二次开发，此方法适用于已经有 RPC 文件和控制点文件的数据，不用再进行配准直接做正射校正即可。

平移变换是对经过几何校正后的影像数据进行平移操作。需要在影像配准对话框中待变换的影像上添加一个点位（平移后对应的坐标），然后单击校正下拉菜单中的【平移变换】按钮，设置输出文件路径，点击【确定】，执行平移变换操作。

本实例程序基本都是通过调用 PIE-SDK 提供的封装窗口进行的二次开发。

**2. 开发思路**

第一步：调用几何精校正/正射校正窗口；

第二步：几何精校正/正射校正算法参数设置；

第三步：几何精校正/正射校正算法调用；

第四步：几何精校正/正射校正算法执行；

第五步：几何精校正/正射校正算法结果显示。

**3. 核心接口与方法**

几何校正核心接口与方法说明如表 4.4 所示。

**4. 核心代码和运行效果**

参见共享文件夹中的"01 源代码\04 第 4 章 遥感数据预处理\4.2 几何校正"。

表 4.4　几何校正核心接口与方法说明表

| 接口/类 | 方法 | 说明 |
|---|---|---|
| PIE.CommonAlgo.dll | | 算法 DLL 库 |
| PIE.AxControls.DataPrepGeoCorrDialog | | 影像配准窗口（含几何精校正和正射校正） |
| PIE.Plugin.FrmGeoRectify | | 几何精校正插件 |
| PIE.CommonAlgo.GeoRectifyAlgo | | 几何精校正算法类 |
| DataProcess_GeoRectify_Exchange_Info | | 几何精校正参数结构体类 |
| | Cell | 输出分辨率：设置输出影像的 X 分辨率和 Y 分辨率 |
| | FileType | 文件类型 |
| | GCPFile | 控制点 GCP 文件路径 |
| | listPoints | 点集合 |
| | OutputFilePath | 输出文件：选择输出结果的保存路径和名称 |
| | PolyOrder | 设置多项式的次数，目前多项式次数仅支持 1 次和 2 次（当纠正模型设置为三角网校正模型时不需要设置此参数） |
| | RectifyType | 校正模型：校正模型分为多项式模型和三角网校正模型，三角网校正模型适合于控制点（GCP）分布不规则的情况 |
| | ResampleMode | 采样方式：提供最近邻域法、双线性插值法和三次卷积法三种重采样方法 |
| | WarpFile | 输入待校正文件路径 |
| | WKT | 输出投影：设置输出文件的投影信息 |
| PIE.Plugin.FrmPIEOrtho | | 正射校正插件 |
| PIE.CommonAlgo.PIEOrthoAlgo | | 正射校正算法类 |
| DataPreOrtho_Exchange_Info | | 正射校正参数结构体类 |
| | FileName | 输入文件：输入待处理的影像文件 |
| | RPBFileName | RPC 系数文件：输入与待处理影像对应的 RPC 系数文件，此文件为卫星数据自带 |
| | GcpFileName | 控制点文件：输入地面控制点文件，可以为外业采集的控制点文件，也可以为通过图像匹配处理获得的控制点文件，此设置为可选项 |
| | DestFileName | 输出文件：设置输出文件的路径及文件名 |
| | OutPixelX | X 分辨率：设置输出影像 X 分辨率，单位默认为度，度与米之间的转换关系为（赤道附近）：1 m≈0.00001° |
| | OutPixelY | Y 分辨率：设置输出影像 Y 分辨率，单位默认为度，度与米之间的转换关系为（赤道附近）：1 m≈0.00001° |
| | destWKT | 投影设置：设置输出文件的投影方式 |
| | proSrcULX | 处理范围 X |
| | proSrcULY | 处理范围 Y |
| | proSrcWidth | 处理范围宽度 |
| | SrcHeight | 处理范围高度 |
| | imageResampling | 采样模式：设置重采样方法，支持最近邻域法、双线性插值、三次卷积法三种重采样方法 |
| | FileType | 输出文件类型 |
| | Demfile | 数字高程设置：可以设置为常值，也可以输入与原始影像对应的 DEM 数据 |

# 4.3　图像融合

**1. 操作说明**

图像融合是将多源遥感图像按照一定的算法，在规定的地理坐标系下生成新的图像的过程。大多数情况下，是针对较低空间分辨率的多光谱或者高光谱数据与高空间分辨率的单波段图像进行融合处理，使得处理后的图像既具有高空间分辨率又具有丰富的光谱特征。

图像融合模块包括彩色标准化融合、SFIM 融合、PCA 融合和 Pansharp 融合四种融合方法。

彩色标准化融合对彩色图像和高分辨率图像进行融合运算，从而使图像得到锐化。彩色归一化变换也被称为能量分离变换（energy subdivision transform），它是用来自融合图像的高空间分辨率波段对输入图像的低空间分辨率波段进行增强。该方法仅对包含在融合图像波段的波谱范围内对应的输入波段进行融合，其他输入波段被直接输出而不进行融合处理。融合图像波段的波谱范围由波段中心波长和半峰宽度（full width-half maximum，FWHM）值限定。

SFIM 融合方法全称为基于平滑滤波的亮度变换。基本原理是将高分辨率影像通过低通滤波抑制其高频空间信息保留低频信息，再将原高分辨率影像与通过低通滤波的高分辨率影像进行比值运算，以抵消光谱及地形反差，增强纹理结构信息，最后将比值运算的结果融入低分辨率影像中。

PCA 融合分三步实现，首先将多光谱数据进行主成分变换，然后用高分辨率单波段替换第一主成分波段，最后进行主成分逆变换得到融合图像。

Pansharp 融合基于最小二乘逼近法来计算多光谱影像和全色影像之间灰度值关系，具体过程是利用最小方差技术对参与融合的波段灰度值进行最佳匹配，以减少融合后的颜色偏差。该融合方法不受波段限制，可以实现多个波段的同时融合，能最大限度地保留多光谱影像的颜色信息（高保真）和全色影像的空间纹理信息。

**2. 开发思路**

第一步：调用彩色标准化融合/SFIM 融合/PCA 融合/Pansharp 融合窗口；

第二步：彩色标准化融合/SFIM 融合/PCA 融合/Pansharp 融合算法参数设置；

第三步：彩色标准化融合/SFIM 融合/PCA 融合/Pansharp 融合算法调用；

第四步：彩色标准化融合/SFIM 融合/PCA 融合/Pansharp 融合算法执行；

第五步：彩色标准化融合/SFIM 融合/PCA 融合/Pansharp 融合算法结果显示。

**3. 核心接口与方法**

图像融合核心接口与方法说明如表 4.5 所示。

表 4.5　图像融合核心接口与方法说明表

| 接口/类 | 方法 | 说明 |
|---|---|---|
| PIE.CommonAlgo.dll | | 算法 DLL 库 |
| PIE.Plugin.FrmCNSharpFusion | | 彩色标准化融合插件 |
| PIE.CommonAlgo.CFusionAlgo | | 彩色标准化融合算法类 |
| CFusion_Exchange_Info | | 彩色标准化融合算法参数设置 |
| | Type | 算法类型值 |

续表

| 接口/类 | 方法 | 说明 |
| --- | --- | --- |
| CFusion_Exchange_Info | LowResFile | 多光谱影像数据波段名称集合 |
| | LowBands | 多光谱影像数据波段集合，指需要进行融合的低分辨率影像 RGB 波段 |
| | OutputFilePath | 输出文件路径 |
| | FileTypeCode | 输出文件类型 |
| | ResampleMode | 重采样方法，PIE 提供最邻近分配法、双线性插值和三次卷积法三种插值方法 |
| | HighResNullValue | 全色波段通道的无效值 |
| | lMaxCache | 最大缓存 |
| | BMultiThread | 是否多线程 |
| PIE.Plugin.FrmSFIMFusion | | SFIM 融合插件 |
| PIE.CommonAlgo.CFusionAlgo | | SFIM 融合算法类（与彩色标准化融合算法类一样） |
| CFusion_Exchange_Info | | SFIM 融合算法参数设置（与彩色标准化融合算法参数设置一样） |
| PIE.Plugin.FrmPCAFuse | | PCA 融合插件 |
| PIE.CommonAlgo.PansharpFuseAlgo | | PCA 融合算法类 |
| Pansharp_Exchange_Info | | PCA 融合算法参数设置 |
| | PanFilePath | 输入高分辨率影像数据路径 |
| | MssFilePath | 输入多光谱影像数据路径 |
| | MULChannels | 多光谱数据波段集合 |
| | HighChannel | 高分辨率数据波段集合 |
| | OutputFilePath | 输出文件路径 |
| | FileTypeCode | 输出文件类型 |
| | ResampleMode | 重采样方法：选择重采样方法，PIE 提供最邻近分配法、双线性插值和三次卷积法三种重采样方法 |
| | AlgoType | 算法类型：0 代表 PCA 融合，1 代表 Pansharp 融合 |
| | BMultiThread | 是否多线程 |
| PIE.Plugin.FrmPansharpFuse | | Pansharp 融合插件 |
| PIE.CommonAlgo.PansharpFuseAlgo | | Pansharp 融合算法类（与 PCA 融合算法类一样） |
| Pansharp_Exchange_Info | | Pansharp 融合算法参数设置（与 PCA 融合算法参数设置一样，注意 AlgoType 选择 1） |

**4. 核心代码和运行效果**

参见共享文件夹中的"01 源代码\04 第 4 章　遥感数据预处理\4.3 图像融合"。

# 4.4　图　像　裁　剪

**1. 操作说明**

图像裁剪的目的是裁剪选定的影像区域。图像裁剪工具包括像素范围裁剪、文件裁剪、几何图元裁剪和指定区域裁剪四种方式。像素范围裁剪是基于像素坐标获取矩形裁剪区域的裁剪方式；文件裁剪可以基于矢量文件或者栅格文件地理坐标获取任意形状区域的裁剪方式；几何图元裁剪是基于交互方式在主视图上绘制多边形来获取裁剪范围的裁剪方式；指定区域裁剪是以指定的点为中心，再以指定的长和宽为步长形成一个矩形区域进行裁剪的方式。

【图像裁剪】窗口对话框的主要参数如下。

【输入文件】：输入待裁剪影像。

【范围裁剪】：切换到范围裁剪框后，设置裁剪结果数据的四角坐标。

【矢量裁剪】：切换到矢量裁剪框后，加载待裁切边界的矢量文件（面文件）或者栅格图像。

【绘制裁剪】：切换到绘制裁剪框后，可用鼠标单击其下的多边形、矩形、圆形或者椭圆形按钮，在地图中选取裁剪范围；若想删除所画的图元，可单击【删除】按钮，并在图元上单击左键或者拉框选中图元，再次单击【删除】按钮即可将图元删除。

【无效值】：勾选后可设置无效值。

【输出文件】：设置输出结果的保存路径及文件名。

**2. 开发思路**

第一步：调用图像裁剪窗口；

第二步：图像裁剪算法参数设置；

第三步：图像裁剪算法调用；

第四步：图像裁剪算法执行；

第五步：图像裁剪算法结果显示。

**3. 核心接口与方法**

图像裁剪核心接口与方法说明如表 4.6 所示。

表 4.6 图像裁剪核心接口与方法说明表

| 接口/类 | 方法 | 说明 |
|---|---|---|
| PIE.CommonAlgo.dll | | 算法 DLL 库 |
| PIE.Plugin.FrmImageClip | | 图像裁剪插件 |
| PIE.CommonAlgo.ImageClipAlgo | | 图像裁剪算法类 |
| DataPreImgClip_Exchange_Info | | 图像裁剪算法参数设置 |
| | bInvalidValue | 是否设置无效值 |
| | FileType | 文件类型 |
| | FuncName | 方法名称 |
| | OutputFilePath | 输出文件路径 |
| | Geometry | 裁剪几何形状 |
| | InputFilePath | 输入文件路径 |
| | InvalidValue | 无效值 |
| | listBands | 波段集合 |
| | ShpFilePath | 矢量裁剪文件路径 |
| | Type | ≤0 表示范围裁剪；其他表示矢量裁剪或绘制范围裁剪 |
| | XEnd | X 的最大值 |
| | XFactor | X 的比例 |
| | XStart | X 的最小值 |
| | YEnd | Y 的最大值 |
| | YFactor | Y 的比例 |
| | YStart | Y 的最小值 |

**4. 核心代码和运行效果**

参见共享文件夹中的"01 源代码\04 第 4 章　遥感数据预处理\4.4 图像裁剪"。

# 4.5　图　像　拼　接

**1. 操作说明**

图像拼接是指针对经过几何校正处理的标准分幅影像、重复区较少（1000×1000 影像间接边少于 5 个像素）或者没有重叠区的影像之间的拼接处理。

【图像拼接】窗口对话框的主要参数如下。

【输入文件】：输入待拼接的经过几何校正处理后的影像。

【添加】：单击该按钮，在"打开"对话框中选择待处理的图像，确定后则会添加到左侧的列表中。

【删除】：选中左侧列表中的一行或者多行，单击【删除】按钮，则可将添加的图像从列表中删除。

【输出文件】：设置输出的快速拼接图像的保存路径及文件名。

**2. 开发思路**

第一步：调用图像拼接窗口；

第二步：图像拼接算法参数设置；

第三步：图像拼接算法调用；

第四步：图像拼接算法执行；

第五步：图像拼接算法结果显示。

**3. 核心接口与方法**

图像拼接核心接口与方法说明如表 4.7 所示。

表 4.7　图像拼接核心接口与方法说明表

| 接口/类 | 方法 | 说明 |
|---|---|---|
| PIE.CommonAlgo.dll | | 算法 DLL 库 |
| PIE.Plugin.FrmImageFastMosaic | | 图像拼接插件 |
| PIE.CommonAlgo.ImageMosaicParamAlgo | | 图像拼接算法类 |
| buildMosaicFileVec | | 图像拼接算法参数设置 |
| | bmfVec | 参数列表 |
| | sOutFilePath | 输出文件 |
| | iOutBandType | 输出通道类型为整型的 0 和 1。0：3 通道 8 位输出；1：原始数据格式 |
| | bFastMosaic | 是否快速镶嵌 |
| | m_strFileTypeCode | 输出影像类型 |

**4. 核心代码和运行效果**

参见共享文件夹中的"01 源代码\04 第 4 章　遥感数据预处理\4.5 图像拼接"。

# 4.6　图　像　镶　嵌

**1. 操作说明**

图像镶嵌是在一定的数学基础控制下，将多幅图像拼接成一幅大范围、无缝图像的过程。图像镶嵌处理需要影像之间有重叠区域，且重叠区的要求是当影像行列数为 1000×1000 时影像间至少存在 5 个像素的接边。

【生成镶嵌面】窗口对话框的主要参数如下。

【生成方式】：选取生成镶嵌面的方式，有简单线、优化线、智能线可供选择，智能线镶嵌效果最好，但时间较长，适用于镶嵌接边复杂的图像；简单线用时最短，适用于接边简单的图像；优化线处于简单线和智能线之间；一般推荐智能线。

【导出镶嵌面】：单击导出镶嵌面的【…】按钮，弹出另存为对话框，设置保存路径及名称。

镶嵌线由在影像重叠区搜寻到的同名点组成。为避免出现接边错位，镶嵌线的走向一般要避让地物。

【导入镶嵌面】窗口对话框的主要参数如下。

【导入镶嵌面】：把已有的镶嵌面文件直接导入使用，单击"图像镶嵌"模块的【导入镶嵌面】按钮，读取镶嵌面文件，要求是矢量.shp 格式。

【参数设置】窗口对话框的主要参数如下。

【常规羽化】：设置羽化范围和羽化单位，单位为像素或者米。

【宽羽化】：勾选宽羽化按钮，设置羽化范围和羽化单位，单位为像素或者米；单击羽化区域后的【…】按钮，添加羽化区域矢量文件，确定羽化范围。

【输出成图】窗口对话框的主要参数如下。

【输出分辨率】：设置输出影像的空间分辨率，可以自定义，也可以设置为系统默认的分辨率。

【输出范围】：系统自动显示输出影像的范围。

【整幅输出】：设置输出类型，3 通道 8 位或者原始数据格式，设置输出路径及名称，单击【确定】按钮，输出整幅镶嵌结果数据。

【分幅输出】：设置输出比例，勾选待输出的图幅信息，设置输出路径，单击【确定】按钮，输出勾选的分幅后的镶嵌结果数据。

**2. 开发思路**

第一步：调用图像镶嵌窗口；

第二步：图像镶嵌算法参数设置；

第三步：图像镶嵌算法调用；

第四步：图像镶嵌算法执行；

第五步：图像镶嵌算法结果显示。

**3. 核心接口与方法**

图像镶嵌核心接口与方法说明如表 4.8 所示。

表 4.8　图像镶嵌核心接口与方法说明表

| 接口/类 | 方法 | 说明 |
|---|---|---|
| PIE.CommonAlgo.dll | | 算法 DLL 库 |
| PIE.Plugin.FrmImageMosaic | | 图像镶嵌插件 |
| PIE.CommonAlgo.ImageMosaicParamAlgo | | 图像镶嵌算法类 |
| buildMosaicPolygon | | 图像镶嵌生成镶嵌面算法参数设置 |
| | m_bUseGroup | 是否使用分组数据 |
| | m_GroupData | 分组数据 |
| | m_GroupLyrs | 分组内的图层 |
| | m_iBuildType | 生成镶嵌面的算法类型：0-简单，1-优化，2-智能 |
| | m_pMaskPolygon | 镶嵌结果返回数据 |
| | m_sLoadPolygonPath | 导入镶嵌面路径 |
| | m_sShpPath | 镶嵌结果保存路径 |

## 4. 核心代码和运行效果

参见共享文件夹中的"01 源代码\04 第 4 章　遥感数据预处理\4.6 图像镶嵌"。

# 第 5 章 遥感数据处理

遥感数据处理是遥感技术应用的重要环节。本章所描述的遥感数据处理是指遥感数字影像在经过辐射校正、几何纠正、图像整饰、投影变换、镶嵌等预处理工作后，通过一系列特征提取、图像分类、图像变换、图像滤波和边缘增强等遥感数据处理方法（韦玉春等，2019；朱文泉和林文鹏，2015），获取满足应用目的与精度要求的各种图件。本章将对上述遥感数据处理方法实现过程进行实例讲解，帮助使用者实现快速准确提取所需信息，为图像解译奠定基础。

## 5.1 图 像 分 类

同类地物在相同的条件下（光照、地形等）应该具有相同或者相似的光谱信息和空间信息特征，不同类别的地物之间具有差异。根据这种差异，将图像中的所有像素按照其性质分为若干类别的过程，称为图像的分类（Cormack，1971；李厚强等，1997；王慧贤等，2015；柯佳宏等，2017）。

PIE-SDK 图像分类包括非监督分类、监督分类、ROI 工具和分类后处理四部分。

### 5.1.1 非监督分类

**1. 操作说明**

非监督分类是不加入任何先验知识，利用遥感图像特征的相似性，即自然聚类的特性进行的分类。分类结果区分了存在的差异，但不能确定类别的属性。类别的属性需要通过目视判读或实地调查后确定。

PIE-SDK 中非监督分类包括 ISODATA（iterative self-organizing data analysis technique algorithm）分类、K-Means 分类和神经网络聚类三种方法。

ISODATA 分类即迭代式自组织数据分析技术，其大致原理是首先计算数据空间中均匀分布的类均值，然后用最小距离规则将剩余的像元进行迭代聚合；每次迭代都重新计算均值，且根据所得的新均值，对像元进行再分类。这一处理过程持续到每一类的像元数变化少于所选的像元变化阈值或者达到迭代的最大次数。ISODATA 算法通过设置初始参数而引入人机对话环节，并使用归并和分裂等机制，当某两类聚类中心的距离小于某个阈值时，将它们合并为一类。当某类的标准差大于某一阈值时或其样本数目超过某一阈值时，将其分裂为两类；在某类样本数目小于某一阈值时，将其取消。这样根据初始类聚中心和设定的类别数目等参数迭代，最终得到一个比较理想的分类结果。ISODATA 算法是一种常用的聚类分析方法，是一种非监督学习方法。

【ISODATA 分类】窗口对话框的主要参数如下。

【输入文件】：设置待分类的影像。

【波段选择】：选择需要分类的波段，可以选择所有波段，也可以选择部分波段。

【预期类数】：期望得到的最终分类数。

【初始类数】：初始给定的聚类个数，可自定义也可保持默认。

【最少像元数】：形成一类所需的最少像元数，如果某一类中的像元数小于构成一类所需的最少像元数，该类将被删除，其中的像元被归并到距离最近的类中。

【最大迭代次数】：最大的运行迭代次数（一般 6 次以上），理论上迭代次数越多，分类结果越精确。

【最大标准差】：如果某一类的标准差比该阈值大，该类将被拆分成两类。

【最小中心距离】：如果两类中心点的距离小于输入的最小值，则类别将被合并。

【最大合并对数】：一次迭代运算中可以合并的聚类中心的最多对数。

【输出文件】：设置输出文件保存路径和文件名。

K-Means 分类算法的基本思想是：以空间中 K 个点为中心进行聚类，对最靠近它们的对象归类。通过迭代的方法，逐次更新各聚类中心的值，直至得到最好的聚类结果。

算法首先随机从数据集中选取 K 个点作为初始聚类中心，然后计算各个样本到聚类中的距离，把样本归到离它最近的那个聚类中心所在的类。通过计算新形成的每一个聚类的数据对象的平均值得到新的聚类中心，如果相邻两次的聚类中心没有任何变化，说明样本调整结束，聚类准则函数已经收敛。本算法的一个特点是在每次迭代中都要考察每个样本的分类是否正确。若不正确，就要调整，在全部样本调整完成后，再修改聚类中心，进入下一次迭代。如果在一次迭代算法中，所有的样本被正确分类，则不会有调整，聚类中心也不会有任何变化，这标志着已经收敛，算法就此结束。

【K-Means 分类】窗口对话框的主要参数如下。

【输入文件】：设置待处理的影像。

【波段选择】：选择需要分类的波段，可以选择所有波段，也可以选择部分波段。

【预期数类】：期望得到的类数。

【最大迭代次数】：最大的运行迭代次数（一般 6 次以上），理论上迭代次数越多，分类结果越精确。

【终止阈值】：设置终止运算的阈值，当迭代计算的新聚类中心与原聚类中心等距或距离小于阈值，则终止迭代计算（阈值范围在0～1）。

【输出文件】：设置输出文件保存路径和文件名。

神经网络聚类分类算法中的神经网络是模拟人脑神经系统的组成方式与思维过程而构成的信息处理系统，具有非线性、自学性、容错性、联想记忆和可以训练性等特点。在神经网络中，知识和信息的传递是由神经元的相互连接来实现的，分类时采用非参数方法，不需要对目标的概率分布函数作某种假定或估计，因此网络具备了良好的适应能力和复杂的映射能力。神经网络的运行包括两个阶段：一是训练或学习阶段（training or learning phase），向网络提供一系列的输入-输出数据组，通过数值计算和参数优化，不断调整网络节点的连接权重和阈值，直到从给定的输入能产生期望输出为止；二是预测（应用）阶段（generalization phase），用训练好的网络对未知的数据进行预测。

【神经网络聚类分类】窗口对话框的主要参数如下。

【输入文件】：设置待处理的影像。

【波段选择】：选择需要分类的波段，可以选择所有波段，也可以选择部分波段。

【分类类别】：选择分类规则，有交互传播网络，自组织特征映射网络。

【分类数】：设置分类个数，至少 2 个。

【窗口大小】：选择分类窗口大小，即 1×1、3×3、5×5。

【迭代次数】：迭代运算的最大次数，理论上迭代次数越大，分类结果越准确。

【收敛速率】：设置分类收敛的速率，即连续 2 次误差的比值的极限。

【输出文件】：设置输出文件保存路径和文件名。

**2. 开发思路**

第一步：调用 ISODATA 分类/K-Means 分类/神经网络聚类窗口；

第二步：ISODATA 分类/K-Means 分类/神经网络聚类算法参数设置；

第三步：ISODATA 分类/K-Means 分类/神经网络聚类算法调用；

第四步：ISODATA 分类/K-Means 分类/神经网络聚类算法执行；

第五步：ISODATA 分类/K-Means 分类/神经网络聚类算法结果显示。

**3. 核心接口与方法**

非监督分类核心接口与方法说明如表 5.1 所示。

**表 5.1 非监督分类核心接口与方法说明表**

| 接口/类 | 方法 | 说明 |
| --- | --- | --- |
| PIE.CommonAlgo.dll | | 算法 DLL 库 |
| PIE.Plugin.FrmISODataClassification | | 非监督分类_ISODATA 分类插件 |
| PIE.CommonAlgo.ISODataClassificationAlgo | | 非监督分类_ISODATA 分类算法类 |
| ISODataClassification_Exchange_Info | | 非监督分类_ISODATA 分类算法参数设置 |
| | InputFilePath | 输入遥感影像的路径 |
| | OutputFilePath | 输出文件路径 |
| | ProspClassNum | 预期类数 |
| | InitClassNum | 初始类数 |
| | MinSam | 最少像元数 |
| | MaxLoop | 最大迭代次数 |
| | MaxMerge | 最大合并对数 |
| | Dev | 最大标准差 |
| | MinDis | 最小中心距离 |
| | LowBands | 遥感数据波段选择集合 |
| PIE.Plugin.FrmKmeansClassification | | 非监督分类_K-Means 分类插件 |
| PIE.CommonAlgo.KmeansClassificationAlgo | | 非监督分类_K-Means 分类算法类 |
| KmeansClassification_Exchange_Info | | 非监督分类_K-Means 分类算法参数设置 |
| | InputFilePath | 输入遥感影像的路径 |
| | OutputFilePath | 输出文件路径 |
| | ClassNum | 预期类数 |
| | Maxloop | 最大迭代次数 |
| | Threshold | 终止阈值 |
| | LowBands | 遥感数据波段选择集合 |
| PIE.Plugin.FrmNeuralNetworkCluster | | 非监督分类_神经网络聚类分类插件 |
| PIE.CommonAlgo.NeuralNetworkClusterAlgo | | 非监督分类_神经网络聚类分类算法类 |

续表

| 接口/类 | 方法 | 说明 |
|---|---|---|
| | | 非监督分类_神经网络聚类分类算法参数设置 |
| | InputFilePath | 输入遥感影像的路径 |
| | OutputFilePath | 输出文件路径 |
| | ClassNum | 分类数 |
| | AlgType | 分类方法类别 |
| NeuralNetworkCluster_Exchange_Info | Windowsize | 窗口大小 |
| | Traintimes | 迭代次数 |
| | Ispeed | 收敛速率 |
| | FileTypeCode | 文件类型 |
| | LowBands | 遥感数据波段选择集合 |
| | FuncName | 方法名称 |

**4. 核心代码和运行效果**

参见共享文件夹中的"01 源代码\05 第 5 章 遥感数据处理\5.1.1 非监督分类"。

## 5.1.2　监督分类

**1. 操作说明**

监督分类是根据已知训练场地提供的样本，通过选择特征参数、建立判别函数，然后把图像中各个像元归化到给定类中的分类处理。

监督分类的基本过程是：首先根据已知的样本类别和类别的先验知识确定判别准则，计算判别函数，然后将未知类别的样本值代入判别函数，根据判别准则对该样本所属的类别进行判定。在这个过程中，利用已知的特征值求解判别函数的过程称为学习或训练。

监督分类包括距离分类和最大似然分类。使用监督分类前，需要使用 ROI 工具选择 ROI 样本区域。

距离分类是利用训练样本数据计算出每一类别均值向量及标准差向量，然后以均值向量作为该类在特征空间中的中心位置，计算输入图像中每个像元到各类中心的距离。

距离分类提供了最小距离和马氏距离两种分类器。最小距离分类使用每个端元的均值矢量，计算每个未知像元到每类均值矢量的欧氏距离，将未知类别向量归属于距离最小的一类。马氏距离分类是一个应用了每个类别统计信息的方向灵敏的距离分类器，它与最大似然分类相似，但是假定所有类别的协方差是相等的，所以是一种较快的分类方法。计算流程如下：假定拟定 $N$ 个类别，并分别确定各个类别的训练区。根据训练区，计算出每个类别的平均值，以此作为类别中心；计算待判像素与每一个类别中心的距离，并分别进行比较，取距离最小的类作为该像素的分类。依此方法逐个对每个像素判别归类。

【距离分类】窗口对话框的主要参数如下。

【选择文件】：在文件列表中选取需要进行分类的文件，右侧显示文件信息。

【导入文件】：如果要进行处理的文件不在文件列表中，可以通过单击【导入文件】添加需要处理的文件到文件列表中。

【选择区域】：选择需要分类的区域范围，通过设定行数、列数，确定在影像上的矩形范围。

【选择波段】：选择需要分类的波段，默认是全部波段参与分类，也可只对选择的波段进行分类。

【选择 ROI】：选择 ROI 文件（指用 ROI 工具制作的分类样本文件）。

【分类器】：设置监督分类规则（最小距离或马氏距离）。

【输出文件】：设置输出影像保存路径和名称。

最大似然分类假定每个波段中每类的统计都呈正态分布，并计算出给定像元属于特定类别的概率。除非选择一个概率阈值，否则所有像元都将参与分类。每一个像元都被归到概率最大的那一类里（也就是最大似然）。

【最大似然分类】窗口对话框的主要参数如下。

【选择文件】：在文件列表中选取需要进行分类的文件，右侧显示文件信息。

【导入文件】：如果要进行处理的文件不在文件列表中，可以通过单击【导入文件】按钮添加需要处理的文件到文件列表中。

【选择区域】：选择需要分类的区域范围，可以设置影像行列范围来限制分类区域。

【选择波段】：选择需要分类的波段，默认是全部波段参与分类，也可只对选择的波段进行分类。

【选择 ROI】：选择 roi 文件（指用 ROI 工具制作的分类样本文件）。

【分类器】：设置监督分类规则。

【输出文件】：设置输出影像保存路径和名称。

**2. 开发思路**

第一步：调用距离分类/最大似然分类窗口；

第二步：距离分类/最大似然分类算法参数设置；

第三步：距离分类/最大似然分类算法调用；

第四步：距离分类/最大似然分类算法执行；

第五步：距离分类/最大似然分类算法结果显示。

**3. 核心接口与方法**

监督分类核心接口与方法说明如表 5.2 所示。

**表 5.2　监督分类核心接口与方法说明表**

| 接口/类 | 方法 | 说明 |
| --- | --- | --- |
| PIE.CommonAlgo.dll | | 算法 DLL 库 |
| PIE.AxControls.SupervisedClassificaitonDialog | | 监督分类_距离分类插件 |
| PIE.CommonAlgo.DistanceClassificationAlgo | | 监督分类_距离分类算法类 |
| SupervisedClassification_Exchange_Info | | 监督分类_距离分类算法参数设置 |
| | CEnd | 列结束值 |
| | ClassifierType | 监督分类类型 |
| | CStart | 列起始值 |
| | FuncName | 方法名称 |
| | InputFilePath | 输入遥感影像数据路径 |
| | ListRoiColors | ROI 颜色集合 |

续表

| 接口/类 | 方法 | 说明 |
| --- | --- | --- |
| SupervisedClassification_Exchange_Info | ListRoiNames | ROI 名称集合 |
| | OutputFilePath | 输出文件路径 |
| | REnd | 行结束值 |
| | ROICof | ROICof 集合 |
| | ROIMean | ROI 均值集合 |
| | ROINums | ROI 个数 |
| | RStart | 行起始值 |
| | SelBandIndexs | 多光谱数据选择波段集合 |
| | SelBandNums | 多光谱数据选择波段个数 |
| PIE.AxControls.SupervisedClassificaitonDialog | | 监督分类_最大似然分类插件 |
| PIE.CommonAlgo.MLClassificationAlgo | | 监督分类_最大似然分类算法参数设置 |
| SupervisedClassification_Exchange_Info | CEnd | 列结束值 |
| | ClassifierType | 监督分类类型 |
| | CStart | 列起始值 |
| | FuncName | 方法名称 |
| | InputFilePath | 输入遥感影像数据路径 |
| | ListRoiColors | ROI 颜色集合 |
| | ListRoiNames | ROI 名称集合 |
| | OutputFilePath | 输出文件路径 |
| | REnd | 行结束值 |
| | ROICof | ROICof 集合 |
| | ROIMean | ROI 均值集合 |
| | ROINums | ROI 个数 |
| | RStart | 行起始值 |
| | SelBandIndexs | 多光谱数据选择波段集合 |
| | SelBandNums | 多光谱数据选择波段个数 |

### 4. 核心代码和运行效果

参见共享文件夹中的"01 源代码\05 第 5 章　遥感数据处理\5.1.2 监督分类"。

## 5.1.3　ROI 工具

### 1. 操作说明

ROI 工具用来制作监督分类使用的样本，也可以导入已做好的 ROI 文件进行监督分类。

用户在 ROI 工具对话框中单击【增加】按钮，可建立一个新样本，在样本列表中设置该样本的名称和颜色，根据地物形状选择【多边形】【矩形】【椭圆】中的一种，在影像窗口绘制 ROI，绘制完毕后双击鼠标左键，ROI 感兴趣区域即添加到训练样区中。重复上述方法，可建立多个新样本。

【ROI 工具】窗口对话框的主要参数如下。

【样本序号】：填写新建样本的编号。

【ROI 名称】：当创建一个新样本时，样本名称为类别数，单击 ROI 名称框即可修改新样本的名称。

【样本颜色】：双击样本颜色框，弹出"选择颜色"对话框即可修改该样本的颜色。

【选择】：单击【选择】按钮，在主视图区需要选择的样本上单击鼠标左键，即可选中该样本，再次单击【选择】按钮，取消样本选择功能。

【增加】：单击【增加】按钮即可建立一个新样本。

【删除】：选中待删除的某类 ROI 样本，单击【删除】按钮，即可删除该类样本。如要删除某个 ROI 样本，需要通过【选择】按钮选中该样本，然后单击键盘上的【Delete】按钮。

【确定】：单击【确定】按钮，即可完成感兴趣区域的选择。

【取消】：单击【取消】按钮，即可取消选择的感兴趣区域。

**2. 开发思路**

第一步：获取当前地图窗口中的栅格图层；

第二步：调用 ROI 工具窗口；

第三步：ROI 工具所需参数设置。

**3. 核心接口与方法**

ROI 工具核心接口与方法说明如表 5.3 所示。

**表 5.3　ROI 工具核心接口与方法说明表**

| 接口/类 | 方法 | 说明 |
| --- | --- | --- |
| PIE.CommonAlgo.dll | | 算法 DLL 库 |
| PIE.AxControls.ROILayerProduceToolDialog（） | | ROI 工具窗口 |

**4. 核心代码和运行效果**

参见共享文件夹中的"01 源代码\05 第 5 章 遥感数据处理\5.1.3 ROI 工具"。

## 5.1.4　分类后处理

**1. 操作说明**

分类后处理工具提供对监督分类和非监督分类结果的分析统计功能，包括分类统计、分类合并、过滤、聚类、主/次要分析、精度分析、颜色设置七部分。

分类统计功能是将分类后的结果统计输出。

【分类统计】窗口对话框的主要参数如下。

【输入文件】：选择待进行分类统计的分类影像文件。

【分类统计报告】：显示分类统计信息，各类别的像元数、占所有像元的百分比以及面积。

【统计信息保存】：可以将分类统计信息保存为.txt 文件。

分类合并功能是将分类文件中所设置的对应类别进行合并。

【分类合并】窗口对话框的主要参数如下。

【输入文件】：选择待进行分类合并的分类影像文件。

【选择输入类别】：显示输入的分类影像文件的类别信息。

【选择输出类别】：显示输出的分类影像文件的类别信息。

【添加对应】：设置输入类别与输出类别的对应类别关系，在输入类别和输出类别中各选一类，然后单击【添加】按钮，即可添加一组对应关系。

【取消对应】：可以取消设置的对应类别关系。

【输出文件】：设置输出文件的保存路径和文件名。

过滤功能使用斑点分组方法来消除分类文件中被隔离的分类像元，用以解决分类图像中出现的孤岛问题。

【过滤】窗口对话框的主要参数如下。

【输入文件】：选择待进行过滤处理的分类影像文件。

【类别选择】：选择待处理的类别。

【过滤阈值】：设置过滤阈值，为大于 1 的整数，若一类中被分组的像元少于设定的阈值，这些像元会被从该类中删除。

【聚类邻域】：选择聚类邻域，为 4 或 8，即观察周围的 4 个或 8 个像元，判定一个像元是否与周围的像元同组。

【输出文件】：设置输出文件的保存路径和文件名。

聚类处理是运用形态学算子将邻近的类似分类区域聚类并合并处理。

【聚类】窗口对话框的主要参数如下。

【输入文件】：选择待聚类处理的分类影像文件。

【类别选择】：选择待处理的类别。

【参数设置】：设置变换核大小，一般数值设置为奇数，默认为 3×3，设置的数值越大，分类图像越平滑。

【输出文件】：设置输出文件的保存路径和文件名。

主/次要分析功能是采用类似卷积滤波的方法将较大类别中的虚假像元归到该类中，首先定义一个变换核尺寸，然后用变换核中占主要地位（像元最多）的类别数代替中心像元的类别数。次要分析相反，用变换核中占次要地位的像元的类别数代替中心像元的类别数。

【主/次要分析】窗口对话框的主要参数如下。

【输入文件】：选择待进行主/次要分析的分类影像文件。

【类别选择】：设置待进行主/次要分析的类别，一般大于等于两类。

【分析方法】：设置分析方法，包括主要和次要两种。

【核大小】：设置 kernel X 和 kernel Y 变换核大小，一般数值设置为奇数，默认为 3×3，设置的数值越大，分类图像越平滑。

【中心像元比重】：设置中心像元权重，即中心像元类别被计算的次数。例如，中心像元比重设置为 1，则只计算 1 次中心像元类别；如果设置为 5，则中心像元类别计算 5 次。

【输出文件】：设置输出文件的保存路径和文件名。

精度分析功能主要用来计算分类后图像数据与真实地面数据的偏差。

【精度分析】窗口对话框的主要参数如下。

【分类图像文件】：选择分类输出的栅格文件。

【真实地面影像】：选择真实的地面分类数据（指历史的分类栅格文件）。

【真实地面矢量】：选择真实的地面矢量数据，为真实的地面分类数据矢量化处理后的矢量数据，若已设置真实地面影像，此项参数无须再设置。

　　【属性】：当设置真实的地面矢量数据时，需要选择真实地面矢量文件中用于精度分析的属性字段，一般选择类别名字段。

　　【真实地面分类数据】：显示真实地面分类数据和分类图像分类数据中的类别个数。

　　【自动匹配】：将真实地面分类数据与分类图像分类数据中的类别进行自动匹配。

　　【添加匹配】：单击真实地面分类数据列表中的【类别】，然后单击分类图像分类数据列表中的【类别】，再单击【添加匹配】按钮，将匹配结果添加显示在"匹配结果"列表中。

　　【取消匹配】：单击【匹配结果】列表中的一项对应列表，单击【取消匹配】按钮，可以取消列表匹配。

　　【匹配结果】：显示真实地面分类数据与分类图像分类数据中的类别的匹配结果。

　　颜色设置功能是对分类文件中的类别的颜色进行设置。

　　【颜色设置】窗口对话框的主要参数如下。

　　【输入文件】：选择待进行颜色设置的分类影像文件。

　　【类别选择】：设置待进行颜色设置的类别。

　　【颜色设置】：设置所选类别的颜色，可以设置颜色的 RGB 值，也可以通过单击【设置】按钮弹出的自定义颜色表来设置颜色。

　　【保存】：保存设置后的类别颜色。

　　【重置】：恢复分类影像的原始颜色。

**2. 开发思路**

第一步：调用分类统计/分类合并/过滤/聚类/主次要分析/精度分析/颜色设置窗口；

第二步：分类统计/分类合并/过滤/聚类/主次要分析/精度分析/颜色设置算法参数设置；

第三步：分类统计/分类合并/过滤/聚类/主次要分析/精度分析/颜色设置算法调用；

第四步：分类统计/分类合并/过滤/聚类/主次要分析/精度分析/颜色设置算法执行；

第五步：分类统计/分类合并/过滤/聚类/主次要分析/精度分析/颜色设置算法结果显示。

**3. 核心接口与方法**

分类后处理核心接口与方法说明如表 5.4 所示。

表 5.4　分类后处理核心接口与方法说明表

| 接口/类 | 方法 | 说明 |
|---|---|---|
| PIE.CommonAlgo.dll | | 算法 DLL 库 |
| PIE.Plugin.FrmClassStatic | | 分类后处理_分类统计插件 |
| PIE.CommonAlgo.ImgClassPostStaAlgo | | 分类后处理_分类统计算法类 |
| StclassStat | | 分类后处理_分类统计算法参数设置 |
| | inputname | 选择待进行分类统计的分类影像文件 |
| | statinfo | 分类统计信息，各类别的像元数、占所有像元的百分比以及面积 |
| PIE.Plugin.FrmImgClassCombine | | 分类后处理_分类合并插件 |
| PIE.CommonAlgo.ImgClassCombineAlgo | | 分类后处理_分类合并算法类 |

续表

| 接口/类 | 方法 | 说明 |
|---|---|---|
| StClassPostComb | | 分类后处理_分类合并算法参数设置 |
| | InputFileName | 选择待进行分类合并的分类影像文件 |
| | OutputFileName | 设置输出文件的保存路径和文件名 |
| | ClassCount | 分类合并后类别数目 |
| | CompareIndex | 记录发生变化的分类序号 |
| | FuncName | 功能名称 |
| | MatchInput | 输入匹配数组 |
| | MatchOutput | 输出匹配数组 |
| PIE.Plugin.FrmImgClassPostSieve | | 分类后处理_过滤插件 |
| PIE.CommonAlgo.ImgClassPostSieveAlgo | | 分类后处理_过滤算法类 |
| StClassPostclump | | 分类后处理_过滤算法参数设置 |
| | inputfile | 选择待进行过滤处理的分类影像文件 |
| | outputfile | 设置输出文件的保存路径和文件名 |
| | classindex | 选择的分类数 |
| | kernel | X，Y，第一个变量值含义为聚类邻域大小，取值为 4 或 8 的整型数值，表示参与分析的周围像元范围；第二个变量代表过滤阈值，取值为大于 1 的整型数值，表示小于该阈值的像元将被删除 |
| PIE.Plugin.FrmImgClassPostClump | | 分类后处理_聚类插件 |
| PIE.CommonAlgo.ImgClassPostSieveAlgo | | 分类后处理_聚类算法类 |
| StClassPostclump | | 分类后处理_聚类算法参数设置 |
| | inputfile | 选择待进行过滤处理的分类影像文件 |
| | outputfile | 设置输出文件的保存路径和文件名 |
| | classindex | 选择的分类数 |
| | kernel | X，Y，该参数含义为形态学算子，第一个值标识形态学算子 Rows 值为奇数，第二个值标识形态学算子 Columns 值为奇数 |
| PIE.Plugin.FrmImgClassPostMMA | | 分类后处理_主/次要分析插件 |
| PIE.CommonAlgo.ImgClassPostMMAAlgo | | 分类后处理_主/次要分析算法类 |
| StMajMinParameter | | 分类后处理_主/次要分析算法参数设置 |
| | InputFileName | 选择待进行主/次要分析的分类影像文件 |
| | OutputFileName | 设置输出文件的保存路径和文件名 |
| | Veciselclass | 选中类别，设置待进行主/次要分析的类别，一般大于或等于两类 |
| | VeciNotselclass | 未选中类别 |
| | MajMin | 设置分析方法，包括主要和次要两种 |
| | kernelX | 核大小 X，设置变换核大小，一般数值设置为奇数，默认为 3×3，设置的数值越大，分类图像越平滑 |
| | kernelY | 核大小 Y，设置变换核大小，一般数值设置为奇数，默认为 3×3，设置的数值越大，分类图像越平滑 |

续表

| 接口/类 | 方法 | 说明 |
|---|---|---|
| StMajMinParameter | Weight | 中心像元比重：设置中心像元权重，即中心像元类别被计算的次数。例如，中心像元比重设置为 1，则只计算 1 次中心像元类别；如果设置为 5，则中心像元类别计算 5 次 |
| | VecColor | 颜色列表 |
| | FuncName | 功能名称 |
| PIE.Plugin.FrmImgClassPostPA | | 分类后处理_精度分析插件 |
| PIE.CommonAlgo.ImgClassPostPAAlgo | | 分类后处理_精度分析算法类 |
| StImgClassPostPA | | 分类后处理_精度分析算法参数设置 |
| | ClassIndex | 分类类别索引集合 |
| | ClassName | 选择分类输出的栅格文件 |
| | Fileinfo | 精度结果 |
| | FuncName | 功能名称 |
| | IsShp | 是否是矢量，选择真实的地面矢量数据，为真实的地面分类数据矢量化处理后的矢量数据，若已设置真实地面影像，此项参数无须再设置 |
| | RealIndex | 真实类别索引集合 |
| | RealName | 输入真实地面文件 |
| | SelIndex | 选中索引 |
| | strClassInfo | 显示真实地面分类数据和分类图像分类数据中的类别个数 |
| | strRealInfo | 真实地面信息 |
| PIE.Plugin.FrmImgClassostColorMap | | 分类后处理_颜色设置插件 |

### 4. 核心代码和运行效果

参见共享文件夹中的"01 源代码\05 第 5 章 遥感数据处理\5.1.4 分类后处理"。

# 5.2 图 像 变 换

图像变换指为达到图像处理目的而使用的数学方法，通过这种数学变换，图像处理起来较变换前更加方便和简单。

PIE-SDK 图像变换包括主成分变换、最小噪声变换、小波变换、傅里叶变换、缨帽变换、彩色空间变换、去相关拉伸功能。

## 5.2.1 主成分变换

### 1. 操作说明

使用主成分变换选项可以生成互不相关的输出波段，用于隔离噪声和减少数据集的维数。由于多波段数据经常是高度相关的，通过主成分变换可以将多波段图像中的有用信息集中到数量尽可能少的不相关的主成分图像中，生成互不相关的输出波段，从而减少数据冗余。

主成分（PC）波段是原始波谱波段的线性合成，它们之间是互不相关的。由于数据的不相关，主成分波段可以生成更多种颜色的彩色合成图像（高连如等，2007）。主成分变换过程中，通过正交变换将一组可能相关的变量转换为一组线性不相关的变量（即主成分），变换后得到的各分量按照方差由大到小排列。变换后的前几个主成分包含了绝大部分地物信息，噪声相对较少，而随着信息量的逐渐减少，最后的主分量几乎全部是噪声信息。PCA 变换可应用于图像压缩、图像去噪、图像增强、图像融合、特征提取等方面。

主成分变换包括主成分正变换和主成分逆变换。

【主成分正变换】窗口对话框的主要参数如下。

【输入文件】：设置待处理的影像。

【根据特征值排序选择】：当勾选【根据特征值排序选择】选项时，可以选择是根据协方差矩阵还是根据相关系数矩阵计算主成分波段。一般说来，计算主成分时，选择使用协方差矩阵，当波段之间数据范围差异较大时，选择相关系数矩阵，并且需要标准化。

【输出的主成分波段数】：当不勾选【根据特征值排序选择】选项时，需要确定输出的主成分波段数。

【统计文件】：设置输出统计文件的保存路径和名称，统计信息将被计算，并列出每个波段和其相应的特征值，同时也列出每个主成分波段中包含的数据方差的累积百分比。

【结果文件】：设置输出影像的保存路径和文件名。

【输出数据类型】：设置输出影像的数据类型，有字节型（8 位）、无符号整型（16 位）、整型（16 位）、无符号长整型（32 位）、长整型（32 位）、浮点型（32 位）、双精度浮点型（64 位）可供选择。

【零均值处理】：当勾选【零均值处理】选项时，需要对输出结果进行零均值处理，即将输出结果中的每个像素值减去均值。

【主成分逆变换】窗口对话框的主要参数如下。

【输入文件】：输入主成分正变换后的影像。

【统计文件】：选择与待处理影像对应的统计文件（一般由主成分正变换生成）。

【输出文件】：设置输出结果的保存路径及文件名。

【输出数据类型】：设置输出影像的数据类型，有字节型（8 位）、无符号整型（16 位）、整型（16 位）、无符号长整型（32 位）、长整型（32 位）、浮点型（32 位）、双精度浮点型（64 位）可供选择。

**2. 开发思路**

第一步：调用主成分正变换/主成分逆变换窗口；

第二步：主成分正变换/主成分逆变换算法参数设置；

第三步：主成分正变换/主成分逆变换算法调用；

第四步：主成分正变换/主成分逆变换算法执行；

第五步：主成分正变换/主成分逆变换算法结果显示。

**3. 核心接口与方法**

主成分变换核心接口与方法说明如表 5.5 所示。

表 5.5　主成分变换核心接口与方法说明表

| 接口/类 | 方法 | 说明 |
|---|---|---|
| PIE.CommonAlgo.dll | | 算法 DLL 库 |
| PIE.Plugin.FrmPCA | | 主成分变换_主成分正变换插件 |

续表

| 接口/类 | 方法 | 说明 |
| --- | --- | --- |
| PIE.CommonAlgo.TransformForwardPCAAlgo | | 主成分变换_主成分正变换算法类 |
| | | 主成分变换_主成分正变换算法参数设置 |
| | m_strInputFile | 输入待处理的影像 |
| | m_nOutDataType | 输出文件类型，设置输出影像的数据类型，有字节型（8 位）、无符号整型（16 位）、整型（16 位）、无符号长整型（32 位）、长整型（32 位）、浮点型（32 位）、双精度浮点型（64 位）可供选择 |
| | m_strOutputResultFile | 输出影像的保存路径和文件名 |
| | m_strOutputStatsFile | 输出统计文件，设置输出统计文件的保存路径和名称，统计信息将被计算，并列出每个波段和其相应的特征值，同时也列出每个主成分波段中包含的数据方差的累积百分比 |
| ForwardPCA_Exchange_Info | m_nPCBands | 输出的主成分波段数 |
| | m_strFileTypeCode | 输出文件格式类型，默认为.GTiff（Geo TIFF 格式） |
| | m_bOutputLikeEnvi | 零均值处理，对输出结果进行零均值处理，即将输出结果中的每个像素值减去均值 |
| | m_bPCBandsFromEigenvalus | 是否根据特征值排序 PCA 波段（如果为 true，m_nPCBands 为 0 个波段） |
| | m_bCovariance | 指定统计使用的矩阵类型，取值为 true 或 false 的布尔型变量，true：含义为协方差矩阵，false：含义为相关矩阵。该参数的前提条件是 bPCBandsFromEigenvalus 为 true，设置方为有效 |
| | m_accumulate_contribute | 百分比 |
| | m_eigenvalues | 特征值 |
| PIE.Plugin.FrmPCAInv | | 主成分变换_主成分逆变换插件 |
| PIE.CommonAlgo.TransformInversePCAAlgo | | 主成分变换_主成分逆变换算法类 |
| | | 主成分变换_主成分逆变换算法参数设置 |
| | m_strInputPcaFile | 输入 PCA 结果文件 |
| | m_strInputStatsFile | 输入 PCA 结果统计文件 |
| InversePCA_Exchange_Info | m_strOutputResultFile | 输出逆变换结果文件 |
| | m_strFileTypeCode | 输出文件格式 |
| | m_nOutDataType | 输出文件字节类型 |

### 4. 核心代码和运行效果

参见共享文件夹中的"01 源代码\05 第 5 章 遥感数据处理\5.2.1 主成分变换"。

## 5.2.2　最小噪声变换

### 1. 操作说明

最小噪声分离（minimum noise fraction，MNF）变换用于判定图像数据内在的维数（波段数）、分离数据中的噪声、减少随后处理中的计算需求量。MNF 变换本质上是两次层叠的主成分变换。第一次变换（基于估计的噪声协方差矩阵）用于分离和重新调节数据中的噪声，这步操作使变换后的噪声数据只有最小的方差且没有波段间的相关。第二步是对噪声白化数据（noise-whitened）的标准主成分变换。为了进一步进行波谱处理，通过检查最终特征值和相关图像来判定数据的内在维数。数据空间可被分为两部分：一部分与较大特征值和相对应的特征图像相关，其余部分与近似相同的特征值以及噪声占主导地位的图像相关。

用 MNF 变换也可以从数据中消除噪声。操作如下：首先进行正向变换，判定哪些波段包含相关图像（根据对图像和特征值的检验），然后进行一个反向 MNF 变换，用波谱子集（只包括"好"波段）或在反向变换前平滑噪声的方法来消除噪声。

最小噪声变换包括最小噪声正变换和最小噪声逆变换两部分。

【最小噪声正变换】窗口对话框的主要参数如下。

【输入文件】：输入待处理的影像。

【统计文件】：设置输出统计文件的保存路径及文件名。

【输出文件】：设置输出结果的保存路径及文件名。

【最小噪声逆变换】窗口对话框的主要参数如下。

【输入文件】：输入最小噪声正变换后的影像。

【统计文件】：输入与待处理影像对应的统计文件（一般由最小噪声正变换生成）。

【输出文件】：设置输出结果的保存路径及文件名。

**2. 开发思路**

第一步：调用最小噪声正变换/最小噪声逆变换窗口；

第二步：最小噪声正变换/最小噪声逆变换算法参数设置；

第三步：最小噪声正变换/最小噪声逆变换算法调用；

第四步：最小噪声正变换/最小噪声逆变换算法执行；

第五步：最小噪声正变换/最小噪声逆变换算法结果显示。

**3. 核心接口与方法**

最小噪声变换核心接口与方法说明如表 5.6 所示。

表 5.6 最小噪声变换核心接口与方法说明表

| 接口/类 | 方法 | 说明 |
|---|---|---|
| PIE.CommonAlgo.dll | | 算法 DLL 库 |
| PIE.Plugin.FrmMNF | | 最小噪声变换_最小噪声正变换插件 |
| PIE.CommonAlgo.TransformFuncAlgo | | 最小噪声变换_最小噪声正变换算法类 |
| DataTrans_Exchange_Info | | 最小噪声变换_最小噪声正变换算法参数设置 |
| | m_strInputFile | 输入文件 |
| | m_strOutputFile | 输出文件 |
| | AlgoType | 区分调用的是哪个算法，选最小噪声变换 |
| | bForward | 区分是正变换还是逆变换，布尔型变量，true 代表正变换，false 代表逆变换 |
| | m_strStatFile | 统计文件 |
| | m_strFileTypeCode | 输出文件类型 |

续表

| 接口/类 | 方法 | 说明 |
|---|---|---|
| PIE.Plugin.FrmMNFInv | | 最小噪声变换_最小噪声逆变换插件 |
| PIE.CommonAlgo.TransformFuncAlgo | | 最小噪声变换_最小噪声逆变换算法类 |
| DataTrans_Exchange_Info | | 最小噪声变换_最小噪声逆变换算法参数设置 |
| | m_strInputFile | 输入文件 |
| | m_strOutputFile | 输出文件 |
| | AlgoType | 区分调用的是哪个算法，选最小噪声变换 |
| | bForward | 区分是正变换还是逆变换，选逆变换 |
| | m_strStatFile | 统计文件 |
| | m_strFileTypeCode | 输出文件类型 |

**4. 核心代码和运行效果**

参见共享文件夹中的"01 源代码\05 第 5 章 遥感数据处理\5.2.2 最小噪声变换"。

## 5.2.3 小波变换

**1. 操作说明**

小波变换是一种信号的时间频率分析方法，具有多分辨率分析的特点，而且在时频两域都具有表征信号局部特征的能力，是一种窗口大小固定不变但其形状可变，时间窗和频率窗都可变的时频局部化分析方法。即在低频部分具有较高的频率分辨率和时间分辨率，在高频部分具有较高的时间分辨率和较低的频率分辨率，很适合探测正常信号中夹带的瞬态反常现象并展示其成分，被誉为分析信号的显微镜。

小波变换包括小波正变换和小波逆变换两个部分。

【小波正变换】窗口对话框的主要参数如下。

【输入文件】：输入待处理的影像。

【输出文件】：设置输出结果的保存路径及文件名。

【小波逆变换】窗口对话框的主要参数如下。

【输入文件】：输入小波正变换后的影像。

【输出文件】：设置输出结果的保存路径及文件名。

**2. 开发思路**

第一步：调用小波正变换/小波逆变换窗口；

第二步：小波正变换/小波逆变换算法参数设置；

第三步：小波正变换/小波逆变换算法调用；

第四步：小波正变换/小波逆变换算法执行；

第五步：小波正变换/小波逆变换算法结果显示。

**3. 核心接口与方法**

小波变换核心接口与方法说明如表 5.7 所示。

表 5.7　小波变换核心接口与方法说明表

| 接口/类 | 方法 | 说明 |
| --- | --- | --- |
| PIE.CommonAlgo.dll | | 算法 DLL 库 |
| PIE.Plugin.FrmWAVELET | | 小波变换_小波正变换插件 |
| PIE.CommonAlgo.TransformFuncAlgo | | 小波变换_小波正变换算法类 |
| DataTrans_Exchange_Info | | 小波变换_小波正变换算法参数设置 |
| | m_strInputFile | 输入文件 |
| | m_strOutputFile | 输出文件 |
| | AlgoType | 区分调用的是哪个算法，选小波变换 |
| | bForward | 区分是正变换还是逆变换，选正变换 |
| | m_strStatFile | 统计文件 |
| | m_strFileTypeCode | 输出文件类型 |
| PIE.Plugin.FrmWAVELETInv | | 小波变换_小波逆变换插件 |
| PIE.CommonAlgo.TransformFuncAlgo | | 小波变换_小波逆变换算法类 |
| DataTrans_Exchange_Info | | 小波变换_小波逆变换算法参数设置 |
| | m_strInputFile | 输入文件 |
| | m_strOutputFile | 输出文件 |
| | AlgoType | 区分调用的是哪个算法，选小波变换 |
| | bForward | 区分是正变换还是逆变换，选逆变换 |
| | m_strStatFile | 统计文件 |
| | m_strFileTypeCode | 输出文件类型 |

**4. 核心代码和运行效果**

参见共享文件夹中的“01 源代码\05 第 5 章　遥感数据处理\5.2.3 小波变换”。

## 5.2.4　傅里叶变换

**1. 操作说明**

傅里叶变换能把遥感图像从空域变换到只包含不同频域信息的频域中。原图像上的灰度突变部位（如物体边缘）、图像结构复杂的区域、图像细节及干扰噪声等，经傅里叶变换后，其信息大多集中在高频区；而原图像上灰度变化平缓的部位，如植被比较一致的平原、沙漠和海面等，经傅里叶变换后，大多集中在频率域中的低频区。在频率域平面中，低频区位于中心部位，而高频区位于低频区的外围，即边缘部位。

傅里叶变换是可逆的，即对图像进行傅里叶变换后得到的频率函数再做反向傅里叶变换，又可以得到原来的图像。从纯粹的数学意义上看，傅里叶变换是将一个函数转换为一系列周期函数来处理的。从物理效果上看，傅里叶变换是将图像从空间域转换到频率域，其逆变换是将图像从频率域转换到空间域。换句话说，傅里叶变换的物理意义是将图像的灰度分布函数变换为图像的频率分布函数，傅里叶逆变换是将图像的频率分布函数变换为灰度分布函数。

【傅里叶正变换】窗口对话框的主要参数如下。

【输入文件】：输入待处理的影像。

【波段设置】：在列表中选择要处理的波段。

【输出文件】：设置输出结果的保存路径及文件名。

【傅里叶逆变换】窗口对话框的主要参数如下。

【输入文件】：输入傅里叶正变换后的影像。

【输出类型】：输出的图像数据类型共有 7 种可供选择，包括 Byte（字节型 8 位）、UInt16（无符号整型 16 位）、Int16（整型 16 位）、UInt32（无符号长整型 32 位）、Int32（长整型 32 位）、Float（浮点型 32 位）和 Double（双精度浮点型 64 位）。

【输出文件】：设置输出结果的保存路径及文件名。

### 2. 开发思路

第一步：调用傅里叶正变换/傅里叶逆变换窗口；

第二步：傅里叶正变换/傅里叶逆变换算法参数设置；

第三步：傅里叶正变换/傅里叶逆变换算法调用；

第四步：傅里叶正变换/傅里叶逆变换算法执行；

第五步：傅里叶正变换/傅里叶逆变换算法结果显示。

### 3. 核心接口与方法

傅里叶变换核心接口与方法说明如表 5.8 所示。

表 5.8　傅里叶变换核心接口与方法说明表

| 接口/类 | 方法 | 说明 |
|---|---|---|
| PIE.CommonAlgo.dll | | 算法 DLL 库 |
| PIE.Plugin.FrmFFT | | 傅里叶变换_傅里叶正变换插件 |
| PIE.CommonAlgo.TransformFuncAlgo | | 傅里叶变换_傅里叶正变换算法类 |
| DataTrans_Exchange_Info | | 傅里叶变换_傅里叶正变换算法参数设置 |
| | m_strInputFile | 输入文件 |
| | m_strOutputFile | 输出文件 |
| | AlgoType | 区分调用的是哪个算法，选傅里叶变换 |
| | bForward | 区分是正变换还是逆变换，选正变换 |
| | m_strStatFile | 统计文件 |
| | m_strFileTypeCode | 输出文件类型 |
| PIE.Plugin.FrmFFTInv | | 傅里叶变换_傅里叶逆变换插件 |
| PIE.CommonAlgo.TransformFuncAlgo | | 傅里叶变换_傅里叶逆变换算法类 |
| DataTrans_Exchange_Info | | 傅里叶变换_傅里叶逆变换算法参数设置 |
| | m_strInputFile | 输入文件 |
| | m_strOutputFile | 输出文件 |
| | AlgoType | 区分调用的是哪个算法，选傅里叶变换 |
| | bForward | 区分是正变换还是逆变换，选逆变换 |
| | m_strStatFile | 统计文件 |
| | m_strFileTypeCode | 输出文件类型 |

### 4. 核心代码和运行效果

参见共享文件夹中的"01 源代码\05 第 5 章　遥感数据处理\5.2.4 傅里叶变换"。

## 5.2.5　缨帽变换

### 1. 操作说明

缨帽变换是根据多光谱遥感图像中土壤、植被等信息在多维光谱空间中的分布结构对图像做的经验性线性正交变换。PIE-SDK 支持对 Landsat-MSS、Landsat-5 TM、Landsat-7 ETM+ 数据进行变换。

缨帽变换旋转光谱的坐标空间，旋转后的坐标轴不是指到主成分的方向，而是指到另外的方向，而这些方向与地物类型和变化有密切的关系，特别是与植物生长和土壤有关。缨帽变换既可以实现信息压缩，又可以帮助解译分析农作物特征。这个变换主要用于陆地资源卫星数据，包括 MSS、TM 和 ETM+ 传感器的图像。

对于 TM 和 ETM+ 图像，缨帽变换的前 3 个分量的实际物理意义分别为：①亮度，第一分量，反映了总体的反射值。②绿度，第二分量，亮度和绿度两个分量组成的二维平面可称为"植被"。③湿度，第三分量，湿度和亮度两个分量组成的一维平面可定义为"土壤"。

【缨帽变换】窗口对话框的主要参数如下。

【输入文件】：输入待处理影像。

【传感器类型】：设置输入传感器类型，支持 Landsat-MSS、Landsat-5 TM、Landsat-7 ETM+ 数据。

【输出文件】：设置输出结果的保存路径及文件名。

### 2. 开发思路

第一步：调用缨帽变换窗口；

第二步：缨帽变换算法参数设置；

第三步：缨帽变换算法调用；

第四步：缨帽变换算法执行；

第五步：缨帽变换算法结果显示。

### 3. 核心接口与方法

缨帽变换核心接口与方法说明如表 5.9 所示。

表 5.9　缨帽变换核心接口与方法说明表

| 接口/类 | 方法 | 说明 |
|---|---|---|
| PIE.CommonAlgo.dll | | 算法 DLL 库 |
| PIE.Plugin.FrmKT | | 缨帽变换插件 |
| PIE.CommonAlgo.TransformFuncAlgo | | 缨帽变换算法类 |
| DataTrans_Exchange_Info | | 缨帽变换算法参数设置 |
| | m_strInputFile | 输入文件 |
| | m_strOutputFile | 输出文件 |
| | AlgoType | 区分调用的是哪个方法，0 为主成分变换，1 为最小噪声变换，2 为傅里叶变换，3 为小波变换，4 为缨帽变换。此部分取值为 4 |
| | m_nType | 为缨帽变换指定卫星类型，取值为整型，0 为 Landsat-5 TM，1 为 Landsat MSS，2 为 Landsat-7 ETM+ |
| | m_strFileTypeCode | 输出文件类型 |

**4. 核心代码和运行效果**

参见共享文件夹中的"01 源代码\05 第 5 章　遥感数据处理\5.2.5 缨帽变换"。

## 5.2.6　彩色空间变换

**1. 操作说明**

使用彩色空间变换工具可以将红、绿、蓝三波段图像变换到一个特定的彩色空间，并且能从所选彩色空间变换回 RGB。两次变换之间，通过对比度拉伸，可以生成一个色彩增强的彩色合成图像。此外，颜色亮度值波段或亮度波段可以被另一个波段（通常具有较高的空间分辨率）代替，生成一幅合成图像（将一幅图像的色彩特征与另一幅图像的空间特征相结合）。

彩色变换的一般工作流程：选择波段进行 RGB 合成显示→进行彩色变换→进行其他的图像处理→进行彩色逆变换→RGB 合成显示。

彩色空间变换包括彩色空间正变换和彩色空间逆变换。

使用彩色空间正变换功能可以将 RGB 图像变换到 HIS（色度、亮度、饱和度）彩色空间。该变换将产生范围为 0～360 度的色度（0 度为红，120 度为绿，240 度为蓝）、范围为 0～1（浮点型）的亮度和饱和度数值。运行该功能前，必须先打开一个至少包含 3 个波段的输入文件，或一个彩色显示。输入的 RGB 值必须是字节型数据，其范围为 0～255。

使用彩色空间逆变换功能可以将一幅 HIS（色度、亮度、饱和度）图像变换回 RGB 彩色空间。输入的色度、亮度、饱和度波段必须为以下数据范围：色度变化范围为 0～360（0 度为红，120 度为绿，240 度为蓝）、亮度和饱和度的范围为 0～1（浮点型）。生成的 RGB 值是字节型数据，范围为 0～255。

【彩色空间正变换】窗口对话框的主要参数如下。

【选择文件】：在文件列表中选取需要进行分类的文件，右侧显示文件信息。

【输入文件】：输入待变换的影像文件。

【通道 R】：选择进行变换的波段序号。

【通道 G】：选择进行变换的波段序号。

【通道 B】：选择进行变换的波段序号。

【输出文件】：设置输出结果的保存路径及文件名，设置变换通道。

【波段 1】：设置波段 1 对应的变换结果。

【波段 2】：设置波段 2 对应的变换结果。

【波段 3】：设置波段 3 对应的变换结果。

【彩色空间逆变换】窗口对话框的主要参数如下。

【原始文件】：输入彩色空间正变换后的影像。

【通道 I】：选择待处理影像中的 I 波段。

【通道 H】：选择待处理影像中的 H 波段。

【通道 S】：选择待处理影像中的 S 波段。

【输出文件】：设置输出结果的保存路径及文件名。

**2. 开发思路**

第一步：调用彩色空间正变换/彩色空间逆变换窗口；

第二步：彩色空间正变换/彩色空间逆变换算法参数设置；

第三步：彩色空间正变换/彩色空间逆变换算法调用；

第四步：彩色空间正变换/彩色空间逆变换算法执行；

第五步：彩色空间正变换/彩色空间逆变换算法结果显示。

**3. 核心接口与方法**

彩色空间变换核心接口与方法说明如表 5.10 所示。

表 5.10　彩色空间变换核心接口与方法说明表

| 接口/类 | 方法 | 说明 |
|---|---|---|
| PIE.CommonAlgo.dll | | 算法 DLL 库 |
| PIE.Plugin.FrmRGB2IHS | | 彩色空间变换_彩色空间正变换插件 |
| PIE.CommonAlgo.TransformRGB2IHSAlgo | | 彩色空间变换_彩色空间正变换算法类 |
| RGBTrans_Exchange_Info | | 彩色空间变换_彩色空间正变换算法参数设置 |
| | m_strInputFile | 输入文件 |
| | m_strOutputFile | 输出文件 |
| | m_strFileTypeCode | 输出文件类型 |
| | m_vecBandIndex | 波段向量 |
| | m_vecBandOutIndex | 输出波段 |
| PIE.Plugin.FrmIHS2RGB | | 彩色空间变换_彩色空间逆变换插件 |
| PIE.CommonAlgo.TransformIHS2RGBAlgo | | 彩色空间变换_彩色空间逆变换算法类 |
| RGBTrans_Exchange_Info | | 彩色空间变换_彩色空间逆变换算法参数设置 |
| | m_strInputFile | 输入文件 |
| | m_strOutputFile | 输出文件 |
| | m_strFileTypeCode | 输出文件类型 |
| | m_vecBandIndex | 波段向量 |
| | m_vecBandOutIndex | 输出波段 |

**4. 核心代码和运行效果**

参见共享文件夹中的"01 源代码\05 第 5 章　遥感数据处理\5.2.6 彩色空间变换"。

## 5.2.7　去相关拉伸

**1. 操作说明**

因为高度相关的数据集经常生成十分柔和的彩色图像，所以经常使用去相关拉伸工具来消除多光谱数据集中的高度相关性，从而生成一幅色彩亮丽的彩色合成图像。去相关拉伸需要 3 个输入波段，这些波段应该为拉伸的字节型数据，或从一个打开的彩色显示中选择。

【去相关拉伸】窗口对话框的主要参数如下。

【输入文件】：输入待进行去相关拉伸处理的数据。

【输出文件】：设置输出文件的保存路径及文件名。

**2. 开发思路**

第一步：调用去相关拉伸窗口；

第二步：去相关拉伸算法参数设置；

第三步：去相关拉伸算法调用；

第四步：去相关拉伸算法执行；

第五步：去相关拉伸算法结果显示。

**3. 核心接口与方法**

去相关拉伸核心接口与方法说明如表 5.11 所示。

表 5.11　去相关拉伸核心接口与方法说明表

| 接口/类 | 方法 | 说明 |
| --- | --- | --- |
| PIE.CommonAlgo.dll | | 算法 DLL 库 |
| PIE.Plugin.FrmDeRelationStretch | | 去相关拉伸插件 |
| PIE.CommonAlgo.DeRelationStretchAlgo | | 去相关拉伸算法类 |
| DeRelationStretch_Exchange | | 去相关拉伸算法参数设置 |
| | m_strInputFile | 输入文件 |
| | m_strOutputFile | 输出文件 |
| | m_strFileTypeCode | 输出文件类型 |

**4. 核心代码和运行效果**

参见共享文件夹中的"01 源代码\05 第 5 章　遥感数据处理\5.2.7 去相关拉伸"。

# 5.3　图　像　滤　波

滤波通常通过消除特定的空间频率来使图像增强。在尽量保留图像细节特征的条件下对目标图像噪声进行抑制。

图像滤波是利用图像的空间相邻信息和空间变化信息，对单个波段图像进行的滤波处理。图像滤波可以强化空间尺度信息，突出图像的细节或主体特征，压抑其他无关信息，因此，图像滤波是一种图像增强方法。

图像滤波可分为空域和频域两种方法。空域滤波通过窗口或者卷积核进行，它参照相邻像素来改变单个像素的灰度值。频域滤波是对图像进行傅里叶变换，然后对变换后的频率域图像中的频谱进行滤波。

PIE-SDK 图像滤波包括空域滤波、频域滤波和自定义滤波变换三部分。

## 5.3.1　空域滤波

**1. 操作说明**

空域滤波是在图像空间（x、y）对输入图像应用滤波函数（核、模板）来改进输出图像的处理方法，主要包括平滑和锐化处理，强调像素与其周围相邻像素的关系，常用的方法是卷积运算。

空域滤波属于局部运算，随着采用的模板窗口的扩大，空域滤波的运算量会越来越大。

空域滤波包括常用滤波、中值滤波和均值滤波三部分。

常用滤波是指 PIE-SDK 内置滤波算法中常见的几种方法类型，包括：高通滤波、低通滤波、水平滤波、垂直滤波、快速滤波、拉普拉斯滤波、高通边缘检测滤波、高通边缘增强滤波。其中能够起到图像平滑效果的方法有低通滤波、中值滤波、均值滤波；能够起到图像锐化效果的方法有高通滤波、水平滤波、垂直滤波、快速滤波、拉普拉斯滤波、高通边缘检测滤波、高通边缘增强滤波等。高通滤波是利用高通空域滤波函数进行图像的锐化处理，突出图像的边缘、线性特征或细节。低通滤波是利用低通空域滤波函数进行图像的平滑处理，抑制噪声，改善图像质量。水平滤波通过微分算子提取图像中水平方向的边缘、线性特征或细节。垂直滤波通过微分算子提取图像中垂直方向的边缘、线性特征或细节。快速滤波用于进行图像的锐化处理，增强图像的边缘；其模板系数之和大于 1，处理后图像的灰度范围超出，图像整体偏亮；随着滤波窗口的增大，图像锐化效果越好。拉普拉斯滤波的拉普拉斯算子是一种二阶微分算子，各向同性，能对任何走向的界线和线条进行锐化，增强图像的边缘、细节，但容易受噪声的影像，且锐化结果中的某些边缘会产生双重响应。拉普拉斯 1 算子与拉普拉斯 2 算子锐化效果相同，但处理后图像的灰度范围不一致，前者图像偏亮，后者偏暗。处理后图像的边缘、线性特征增强显示。高通边缘检测主要用于增强图像的边缘。滤波窗口越大，边缘检测效果越好，图像中的边缘、细节越突出。高通边缘增强是在确定边缘位置、方向后，将边缘叠加到原始影像上，在增强图像边缘的同时保留图像信息，以达到增强图像边缘的目的。滤波窗口越大，图像中的边缘、细节越突出。

中值滤波是一种最常用的非线性平滑滤波器。它将窗口内的所有像素值按高低排序后，取中间值作为中心像素的新值。

中值滤波对噪声有良好的滤除作用，特别是在滤除噪声的同时，能够保护信号的边缘，使之不被模糊。中值滤波对于随机噪声的抑制比均值滤波差一些，但对于脉冲噪声干扰的椒盐噪声，中值滤波是非常有效的。

均值滤波是最常用的线性低通滤波，它均等地对待邻域中的每个像素。对于每个像素，取邻域像素值的平均作为该像素的新值。均值滤波算法简单，计算速度快，对高斯噪声比较有效。从频率域的角度看，相当于进行了低通滤波。

【常用滤波】窗口对话框的主要参数如下。

【输入文件】：输入进行滤波处理的影像。

【波段设置】：选择待处理的波段。

【参数设置】：设置滤波方法和窗口大小。①高通滤波，线性滤波器，只对低于某一给定频率以下的频率成分有衰减作用，而允许这个截止频率以上的频率成分通过。图像处理中主要用于突出图像中的细节或者增强被模糊了的细节，加大滤波窗口可以使图像增强效果更好。高通滤波模板有 3×3、5×5、7×7 三种模式窗口，各窗口模板在选项下有显示。②低通滤波，线性滤波器，只对高于某一给定频率的频率成分有阻碍、衰减作用，而允许这个截止频率以下的频率成分通过。邻域可以有不同的选取方法。邻域越大平滑效果越好，但会使边缘信息损失变大，加大滤波窗口可以使图像增强效果更好。模板有 3×3、5×5、7×7 三种模式窗口，各窗口模板在选项下有显示。③水平滤波，设 $f_i$ 为相应的图像区域各像元值，$g_i$ 为方向模板元素值，且有 $m$ 个元素，$k$ 为可输出的方向滤波值，则定向滤波计算为 $K=f_1g_1+f_2g_2+\cdots+f_mg_m$。④垂直滤波，设 $f_i$ 为相应的图像区域各像元值，$g_i$ 为方向模板元素值，且有 $m$ 个元素，$k$ 为可输出的方向滤波值，则定向滤波计算为 $K=f_1g_1+f_2g_2+\cdots+f_mg_m$。⑤快速滤波，矩阵之和大于 1，输出图像亮度变亮，增强边缘效果。模板有 3×3、5×5、7×7 三种模式窗口，各窗口模板在选项下有显示。⑥拉普拉斯滤波：是一种二阶导数算子，各向同性，能对任何走向的界线和线条进行锐化，无方向性。这是拉普拉斯滤波区别于其他算法的最大优点。拉普拉斯 1 算子，使用 4-邻域，即取某像素的上下左右 4 个相邻像素值的加和减去该像素的 4 倍，作为该像素的灰度值。拉普拉斯 2 算子，是一个 8-邻域的算子。拉普拉斯 1 算子和拉普拉斯 2 算子都主要是对图像进行锐化，强调图像细节，都只有 3×3 窗口模板。⑦高通边缘检测：图像的边缘是指图像局部区域亮度变化显著的部分，该区域的灰度剖面一般可以看作一个阶跃，即从一个灰度值在很小的缓冲区域内急剧变化到另一个灰度相差较大的灰度值。边缘检测主要是图像的灰度变化的度量、检测和定位，图像边缘检测的步骤为滤波、增强、检测和定位。高通边缘检测滤波模板有 3×3、5×5、7×7 三种模式窗口，加大滤波窗口可以使图像增强效果更好。⑧高通边缘增强：高通边缘增强和边缘检测很像，首先找到边缘，然后把边缘加到原来的图像上面，这样就强化了图像的边缘，使图像看起来更加锐利。

【输出文件】：设置处理结果的保存路径及文件名。

【输出类型】：设置文件的输出类型，支持输出字节型 8 位、整型/无符号整型 16 位、长整型/无符号长整型/浮点型 32 位、双精度浮点型 64 位多种位深类型。

【中值滤波】窗口对话框的主要参数如下。

【输入文件】：输入需要滤波处理的影像。

【波段选择】：选择待处理的波段。

【模板尺寸】：设置滤波的模板尺寸，行和列的值只能为奇数，尺寸可从 3×3 到 33×33。

【滤波方法】：设置滤波的方式，包括水平中值滤波、垂直中值滤波和中值滤波三种。①水平中值滤波是将数字图像中每一像素点的灰度值设置为该点水平邻域窗口内的所有像素点灰度值的中值。②垂直中值滤波是将数字图像中每一像素点的灰度值设置为该点垂直邻域窗口内的所有像素点灰度值的中值。

【输出文件】：设置处理结果的保存路径及文件名。

【输出类型】：设置文件的输出类型，支持输出字节型 8 位、整型/无符号整型 16 位、长整型/无符号长整型/浮点型 32 位、双精度浮点型 64 位多种位深类型。

【均值滤波】窗口对话框的主要参数如下。

【输入文件】：输入需要滤波处理的影像。

【波段设置】：选择待处理的波段。

【模板尺寸】：设置滤波的模板尺寸，行和列的值只能为奇数。

【输出影像】：设置处理结果的保存路径及文件名。

【输出类型】：设置文件的输出类型，支持输出字节型 8 位、整型/无符号整型 16 位、长整型/无符号长整型/浮点型 32 位、双精度浮点型 64 位多种位深类型。

**2. 开发思路**

第一步：调用常用滤波/中值滤波/均值滤波窗口；

第二步：常用滤波/中值滤波/均值滤波算法参数设置；

第三步：常用滤波/中值滤波/均值滤波算法调用；

第四步：常用滤波/中值滤波/均值滤波算法执行；

第五步：常用滤波/中值滤波/均值滤波算法结果显示。

**3. 核心接口与方法**

空域滤波核心接口与方法说明如表 5.12 所示。

表 5.12　空域滤波核心接口与方法说明表

| 接口/类 | 方法 | 说明 |
|---|---|---|
| PIE.CommonAlgo.dll | | 算法 DLL 库 |
| PIE.Plugin.FrmImgProFiltCommon | | 空域滤波_常用滤波插件 |
| PIE.CommonAlgo.ImgProFiltCommonAlgo | | 空域滤波_常用滤波算法类 |
| StImageCommonInfo | | 空域滤波_常用滤波算法参数设置 |
| | InputFilePath | 输入遥感影像路径 |
| | XMLFile | XML 文件路径 |
| | OutputFilePath | 输出文件路径 |
| | FilterCommonType | 滤波类型，选常用滤波 |
| | FileTypeCode | 文件类型 |
| | LowBands | 遥感数据波段选择集合 |
| | PixelDataType | 输出文件的数据类型 |
| PIE.Plugin.FrmImgFiltMiddle | | 空域滤波_中值滤波插件 |
| PIE.CommonAlgo.ImgProFiltMiddleAlgo | | 空域滤波_中值滤波算法类 |
| StImageMiddleInfo | | 空域滤波_中值滤波算法参数设置 |
| | InputFilePath | 输入遥感影像的路径 |
| | OutputFilePath | 输出文件路径 |
| | LM | 模板尺寸 M |
| | LN | 模板尺寸 N |
| | FilterType | 滤波类别 |
| | FileTypeCode | 文件类型 |
| | LowBands | 遥感数据波段选择集合 |
| | PixelDataType | 输出文件的数据类型 |
| | XMLFile | XML 文件路径 |
| PIE.Plugin.FrmImgFiltMeanValue | | 空域滤波_均值滤波插件 |
| PIE.CommonAlgo.ImgProFiltMeanValueAlgo | | 空域滤波_均值滤波算法类 |
| StImageMeanValueInfo | | 空域滤波_均值滤波算法参数设置 |
| | InputFilePath | 输入遥感影像的路径 |
| | OutputFilePath | 输出文件路径 |
| | LM | 模板尺寸 M |
| | LN | 模板尺寸 N |
| | FilterType | 滤波类别 |
| | FileTypeCode | 文件类型 |
| | LowBands | 遥感数据波段选择集合 |
| | PixelDataType | 输出文件的数据类型 |
| | XMLFile | XML 文件路径 |

## 4. 核心代码和运行效果

参见共享文件夹中的"01 源代码\05 第 5 章　遥感数据处理\5.3.1 空域滤波"。

### 5.3.2　频域滤波

**1. 操作说明**

PIE-SDK 滤波工具可在频率域中进行图像的平滑和锐化处理，实现功能的窗口对话框分为"频率域滤波"和"同态滤波"，前者提供理想高通滤波器、巴特沃斯高通滤波器、指数高通滤波器、梯形高通滤波器、理想低通滤波器、巴特沃斯低通滤波器、指数低通滤波器、梯形低通滤波器；后者提供巴特沃斯高通滤波器、高斯高通滤波器。上述滤波器涉及低通滤波和高通滤波方法，低通滤波是对频率域的图像通过滤波器削弱或抑制高频部分而保留低频部分的滤波方法，可以起到压抑噪声的作用，同时，强调了低频成分，图像会变得比较平滑；高通滤波对频率域图像通过滤波器来削弱或抑制低频成分，以突出图像的边缘和轮廓，是图像锐化的方法。

频率域滤波的基本工作流程为：空间域图像的傅里叶变换→频率域图像→设计滤波器→傅里叶逆变换→其他应用。

同态滤波的流程为：空间域图像→对数运算→傅里叶正变换→同态滤波→傅里叶逆变换→指数运算→同态滤波结果。同态滤波是减少低频增加高频，从而减少光照变化并锐化边缘或细节的图像滤波方法。不同空间分辨率的遥感图像，使用同态滤波的效果不同。如果图像中的光照可以认为是均匀的，那么，进行同态滤波产生的效果不大。但是，如果光照明显是不均匀的，那么同态滤波有助于表现出图像中暗处的细节。

【频率域滤波】窗口对话框的主要参数如下。

【输入文件】：输入待滤波的影像。

【选择波段】：选择待处理的波段。

【参数设置】：设置滤波的类型、滤波方法和截止频率信息。

【高通滤波】：在保持高频信息的同时，消除图像中的低频成分。它可以用来增强不同区域之间的边缘，用于图像锐化。

【低通滤波】：保存图像中的低频成分，消除图像中的高频成分，用于图像平滑。

【截止频率】：设置进行滤波的截止频率。

【输出文件】：设置输出结果的保存路径及文件名。

【输出类型】：设置文件的输出类型，支持输出字节型 8 位、整型/无符号整型 16 位、长整型/无符号长整型/浮点型 32 位、双精度浮点型 64 位等多种位深类型。

【滤波方法】：①理想低通滤波器，设在频率域平面内理想低通滤波器距原点的截止频率为 $D_0$，$D_0$ 的大小根据需要确定。理论上，$D \leqslant D_0$ 的低频分量全部通过，$D > D_0$ 的高频分量则全部去除。高频信息包含大量边缘信息，因此用此滤波器处理后会导致边缘损失、图像边缘模糊。②理想高通滤波器，该滤波器与理想低通滤波器相反，$D \leqslant D_0$ 的低频分量全部去除，$D > D_0$ 的高频频率全部通过。理想高通滤波器处理后的图像边缘有抖动现象。③巴特沃斯低通滤波，传递函数为 $H(u,v) = \dfrac{1}{1 + [D_0 / D(u,v)]^{2n}}$，式中 $n$ 为阶数。它的特点是连续衰减，不像理想滤波器那样具有明显的不连续性。因此，用此滤波器处理后图像边缘的模糊程度大大降低。④巴特沃斯高通滤波，该滤波锐化效果比较好，边缘抖动现象不明显，但计算比较复杂。⑤指数低通滤波，传递函数为 $H(u,v) = \mathrm{e}^{\left\{-\left[\frac{D(u,v)}{D_0}\right]\right\}^n}$，式中 $n$ 决定指数函数的衰减频率。指数滤波抑制噪声的同时，图像边缘的模糊程度比巴特沃斯低通滤波器大，无明显的振铃效应。⑥指数高通滤波，效果比巴特沃斯高通滤波效果差，但无明显的振铃效应。⑦梯形低通滤波，是对理想低通滤波器和完全平滑低通滤波器的折中，它的结果介于理想滤波器和巴特沃斯低通滤波器之间。⑧梯形高通滤波，它的结果介于理想滤波器和巴特沃斯高通滤波器之间，会产生微振铃效应，计算简单比较常用。

【同态滤波】窗口对话框的主要参数如下。

【输入文件】：输入待滤波处理的影像。

【选择波段】：选择待处理的波段。

【参数设置】：设置滤波类型、阶数、低频增益、高频增益及截止频率，其中，截止频率和阶数是针对滤波器设定的。

【滤波类型】：可选巴特沃斯高通变换和高斯高通变换。

【阶数】：即滤波器的阶数，指过滤谐波的次数。一般来讲，同样的滤波器，其阶数越高，锐化效果就越好，但是，阶数越高，运算成本也就越高。因此，选择合适的阶数是非常重要的，通常设置为 1 或 2。

【低频增益】：指低频的放大倍数，数值范围为（0,1），默认值为 0.25。

【高频增益】：指高频的放大倍数，设置数值大于 1，默认值为 2。

【截止频率】：指一个系统的输出信号能量开始大幅下降的边界频率，当信号频率高于这个截止频率时，信号得以通过；当信号频率低于这个截止频率时，信号输出将被大幅衰减。截止频率被定义为通带和阻带的界限，设置的值越大，图像越亮，默认值为 50。

【输出文件】：设置输出结果的保存路径及文件名。

【输出类型】：设置文件的输出类型，支持输出字节型 8 位、整型/无符号整型 16 位、长整型/无符号长整型/浮点型 32 位、双精度浮点型 64 位等多种位深类型。

**2. 开发思路**

第一步：调用频率域滤波/同态滤波窗口；

第二步：频率域滤波/同态滤波算法参数设置；

第三步：频率域滤波/同态滤波算法调用；

第四步：频率域滤波/同态滤波算法执行；

第五步：频率域滤波/同态滤波算法结果显示。

**3. 核心接口与方法**

频率域滤波核心接口与方法说明如表 5.13 所示。

表 5.13　频率域滤波核心接口与方法说明表

| 接口/类 | 方法 | 说明 |
| --- | --- | --- |
| PIE.CommonAlgo.dll | | 算法 DLL 库 |
| PIE.Plugin.FrmImgProFiltFrequency | | 频域滤波_频率域滤波插件 |
| PIE.CommonAlgo.ImgProFiltFrequencyAlgo | | 频域滤波_频率域滤波算法类 |

| 接口/类 | 方法 | 说明 |
| --- | --- | --- |
| | | 频域滤波_频率域滤波算法参数设置 |
| | InputFilePath | 输入遥感影像的路径 |
| | OutputFilePath | 输出文件路径 |
| | FuncType | 滤波方法 |
| | HighPass | 是高通滤波还是低通滤波 |
| StImageFreqInfo | Radius | 截止频率 |
| | FileTypeCode | 文件类型 |
| | LowBands | 遥感数据波段选择集合 |
| | PixelDataType | 输出文件的数据类型 |
| | RadiusOut | 输出频率 |
| | XMLFile | XML 文件路径 |
| PIE.Plugin.FrmImgProFiltHomo | | 频域滤波_同态滤波插件 |
| PIE.CommonAlgo.ImgProFiltHomoAlgo | | 频域滤波_同态滤波算法类 |
| | | 频域滤波_同态滤波算法参数设置 |
| | InputFilePath | 输入遥感影像的路径 |
| | OutputFilePath | 输出文件路径 |
| | LowGains | 低频增益 |
| | HighGains | 高频增益 |
| | HighPass | 是巴特沃斯高通变换还是高斯高通变换 |
| StImageHomoInfo | CutFreq | 截止频率 |
| | Constant | 阶数或频率 |
| | FileTypeCode | 文件类型 |
| | LowBands | 遥感数据波段选择集合 |
| | AlgoType | 算法类型 |
| | PixelDataType | 输出文件的数据类型 |
| | XMLFile | XML 文件路径 |

**4. 核心代码和运行效果**

参见共享文件夹中的"01 源代码\05 第 5 章 遥感数据处理\5.3.2 频域滤波"。

### 5.3.3　自定义滤波变换

**1. 操作说明**

自定义滤波可以自由设置滤波模板对数据进行处理。自定义滤波器的一般规则要求：①滤波器的大小应该是奇数，这样它才有一个中心，如 3×3、5×5 或者 7×7。有中心才能有半径，如 5×5 大小的核的半径就是 2。②滤波器矩阵所有的元素之和应该要等于 1，这是为了保证滤波前后图像的亮度保持不变。当然，这不是硬性要求。③如果滤波器矩阵所有元素之和大于 1，那么滤波后的图像就会比原图像更亮；反之，如果小于 1，那么得到的图像就会变暗；如果和为 0，图像不会变黑，但也会非常暗。④对于滤波后的结构，可能会出现负数或者大于 255 的数值。对于这种情况，需要将它们直接截断到 0 和 255 之间。对于负数，也可以取绝对值。

【自定义滤波】窗口对话框的主要参数如下。

【输入文件】：输入待处理的影像。

【波段选择】：设置待处理的波段。

【窗口大小】：设置滤波模板的大小，行和列的值只能为奇数。

【编辑模板因子】：在对话框左下角的模板因子框中，通过鼠标左键单击框中的【模板因子】，即可对空域模板进行编辑。

【输出文件】：设置输出结果的保存路径及文件名。

【输出类型】：设置文件的输出类型，支持输出字节型 8 位、整型/无符号整型 16 位、长整型/无符号长整型/浮点型 32 位、双精度浮点型 64 位多种位深类型。

**2. 开发思路**

第一步：调用自定义滤波窗口；

第二步：自定义滤波算法参数设置；

第三步：自定义滤波算法调用；

第四步：自定义滤波算法执行；

第五步：自定义滤波算法结果显示。

**3. 核心接口与方法**

自定义滤波核心接口与方法说明如表 5.14 所示。

表 5.14　自定义滤波核心接口与方法说明表

| 接口/类 | 方法 | 说明 |
|---|---|---|
| PIE.CommonAlgo.dll | | 算法 DLL 库 |
| PIE.Plugin.FrmImgFiltCustom | | 自定义滤波插件 |
| PIE.CommonAlgo.ImgProFiltCustomAlgo | | 自定义滤波算法类 |
| StImageFittleCustom | | 自定义滤波算法参数设置 |
| | InputFilePath | 输入遥感影像的路径 |
| | OutputFilePath | 输出文件路径 |
| | LM | 模板尺寸 M |
| | LN | 模板尺寸 N |
| | FilterType | 滤波类型 |
| | Kernel | 自定义滤波值数组 |
| StImageFittleCustom | FileTypeCode | 文件类型 |
| | LowBands | 遥感数据波段选择集合 |
| | PixelDataType | 输出文件的数据类型 |
| | XMLFile | XML 文件路径 |

**4. 核心代码和运行效果**

参见共享文件夹中的"01 源代码\05 第 5 章　遥感数据处理\5.3.3 自定义滤波变换"。

# 5.4 边 缘 增 强

**1. 操作说明**

为突出图像中的地物边缘、轮廓或线状目标，可以采用锐化的方法。锐化提高了边缘与周围像素之间的反差，因此也称为边缘增强。

PIE 边缘增强包括定向域滤波和微分锐化两部分。

定向域滤波又称为匹配滤波，是通过一定尺寸的方向模板对图像进行卷积计算，并以卷积值代替各像元点灰度值，强调的是某一些方向的地面形迹，如水系、线性影像等。

方向模板是一个各元素大小按照一定规律取值，并对某一方向灰度变化最敏感的矩阵。将方向模板的中心沿图像像元依次移动，在每一位置上把模板中每个点的值与图像上相对的像元点值相乘后再相加。

微分锐化是通过微分使图像的边缘或轮廓突出、清晰。导数算子具有突出灰度变化的作用。对图像运用导数算子，灰度变化较大的点处算得的值较高，因此可以将图像的导数算子的运算值作为相应的边界强度，通过对这些导数值设置阈值，提取边界的点集。

【定向域滤波】窗口对话框的主要参数如下。

【输入文件】：输入待滤波处理的影像。

【参数设置】：选择滤波方法，目前支持横向、纵向、斜向 45°、斜向 135° 四种锐化方式。

横向滤波模板：

$$
\begin{matrix}
-1 & -1 & -1 \\
2 & 2 & 2 \\
-1 & -1 & -1
\end{matrix}
$$

纵向滤波模板：

$$
\begin{matrix}
-1 & 2 & -1 \\
-1 & 2 & -1 \\
-1 & 2 & -1
\end{matrix}
$$

斜向 45° 滤波模板：

$$
\begin{matrix}
-1 & -1 & 2 \\
-1 & -1 & 2 \\
2 & -1 & -1
\end{matrix}
$$

斜向 135° 滤波模板：

$$
\begin{matrix}
2 & -1 & -1 \\
-1 & 2 & -1 \\
-1 & -1 & 2
\end{matrix}
$$

【波段选择】：设置待处理的波段。

【输出文件】：设置输出结果的保存路径及文件名。

【输出类型】：设置文件的输出类型，支持输出字节型 8 位、整型/无符号整型 16 位、长整型/无符号长整型/浮点型 32 位、双精度浮点型 64 位等多种位深类型。

【微分锐化】窗口对话框的主要参数如下。

【输入文件】：输入待处理的影像。

【波段选择】：设置待处理的波段。

【参数设置】：选择锐化方式，目前支持 Prewitt 算子、Sobel 算子、Robert 算子三种锐化方式。Sobel 算子是以方向滤波的形式来提取边缘，X，Y 方向各用一个模板，两个模板组合起来构成 1 个梯度算子，X 方向模板对垂直边缘影响最大，Y 方向模板对水平边缘影响最大，对灰度渐变和噪声较多的图像处理效果较好。Prewitt 算子是加权平均算子，对噪声有抑制作用，对灰度渐变和噪声较多的图像处理效果较好，但边缘较宽，而且间断点多。Robert 算子是一种梯度算子，它用交叉的差分表示梯度，是一种利用局部差分算子寻找边缘的算子，对具有陡峭的低噪声的图像处理效果最好。

【输出文件】：设置输出结果的保存路径及文件名。

【输出类型】：设置文件的输出类型，支持输出字节型 8 位、整型/无符号整型 16 位、长整型/无符号长整型/浮点型 32 位、双精度浮点型 64 位等多种位深类型。

**2. 开发思路**

第一步：调用定向域滤波/微分锐化窗口；

第二步：定向域滤波/微分锐化算法参数设置；

第三步：定向域滤波/微分锐化算法调用；

第四步：定向域滤波/微分锐化算法执行；

第五步：定向域滤波/微分锐化算法结果显示。

**3. 核心接口与方法**

边缘增强核心接口与方法说明如表 5.15 所示。

表 5.15　边缘增强核心接口与方法说明表

| 接口/类 | 方法 | 说明 |
|---|---|---|
| PIE.CommonAlgo.dll | | 算法 DLL 库 |
| PIE.Plugin.FrmImgProFiltDirect | | 边缘增强_定向域滤波插件 |
| PIE.CommonAlgo.ImgProFiltSpaDirectAlgo | | 边缘增强_定向域滤波算法类 |
| StImageDirectInfo | | 边缘增强_定向域滤波算法参数设置 |
| | InputFilePath | 输入遥感影像的路径 |
| | OutputFilePath | 输出文件路径 |
| | FilterDirect | 定向滤波方向类别，取值情况：0 为横向滤波；1 为纵向滤波；2 为斜向 45° 滤波；3 为斜向 135° 滤波 |
| | FileTypeCode | 文件类别 |
| | LowBands | 遥感数据波段选择集合 |
| | PixelDataType | 输出文件的数据类型 |
| | XMLFile | XML 文件路径 |
| PIE.Plugin.FrmImgProFiltDiffSharp | | 边缘增强_微分锐化插件 |

| 接口/类 | 方法 | 说明 |
|---|---|---|
| PIE.CommonAlgo.ImgProFiltDiffSharpAlgo | | 边缘增强_微分锐化算法类 |
| StImageFittleEdge | | 边缘增强_微分锐化算法参数设置 |
| | InputFilePath | 输入遥感影像的路径 |
| | OutputFilePath | 输出文件路径 |
| | FilterType | 微分锐化类别 |
| | FileTypeCode | 文件类型 |
| | LowBands | 遥感数据波段选择集合 |
| | PixelDataType | 输出文件的数据类型 |
| | XMLFile | XML 文件路径 |

## 4. 核心代码和运行效果

参见共享文件夹中的"01 源代码\05 第 5 章　遥感数据处理\5.4 边缘增强"。

# 第6章 遥感算法开发

## 6.1 算法简介

PIE-SDK 中包含 200 多个遥感图像处理的算法,这些算法都可以直接被二次开发者调用。与算法相关的接口和类主要有 ISystemAlgo 接口、ISystemAlgoEvents 接口、AlgoFactory 类,如图 6.1 所示。

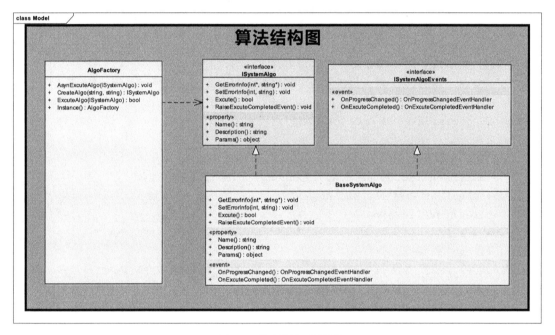

图 6.1 算法框架结构图

PIE-SDK 中的 SystemAlgo 库是专门为算法服务的,其完成了算法定义和执行的基本框架,主要实现了算法的以下方法或属性:①算法名称 Name;②算法描述 Description;③算法参数 Params;④算法错误信息 ErrorInfo;⑤算法执行;⑥执行完毕时,抛出结束事件。

PIE-SDK 中的 ISystemAlgoEvents 接口是算法进度变化事件接口,用来管理算法执行进度变化(OnProgressChangedEvent)以及执行完成(OnExcuteCompletedEvent)事件。

PIE-SDK 中的 AlgoFactory 类实现了算法的管理,主要实现了以下方法。

(1)算法初始实例化:AlgoFactory.Instance()。

(2)算法创建:CreateAlgo(A,B)实现算法 Algo 的创建。

(3)同步执行 ExcuteAlgo 还是异步执行 AsynExcuteAlgo。

通过 SystemAlgo.AlgoFactory.Instance().AsynExcuteAlgo(algo)实现异步调用,也可通过 ExcuteAlgo 实现同步调用。

需要注意的是：程序集名称为"PIE.CommonAlgo.dll"，命名空间+类名为"PIE.CommonAlgo. ISODataClassificationAlgo"。

# 6.2　算法调用

算法调用流程如下：

（1）构造算法参数结构体，并对参数赋值。

（2）创建算法对象 AlgoFactory.Instance（）.CreateAlgo（A,B）。

（3）同步或异步执行 ExecuteAlgo、AsynExecuteAlgo。

以【辐射定标】为例演示如何调用 PIE-SDK 已有算法。辐射定标是使用大气纠正技术将影像数据的灰度值转化为表观辐亮度、表观反射率等物理量的过程。

```
/// <summary>
///辐射定标算法测试, 本算法实现了将
GF1_PMS1_E116.5_N39.4_20131127_L1A0000117600-MSS1.tiff进行表观辐射率辐射定标
/// </summary>
public override void OnClick ()
{
    #算法参数设置
    PIE.CommonAlgo.DataPreCali_Exchange_Info info = new
PIE.CommonAlgo.DataPreCali_Exchange_Info ();
    info.InputFilePath =
@"D:\Data\GF1_PMS1_E116.5_N39.4_20131127_L1A0000117600-MSS1.tiff";
    info.XMLFilePath =
@"D:\Data\GF1_PMS1_E116.5_N39.4_20131127_L1A0000117600-MSS1.xml";
    info.OutputFilePath = @"D:\Data\result1.tif";
    info.FileTypeCode = "Gtiff";
    info.Type = 100;

    PIE.SystemAlgo.ISystemAlgo algo =
PIE.SystemAlgo.AlgoFactory.Instance ().CreateAlgo ("PIE.CommonAlgo.dll",
"PIE.CommonAlgo.CalibrationAlgo");
    if (algo == null) return;

    //算法调用执行
    PIE.SystemAlgo.ISystemAlgoEvents algoEvents = algo as
PIE.SystemAlgo.ISystemAlgoEvents;
    algo.Name = "辐射定标";
    algo.Params = info;
    bool result = PIE.SystemAlgo.AlgoFactory.Instance ().ExecuteAlgo (algo);

    //算法结果显示
    ILayer layer = PIE.Carto.LayerFactory.CreateDefaultLayer
```

```
(@"D:\Data\result1.tif");
        m_HookHelper.ActiveView.FocusMap.AddLayer(layer);
m_HookHelper.ActiveView.PartialRefresh(ViewDrawPhaseType.ViewAll);
    }
```

# 6.3　扩　展　算　法

　　算法的自定义扩展允许用户自主开发新的算法。自定义的算法必须实现 PIE.SystemAlgo.BaseSystemAlgo 基础类，这样才能被 PIE 的算法管理器调用起来。

　　以【栅格影像拷贝】为例演示如何自定义算法。自定义的类主要有算法参数类 AlgoParams、算法类 Algo、算法命名类 AlgoCommand。参数类"AlgoParams.cs"用于存放要拷贝的路径和拷贝到的路径，算法类"Algo.cs"用于执行算法，窗体类"FormTest.cs"用于接收用户输入的要拷贝的路径和拷贝到的路径，Command 类"AlgoCommand.cs"用于实现算法调用。其中算法类"Algo.cs"继承自 BaseSystemAlgo,该类实现了 ISystemAlgo,ISystemAlgoEvents 两个接口。以下对 BaseSystemAlgo 类的属性、方法和事件进行介绍，如表 6.1 所示。

表 6.1　算法扩展相关属性、方法和事件表

| 属性 | | |
|---|---|---|
| Description | String | 描述 |
| Name | String | 名称 |
| Params | String | 参数 |
| 方法 | | |
| Execute（） | Bool | 执行算法，返回结果:是否执行成功 |
| GetErrorInfo（ref int errCode, ref string errMsg） | Void | 获取错误信息，errCode:错误信息编号，errMsg:错误信息描述 |
| 事件 | | |
| OnExecuteCompleted | OnExecuteCompletedEventHandler | 执行完成事件 |
| OnProgressChanged | OnProgressChangedEventHandler | 进度变化事件 |

**1. 开发思路**

第一步：编写参数类"AlgoParams.cs"；

第二步：构造算法类"Algo.cs"；

第三步：新建窗体类"FormTest.cs"；

第四步：写 Command 类实现算法调用。

**2. 核心代码和运行效果**

参见共享文件夹中的"01 源代码\06 第 6 章　遥感算法开发\6.3 扩展算法"。

# 第7章　遥感与 GIS 一体化开发

遥感是空间数据采集和分类的重要手段，GIS 是管理和分析空间数据的有效工具，两者是支撑空间信息有效获取与利用的主要技术方法，有着必然的联系。一方面，遥感具有动态、多时相采集空间信息的能力，已经成为 GIS 的主要信息来源；另一方面，遥感获取的丰富的、海量的空间数据依赖 GIS 实现有效管理与共享利用，更要借由空间分析等技术提取更深层次的专题信息，全面提升影像的利用价值和效果。可以说在很多利用空间信息的业务场景中，缺少遥感或 GIS 都将影响系统完整性，因此遥感和 GIS 的一体化集成开发也是目前的大趋势。

本章主要介绍与 GIS 地图相关的接口，PIE-SDK 强大的插件功能和针对 GIS 空间数据的管理与实现等。

## 7.1　地图组织与访问控制

### 7.1.1　什么是 PIE 的 Map

地图（Map）是 PIE-SDK 的主要组成部分，地图数据的组织与访问都以 Map 对象为实体进行实现。想要实现利用 Map 对象展示地图，需要对应的地图容器，也就是 MapControl 地图控件。MapControl 和 Map 的关系具有双层含义，一是可以将 Map 对象理解为地图数据的管理器和显示器，Map 对象可以作为管理器引入地理数据和图形元素，也可以作为显示器实现地图的刷新和互动变化；二是从可视化角度看，可以将 MapControl 控件理解为封装了一个 Map 对象的容器。

打开 PIE 桌面版应用程序后，用户首先看到的是数据视图。PIE 的主要功能（查看数据和地理分析）都是在这个视图中完成的。数据视图其实就是一个 Map 对象。在使用 MapControl 控件进行二次开发的时候，开发者常常将整个空间当成一个 Map 对象来对待，这个看法看似没有太大的错误，但是正确的观点应该是 MapControl 是一个包含 Map 对象在内的多功能对象。

在 PIE 中，可以显示在 Map 上的数据分为两大类，即地理数据和图形 Element（元素）。它们的共同特点是都具有 Geometry 属性，即拥有明确的几何形状。

地理数据包括矢量数据、栅格数据、混合数据、网络切片数据等，这些数据保存在地理数据库或数据文件中，是 GIS 分析制图的源数据。元素是另外一种可以显示在 Map 上的对象，它们存储在计算机内存中。

下面介绍 Map 类的主要接口。

**1. IMap 接口**

IMap 接口是开始多数 GIS 任务的起点，主要用于管理 Map 对象中的 Layer 对象、空间参考等对象，如图 7.1 所示。

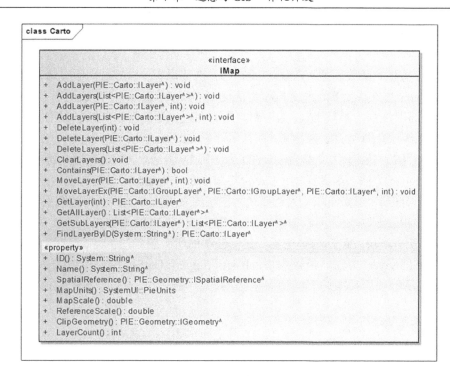

图 7.1　IMap 接口图

Map 对象可以显示地理数据，而这些地理数据都是通过某个图层引入地图对象中的，因此可以认为 Map 对象是一个存放 Layer 对象的容器，IMap 接口里面定义了大量的方法来操作其中的图层对象。

下面对 Map 相关的方法和属性进行介绍。

1）IMap 接口常用方法

（1）LoadPmdFile 方法。函数原型：void LoadPmdFile（String pmdPath）；函数说明：该方法用于在当前地图显示控件中加载工程文档，参数 pmdPath 为目标文档路径。

（2）AddLayer 方法 。函数原型：void AddLayer（ILayer layer）；void AddLayer（ILayer layer, int index）；函数说明：该方法用于往地图对象中添加单个图层，参数 layer 为所要添加的图层对象，也可以添加到指定的 index 位置。

（3）AddLayers 方法。函数原型：void AddLayers（IList<ILayer> layers）；void AddLayers（IList< ILayer> layers, int index）；函数说明：该方法用于往地图对象中添加多个图层，参数 layers 为所要添加的图层组对象，也可以添加到指定的 index 位置。

（4）MoveLayer 方法。函数原型：void MoveLayer（ILayer layer, int toIndex）； 函数说明：此方法用于移动图层，可以通过设置需要移动的图层 layer 和移动的目标位置 toIndex 来移动图层。

（5）DeleteLayer 和 DeleteLayers 方法。函数原型：void DeleteLayer （ILayer layer）； void DeleteLayer（int index）；void DeleteLayers（IList< ILayer> layers）；函数说明：这三个方法分别用于删除图层和图层组，删除单个图层时可以通过图层对象 layer 或者图层索引 index 来删除，删除图层组时通过图层组对象 layers 来删除。

（6）ClearLayers 方法。函数原型：void ClearLayers（）；函数说明：该方法用于清除地图内所有图层。

（7）Clone 方法。函数原型：IMap Clone（）；函数说明：该方法用于克隆当前地图对象。

（8）Contains 方法。函数原型：bool Contains（ILayer layer）；函数说明：该方法用于判断地图是否包含某图层，参数 layer 为所要判断的图层，返回指示判断结果的 bool 值。

（9）FindLayerByID 方法。函数原型：ILayer FindLayerByID（String layerID）；函数说明：该方法用于通过编号获得图层，参数 layerID 为图层 ID 编号。查找的范围为所有的子孙图层。

（10）GetLayer 方法。函数原型：ILayer GetLayer（int index）；函数说明：该方法用于通过图层索引获得图层，参数 index 为所要获得图层的索引值，返回获得的图层对象。

（11）GetAllLayer 方法。函数原型：IList< ILayer> GetAllLayer（）；函数说明：该方法用于获得地图中所有图层，包括子孙图层，返回获得的所有图层。

（12）GetSubLayers 方法。函数原型：IList< ILayer> GetSubLayers（ILayer layer）；函数说明：该方法用于获得某图层下的所有子孙图层，参数为此图层，返回它的所有子孙图层集合。

2）IMap 接口常用属性

（1）ID 属性：获取地图的 ID 索引值。

（2）Name 属性：获取或者设置地图名称。

（3）LayerCount 属性：获取地图图层数目。

（4）SpatialReference 属性：获取或设置坐标参考。

（5）MapScale 属性：获取或设置地图比例尺。

（6）MapUnits 属性：获取或设置地图单位。

（7）ReferenceScale 属性：获取或设置地图的缩放比例尺。

（8）ClipGeometry 属性：获取或设置地图裁剪几何图形对象。

**2. IActiveView 接口**

IMap 定义了 Map 对象的数据管理功能，而 IActiveView 接口则定义了 Map 对象的数据显示功能。这个接口包含了几乎所有的绘制图形的方法，使用这个接口可以改变视图的范围，可以刷新地图，如图 7.2 所示。

下面对 IActiveView 接口常用的方法和属性进行介绍。

1）IActiveView 接口常用方法

（1）SelectFeature 方法。函数原型：void SelectFeature（ILayer layer, IFeature feature）；void SelectFeature（System.String layerID, System.Int64 fid）；函数说明：该方法用来选择要素，可以通过图层对象 layer 和要素对象 feature 来选择，也可以通过图层 ID 号 layerID 和要素编号 fid 来选择。

（2）SelectFeatureByShape 方法。函数原型：void SelectFeatureByShape（IGeometry geometry, IList<ILayer> queryLayers, bool clearBefore, bool justOne）；函数说明：根据几何图形选择要素，参数 geometry 为该几何对象、queryLayers 为目标图层集、clearBefore 指示是否清除之前选择集的 bool 值、justOne 为是否只选择一个要素的约束值，类型为 bool。

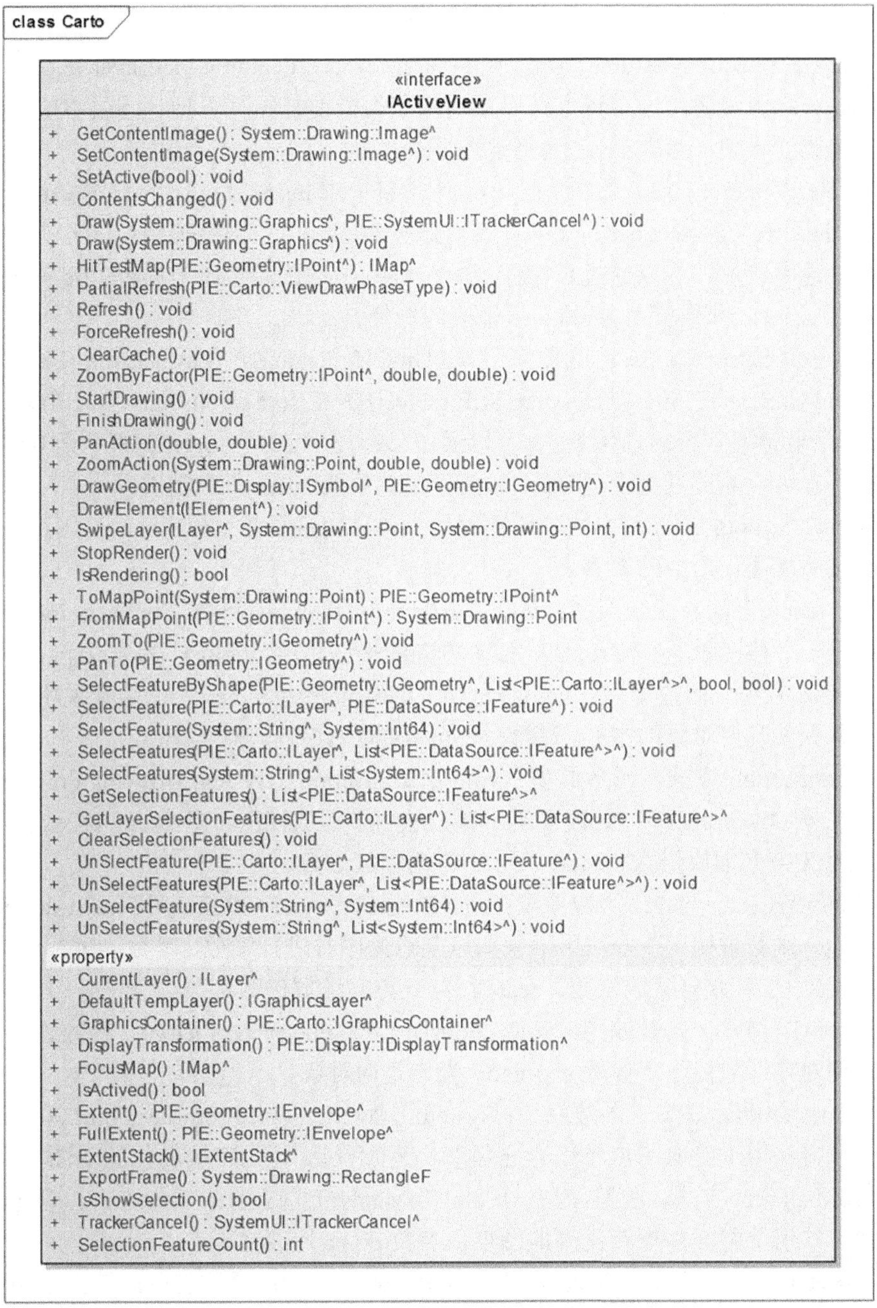

```
class Carto

                              «interface»
                              IActiveView
+   GetContentImage() : System::Drawing::Image^
+   SetContentImage(System::Drawing::Image^) : void
+   SetActive(bool) : void
+   ContentsChanged() : void
+   Draw(System::Drawing::Graphics^, PIE::SystemUI::ITrackerCancel^) : void
+   Draw(System::Drawing::Graphics^) : void
+   HitTestMap(PIE::Geometry::IPoint^) : IMap^
+   PartialRefresh(PIE::Carto::ViewDrawPhaseType) : void
+   Refresh() : void
+   ForceRefresh() : void
+   ClearCache() : void
+   ZoomByFactor(PIE::Geometry::IPoint^, double, double) : void
+   StartDrawing() : void
+   FinishDrawing() : void
+   PanAction(double, double) : void
+   ZoomAction(System::Drawing::Point, double, double) : void
+   DrawGeometry(PIE::Display::ISymbol^, PIE::Geometry::IGeometry^) : void
+   DrawElement(IElement^) : void
+   SwipeLayer(ILayer^, System::Drawing::Point, System::Drawing::Point, int) : void
+   StopRender() : void
+   IsRendering() : bool
+   ToMapPoint(System::Drawing::Point) : PIE::Geometry::IPoint^
+   FromMapPoint(PIE::Geometry::IPoint^) : System::Drawing::Point
+   ZoomTo(PIE::Geometry::IGeometry^) : void
+   PanTo(PIE::Geometry::IGeometry^) : void
+   SelectFeatureByShape(PIE::Geometry::IGeometry^, List<PIE::Carto::ILayer^>^, bool, bool) : void
+   SelectFeature(PIE::Carto::ILayer^, PIE::DataSource::IFeature^) : void
+   SelectFeature(System::String^, System::Int64) : void
+   SelectFeatures(PIE::Carto::ILayer^, List<PIE::DataSource::IFeature^>^) : void
+   SelectFeatures(System::String^, List<System::Int64>^) : void
+   GetSelectionFeatures() : List<PIE::DataSource::IFeature^>^
+   GetLayerSelectionFeatures(PIE::Carto::ILayer^) : List<PIE::DataSource::IFeature^>^
+   ClearSelectionFeatures() : void
+   UnSlectFeature(PIE::Carto::ILayer^, PIE::DataSource::IFeature^) : void
+   UnSelectFeatures(PIE::Carto::ILayer^, List<PIE::DataSource::IFeature^>^) : void
+   UnSelectFeature(System::String^, System::Int64) : void
+   UnSelectFeatures(System::String^, List<System::Int64>^) : void
«property»
+   CurrentLayer() : ILayer^
+   DefaultTempLayer() : IGraphicsLayer^
+   GraphicsContainer() : PIE::Carto::IGraphicsContainer^
+   DisplayTransformation() : PIE::Display::IDisplayTransformation^
+   FocusMap() : IMap^
+   IsActived() : bool
+   Extent() : PIE::Geometry::IEnvelope^
+   FullExtent() : PIE::Geometry::IEnvelope^
+   ExtentStack() : IExtentStack^
+   ExportFrame() : System::Drawing::RectangleF
+   IsShowSelection() : bool
+   TrackerCancel() : SystemUI::ITrackerCancel^
+   SelectionFeatureCount() : int
```

图 7.2　IActiveView 接口图

（3）SelectFeatures 方法。函数原型：void SelectFeatures（ILayer layer, IList<IFeature> features）；void SelectFeatures（System.String layerID, IList<System.Int64> lstFIDs）；函数说明：该方法用于选择要素集，可以通过目标图层 layer 和目标要素集 features 选择，也可以通过目标图层 ID 号 layerID 和目标要素集 ID 号的 lstFIDs 选择。

（4）GetSelectionFeatures 方法。函数原型：IList<IFeature> GetSelectionFeatures（）；函数

说明：通过该方法可以请求获得当前视图中被选中的全部要素，返回值为要素集。

（5）GetLayerSelectionFeatures 方法。函数原型：IList<IFeature> GetLayerSelectionFeatures（ILayer layer）；函数说明：通过该方法可以请求获得当前视图某一指定图层中所有被选中的要素，返回值为要素集，参数 layer 为指定图层。

（6）UnSelectFeature 方法。函数原型：void UnSelectFeature（ILayer layer, IFeature feature）；void UnSelectFeature（System.String layerID, System.Int64 fid）；函数说明：该方法用于取消视图中某要素的选中状态，可以通过目标图层 ID 号的 layerID 和要素 ID 号的 fid 来取消选择，也可以通过图层 layer 和要素对象 feature 来取消选择。

（7）UnSelectFeatures 方法。函数原型：void UnSelectFeatures（ILayer layer, IList<IFeature> features）；void UnSelectFeatures（System.String layerID, IList<System.Int64> lstFIDs）；函数说明：该方法用于取消要素集的选中状态，可以通过目标图层 ID 号 layerID 和要素 ID 号 lstFIDs 来取消选择，也可以通过目标图层 layer 和要素集对象 features 来取消选择。

（8）ClearSelectionFeatures 方法。函数原型：void ClearSelectionFeatures（）；函数说明：该方法用于清除视图中选中的要素。

（9）PanAction 方法。函数原型：void PanAction（double deltaX, double deltaY）；函数说明：该方法用于平移视图，参数 deltaX 为 X 方向的平移距离、deltaY 为 Y 方向的平移距离。

（10）PanTo 方法。函数原型：void PanTo（IGeometry geometry）；函数说明：该方法用于将视图平移到某几何对象的中心，参数 geometry 即为该几何对象。

（11）ZoomAction 方法。函数原型：void ZoomAction（System.Drawing.Point centerPos, double scaleX, double scaleY）；函数说明：该方法用于缩放视图，参数 centerPos 为屏幕中心点、scaleX 为 X 方向缩放倍数、scaleY 为 Y 方向缩放倍数。

（12）ZoomByFactor 方法。函数原型：void ZoomByFactor（IPoint ptrCenter, double scaleX, double scaleY）；函数说明：该方法用于视图以某点为中心进行缩放，参数 ptrCenter 为该中心点对象、scaleX 为 X 方向缩放倍数、scaleY 为 Y 方向缩放倍数。

（13）ZoomTo 方法。函数原型：void ZoomTo（IGeometry geometry）；函数说明：该方法用于按某几何对象缩放视图，参数 geometry 为该几何对象。

（14）FromMapPoint 方法。函数原型：System.Drawing.Point FromMapPoint（IPoint point）；函数说明：该方法用于将地图点转化为屏幕点，参数 point 即为将要转化的地图点。

（15）ToMapPoint 方法。函数原型：IPoint ToMapPoint（System.Drawing.Point point）；函数说明：该方法用于将屏幕点转化为地图点，参数 point 为该屏幕点。

（16）IsRendering 方法。函数原型：bool IsRendering（）；函数说明：该方法用于判断是否在渲染，返回指示判断结果的 bool 值。

（17）StartDrawing 方法。函数原型：void StartDrawing（）；函数说明：该方法用于视图开始绘制。

（18）FinishDrawing 方法。函数原型：void FinishDrawing（）；函数说明：该方法用于视图结束绘制。

（19）StopRender 方法。函数原型：void StopRender（）；函数说明：该方法用于视图停止渲染。

（20）Draw 方法。函数原型：void Draw（System.Drawing.Graphics graphics）；void Draw

（System.Drawing.Graphics graphics, ITrackerCancel tracker）；函数说明：该方法用于在 Graphics 上绘制视图，ITrackerCancel 对象用于控制是否能够中途取消绘制操作。

（21）DrawElement 方法。函数原型：void DrawElement（IElement element）；函数说明：该方法用于绘制元素，参数即为所要绘制的元素对象。

（22）DrawGeometry 方法。函数原型：void DrawGeometry（ISymbol symbol, IGeometry geometry）；函数说明：该方法用于绘制临时几何对象，地图再次刷新绘制对象即会消失。参数包括绘制时用到的符号对象 symbol 和几何对象 geometry。

（23）GetContentImage 方法。函数原型：System.Drawing.Image GetContentImage（）；函数说明：该方法用于获得显示的 Image 对象。

（24）SetContentImage 方法。函数原型：void SetContentImage（System.Drawing.Image img）；函数说明：该方法用于设置显示的 Image，参数 img 为该 Image 对象。

（25）SetActive 方法。函数原型：void SetActive（bool bActive）；函数说明：该方法用于设置是否激活视图，参数 bActive 为指示是否激活视图的 bool 值。

（26）Clear Cache 方法。函数原型：void ClearCache（）；函数说明：该方法用于清除缓存。

（27）ForceRefresh 方法。函数原型：void ForceRefresh（）；函数说明：该方法用于强制刷新视图。

（28）PartialRefresh 和 Refresh 方法。函数原型：void PartialRefresh（ViewDrawPhaseType dpType）；void Refresh（）；函数说明：这两个方法用于刷新视图，PartialRefresh 方法可以设置刷新方式。

（29）HitTestMap 方法。函数原型：IMap HitTestMap（IPoint point）；函数说明：该方法用于在指定点处寻找地图 map。

（30）ContentsChanged 方法。函数原型：void ContentsChanged（）；函数说明：该方法用于触发视图的内容变化事件。

（31）SwipeLayer 方法。函数原型：void SwipeLayer（ILayer layer, System.Drawing.Point startPos, System.Drawing.Point currPoint, int direction）；函数说明：该方法用于视图的卷帘功能，参数 layer 为选中的图层、startPos 为起始点、currPoint 为当前点、direction 为卷帘方向。

2）IActiveView 接口常用属性

（1）CurrentLayer 属性：获取或者设置视图的当前图层。

（2）FocusMap 属性：获取或者设置焦点地图对象。

（3）FullExtent 属性：获取或者设置地图全图范围。

（4）Extent 属性：获取或者设置地图视图范围。

（5）GraphicsContainer 属性：获取标绘图层。

（6）DefaultTempLayer 属性：获取视图中临时图层。

（7）DisplayTransformation 属性：获取显示变换对象。

（8）ExportFrame 属性：获取输出图框。

（9）ExtentStack 属性：获得范围栈。

（10）IsActived 属性：获取激活状态。

（11）IsShowSelection 属性：获取或者设置是否显示选择。

（12）SelectionFeatureCount 属性：获取选中要素个数。

（13）TrackerCancel 属性：获取或者设置 TrackerCancel 对象。

**3. IActiveViewEvents 接口**

通过 IActiveViewEvents 接口，开发者可以启动对 Map 对象相关事件的监听器，用以捕捉 Map 对象中地图变化和视图变化的事件（Event），并且做出不同事件的响应。如图 7.3 所示。

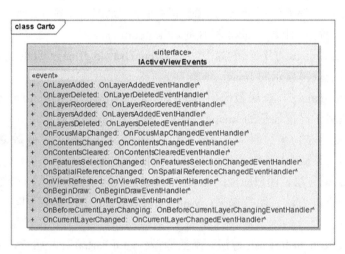

图 7.3　IActiveViewEvents 接口图

下面对 IActiveViewEvents 相关的事件进行介绍。

（1）OnBeginDraw 事件：绘图前事件。

（2）OnAfterDraw 事件：绘图后事件。

（3）OnBeforeCurrentLayerChanging 事件：当前图层变化前事件。

（4）OnContentsChanged 事件：图层内容变化事件。

（5）OnContentsCleared 事件：图层内容清除事件。

（6）OnCurrentLayerChanged 事件：当前图层变化事件。

（7）OnFeaturesSelectionChanged 事件：要素选择变化事件。

（8）OnFocusMapChanged 事件：图层变化事件。

（9）OnLayerAdded 事件：图层添加事件。

（10）OnLayerDeleted 事件：图层移除事件。

（11）OnLayerReordered 事件：图层排序事件。

（12）OnLayersAdded 事件：多图层添加事件。

（13）OnLayersDeleted 事件：多图层移除事件。

（14）OnSpatialReferenceChanged 事件：空间参考信息变化事件。

（15）OnViewRefreshed 事件：视图刷新事件。

**4. IGraphicsContainer 接口**

Map 对象可以显示图形元素（Element），并使用 IGraphicsContainer 接口来管理这些元素对象，如图 7.4 所示。

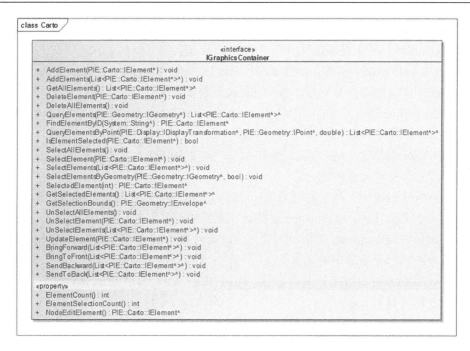

图 7.4 IGraphicsContainer 接口图

下面对 IGraphicsContainer 接口常用的方法和属性进行介绍。

1）IGraphicsContainer 接口常用方法

（1）AddElement 方法。函数原型：void AddElement（IElement element）；函数说明：该方法用于添加元素，参数 element 即为该元素对象。

（2）AddElements 方法。函数原型：void AddElements（IList<IElement> elements）；函数说明：该方法用于添加元素集，参数 elements 即为该元素集。

（3）DeleteElement 方法。函数原型：void DeleteElement（IElement element）；函数说明：该方法用于删除目标元素，参数 element 即为该元素对象。

（4）DeleteAllElements 方法。函数原型：void DeleteAllElements（）；函数说明：该方法用于删除所有元素。

（5）FindElementByID 方法。函数原型：IElement FindElementByID（System.String elementID）；函数说明：该方法用于通过 ID 查找元素对象，参数 elementID 为该元素 ID。

（6）FindElementByName 方法。函数原型：IElement FindElementByName（String strName）；函数说明：该方法用于通过 Name 查找元素对象，参数 strName 为该元素名称。

（7）SelectElement 方法。函数原型：void SelectElement（IElement element）；函数说明：该方法用于选中元素，参数 element 为该元素对象。

（8）SelectElements 方法。函数原型：void SelectElements（IList<IElement> elements）；函数说明：该方法用于选中元素集，参数 elements 为该元素集。

（9）SelectAllElements 方法。函数原型：void SelectAllElements（）；函数说明：该方法用于选择所有的元素。

（10）SelectElementsByGeometry 方法。函数原型：void SelectElementsByGeometry（IGeometry

geometry, bool clearSrc）；函数说明：该方法用于通过几何对象选择元素，参数 geometry 为该几何对象，clearSrc 为指示是否清除之前选择的 bool 值。

（11）UnSelectElement 方法。函数原型：void UnSelectElement（IElement element）；函数说明：该方法用于反向选择某元素，参数 element 为该元素对象。

（12）UnSelectElements 方法。函数原型：void UnSelectElements（IList<IElement> elements）；函数说明：该方法用于反向选择元素集，参数 elements 为该元素集。

（13）UnSelectAllElements 方法。函数原型：void UnSelectAllElements（）；函数说明：该方法用于取消对所有元素的选择。

（14）UpdateElement 方法。函数原型：void UpdateElement（IElement element）；函数说明：该方法用于更新元素，参数 element 为该元素对象。

（15）GetSelectedElements 方法。函数原型：IList<IElement> GetSelectedElements（）；函数说明：该方法用于获取选中的元素。

（16）GetAllElements 方法。函数原型：IList<IElement> GetAllElements（）；函数说明：该方法用于获得所有的元素。

（17）SelectedElement 方法。函数原型：IElement SelectedElement（int index）；函数说明：该方法用于获得选中的要素，参数 index 为该要素的编号。

（18）IsElementSelected 方法。函数原型：bool IsElementSelected（IElement ptrElem）；函数说明：该方法用于判断某元素是否处于选中状态，参数 ptrElem 为该元素对象。

（19）GetSelectionBounds 方法。函数原型：IEnvelope GetSelectionBounds（）；函数说明：该方法用于获得选中元素的范围。

（20）QueryElementsByPoint 方法。函数原型：IList<IElement>QueryElementsByPoint（IDisplayTransformation ptrTransform, IPoint filterGeo, double dTolrance）；函数说明：该方法用于通过点对象查询元素，参数 ptrTransform 为显示转换对象、filterGeo 为该点对象、dTolrance 为缓冲距离。

（21）QueryElements 方法。函数原型：IList<IElement>QueryElements（IGeometry filterGeo）；函数说明：该方法用于根据某几何对象查询元素，参数 filterGeo 为此几何对象。

（22）BringForward 方法。函数原型：void BringForward（IList<IElement> elements）；函数说明：该方法用于将目标元素集向前一层，参数 elements 为该元素集对象。

（23）BringToFront 方法。函数原型：void BringFront（IList<IElement> elements）；函数说明：该方法用于将目标元素集顶端显示，参数 elements 为该元素集对象。

（24）SendBackward 方法。函数原型：void SendBackward（IList<IElement> elements）；函数说明：该方法用于将元素置于底层，参数 elements 为元素集对象。

（25）SendToBack 方法。函数原型：void SendToBack（IList<IElement> elements）；函数说明：该方法用于将元素置于向后一层，参数 elements 为目标元素集。

（26）Draw 方法。函数原型：void Draw（System.Drawing.Graphics graphics, IDisplay Transformation displayTransformation,LayerDrawPhaseType dpType,ITrackerCancel tracker Cancel）；函数说明：该方法用于绘制图形图层，参数 graphics 为绘图设备对象、displayTransformation 为显示转换对象、dpType 为绘图类型、trackerCancel 为跟踪取消接口，实现取消绘制。

2）IGraphicsContainer 接口常用属性

（1）ElementCount 属性：获取所有元素的个数。

（2）ElementSelectionCount 属性：获取选中元素的个数。

（3）NodeEditElement 属性：获取或者设置当前编辑的元素对象。

**5. IGraphicsContainerEvents 接口**

通过 IGraphicsContainerEvents 接口，可以让开发者激活监听器，捕捉 Map 对象中图形元素（Element）管理操作的事件，如图 7.5 所示。

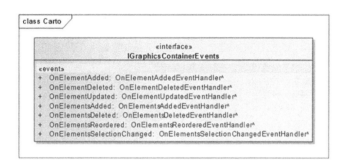

图 7.5　IGraphicsContainerEvents 接口图

下面对 IGraphicsContainerEvents 接口相关的事件进行介绍。

（1）OnElementAdded 事件：要素添加事件。

（2）OnElementDeleted 事件：要素删除事件。

（3）OnElementsAdded 事件：多要素添加事件。

（4）OnElementsDeleted 事件：多要素删除事件。

（5）OnAllElementsDeleted 事件：所有要素删除事件。

（6）OnElementsReordered 事件：多要素排序事件。

（7）OnElementsSelectionChanged 事件：选择要素变化事件。

（8）OnElementUpdated 事件：要素更新事件。

## 7.1.2　理解"层"很重要

Map 对象可以装载地理数据，这些数据是以图层的形式放入地图对象的。在 PIE 中，相同类型的地理数据可以使用一个图层被放入地图，Layer 是作为一个数据的"中介"而非"容器"存在的。因为地理数据格式的多样性，所以图层类拥有众多的子类。它们使用统一的方法来操作矢量数据、栅格数据、网络瓦片影像数据、混合数据，如图 7.6 所示。

Map 对象想要显示出来，需要设置空间参考（SpatialReference），当第一个图层添加到 Map 中时，Map 对象的空间参考属性就自动设置为这个图层的空间参考，后面加入的图层无论是否已经含有空间参考都将使用 Map 对象已经设置的空间参考。

需要注意的是 Layer 对象本身没有装载数据，而仅仅是获得了数据的引用，是用于管理数据源的连接。在 PIE 中数据始终存放在文件中，新添加的图层也只是获得了地理数据的硬盘位置，而没有拥有数据。

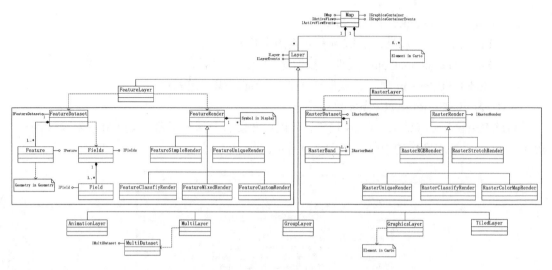

图 7.6　Map 相关类图

**1. ILayer 接口**

ILayer 是所有图层对象的公共接口，它定义了所有图层都实现的公共方法和属性，如图 7.7 所示。

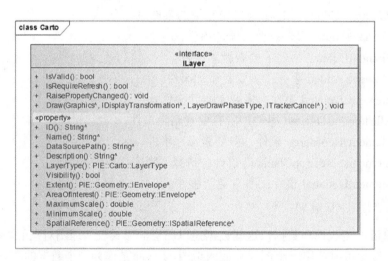

图 7.7　ILayer 接口图

下面对 ILayer 接口常用的方法和属性进行介绍。

1）ILayer 接口常用方法

（1）Draw 方法。函数原型：void Draw（System.Drawing.Graphics graphics, IDisplay Transformation displayTransformation,LayerDrawPhaseType dpType, ITrackerCancel tracker Cancel）；函数说明：该方法用于绘制图层，参数 graphics 为绘图设备对象、displayTransformation 为显示转换对象、dpType 为绘图类型、trackerCancel 为跟踪取消接口，实现取消绘制。

（2）IsValid 方法。函数原型：bool IsValid（）；函数说明：该方法用于获得是否是有效图层。

（3）RaisePropertyChanged 方法。函数原型：void RaisePropertyChanged（）；函数说明：

该方法用于触发属性变化事件。

（4）Clone 方法。函数原型：ILayer Clone（）；函数说明：该方法用于克隆当前图层对象。

2）ILayer 接口常用属性

（1）ID 属性：获取图层 ID。

（2）Name 属性：获取或设置图层名称。

（3）SpatialReference 属性：获取图层空间参考。

（4）Visibility 属性：获取或设置图层可见性。

（5）AreaOfInterest 属性：设置可见区域。

（6）DataSourcePath 属性：获取数据路径。

（7）Description 属性：获取或设置图层描述信息。

（8）Extent 属性：获取图层范围。

（9）LayerType 属性：获取图层类型。

（10）MaximumScale 属性：获取或设置图层可见最大比例尺。

（11）MinimumScale 属性：获取或设置图层可见最小比例尺。

**2. IFeatureLayer 接口**

要素数据是 GIS 最常使用的数据类型之一，它可以表示矢量对象的信息，而承载要素数据的要素图层（FeatureLayer）是图层的重要部分。IFeatureLayer 接口用于管理要素图层的数据源，即要素类。要素图层一般都会和一个要素数据关联，如常见的 shape 数据。IFeatureLayer 接口如图 7.8 所示。

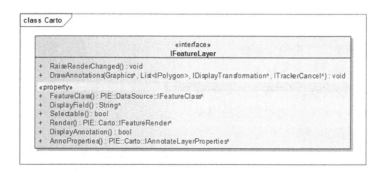

图 7.8　IFeatureLayer 接口图

下面对 IFeatureLayer 接口常用的方法和属性进行介绍。

1）IFeatureLayer 接口常用方法

（1）DrawAnnotations 方法。函数原型：void DrawAnnotations（System.Drawing.Graphics graphics, ref IList<IPolygon> polygon, IDisplayTransformation displayTransformation, ITracker Cancel trackerCancel）；函数说明：该方法用于绘制图层注记，参数 graphics 为绘图设备对象、polygon 为面对象、displayTransformation 为显示转换对象、trackerCancel 为跟踪取消接口，实现取消绘制。

（2）RaiseRenderChanged 方法。函数原型：void RaiseRenderChanged（）；函数说明：该方法用于触发图层的渲染改变事件。

2）IFeatureLayer 接口常用属性

（1）FeatureClass 属性：获取或设置矢量数据集。

（2）Render 属性：获取或设置矢量图层渲染。

（3）Selectable 属性：获取或设置图层是否选中。

（4）AnnoProperties 属性：获取或设置图层注记。

（5）DisplayAnnotation 属性：获取或设置图层是否显示注记。

（6）DisplayField 属性：获取或设置图层显示字段。

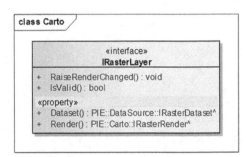

图 7.9　IRasterLayer 接口图

### 3. IRasterLayer 接口

栅格数据也是 GIS 常用的数据类型之一，它可以表示栅格对象的信息，而承载栅格数据的栅格图层（RasterLayer）也是图层的重要部分。IRasterLayer 接口用于管理栅格图层的数据源，即栅格数据集。栅格图层一般都会和一个栅格数据集关联，如常见的.Img、.Tif、.Bmp 数据。IRasterLayer 接口如图 7.9 所示。

下面对 IRasterLayer 接口常用的方法和属性进行介绍。

1）IRasterLayer 接口常用方法

（1）IsValid 方法。函数原型：bool IsValid（）；函数说明：该方法用于判断栅格图层是否为有效图层。

（2）RaiseRenderChanged 方法。函数原型：bool RaiseRenderChanged（）；函数说明：该方法用于触发栅格图层的渲染变化事件。

2）IRasterLayer 接口常用属性

（1）Dataset 属性：获取或者设置栅格数据集。

（2）Render 属性：获取或者设置栅格渲染。

### 4. IMultiLayer 接口

随着遥感技术的发展，HDF、NC 等数据格式越来越多地被很多卫星采用。多图层类（MultiLayer）用于对这些数据进行管理，而 IMultiLayer 是该类图层的通用接口。

下面对 IMultiLayer 接口常用的方法和属性进行介绍。

1）IMultiLayer 接口常用方法

（1）AddLayer 方法。函数原型：void AddLayer（ILayer layer）；void AddLayer（ILayer layer, int index）；函数说明：该方法用于添加图层，可以直接添加目标图层 layer，也可以设置添加图层的索引 index。

（2）Delete 方法。函数原型：bool Delete（ILayer layer）；函数说明：该方法用于删除某图层，参数 layer 为该图层对象。

（3）DeleteLayer 方法。函数原型：void DeleteLayer（int index）；函数说明：该方法用于按索引删除图层，参数 index 即为目标图层索引值。

（4）Clear 方法。函数原型：void Clear（）；函数说明：该方法用于清除图层。

（5）GetLayer 方法。函数原型：ILayer GetLayer（int index）；函数说明：该方法用于按

索引获取图层，参数 index 即为该图层索引值。

2）IMultiLayer 接口常用属性

（1）Layers 属性：获取图层组。

（2）LayerCount 属性：获取图层数量。

（3）Dataset 属性：获取或者设置数据集。

（4）Expanded 属性：获取或者设置是否展开图层。

**5. IGraphicLayer 接口**

在 Map 对象上可以绘制图形元素，如在一个 MapControl 控件上绘制圆或多边形，这些图形也是放置在一个图层上，该图层就是一个 GraphicLayer 对象。

GraphicLayer 对象用于管理与 Map 相关的图形元素，它实现了 IGraphicLayer 接口和 IGraphicsContainer 接口。

由于 IGraphicContainer 接口已经介绍过，这里不再讨论。

**6. IGroupLayer 接口**

GroupLayer 是一个组图层对象，它通过一个集合对各种图层进行管理。它与 MultiLayer 一样都可以对子图层进行管理，但是 MultiLayer 具有数据源（Dataset），是实际数据的承载对象，而 GroupLayer 没有数据源 IGroupLayer 接口如图 7.10 所示。

下面对 IGroupLayer 接口常用的方法和属性进行介绍。

1）IGroupLayer 接口常用方法

（1）AddLayer 方法。函数原型：void AddLayer（ILayer layer）；void AddLayer（ILayer layer, int index）；函数说明：该方法用于添加图层，可以直接添加目标图层 layer，也可以设置添加图层的索引 index。

（2）Delete 方法。函数原型：bool Delete（ILayer layer）；函数说明：该方法用于删除图层，参数 layer 为该图层。

（3）DeleteLayer 方法。函数原型：void DeleteLayer（int index）；函数说明：该方法用于按索引删除图层，参数 index 为该图层索引值。

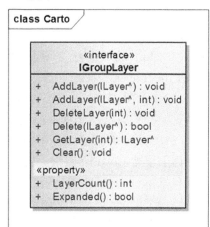

图 7.10　IGroupLayer 接口图

（4）Clear 方法。函数原型：void Clear（）；函数说明：该方法用于清除图层。

（5）GetLayer 方法。函数原型：ILayer GetLayer（int index）；函数说明：该方法用于按索引获取图层，参数 index 为目标图层索引值。

2）IGroupLayer 接口常用属性

（1）Expanded 属性：获取或者设置是否展开图层。

（2）LayerCount 属性：获取图层数量。

**7. IArcGISImageTiledLayer 接口**

ArcGISImageTiledLayer 是一个 ArcGIS Image 切片数据图层对象，在此不做具体介绍。

**8. IBingMapsTiledLayer 接口**

IBingMapsTiledLayer 是一个必应（Bing）地图图层接口，通过该接口它可以进行必应地图、卫星图的查看和创建。

下面对 IBingMapsTiledLayer 相关的方法进行介绍。

SetHostList 方法。函数原型：void SetHostList（IList<int> hostList）；函数说明：该方法用于设置地图服务可用服务器的编号列表，参数 HostList 是可用服务器的索引集合。

**9. ICustomerOnlineTiledLayer 接口**

ICustomerOnlineTiledLayer 是一个定制在线地图图层接口，通过该接口可以进行谷歌地图、卫星图、路线图、标注图等的查看和创建。

ICustomerOnlineTiledLayer 接口常用方法如下。

（1）Initialize 方法。函数原型：void Initialize（）；函数说明：该方法用于初始化 CustomerOnlineTiledLayer 对象。

（2）GetTileDataUrl 方法。函数原型：String GetTileDataUrl（int level,int row,int col）；函数说明：该方法用于获取图层 url，参数 level 为级别、row 为行索引、col 为列索引。

（3）SetHostList 方法。函数原型：void SetHostList（IList<int> hostList）；函数说明：该方法用于设置 HostList 索引集合。

**10. IHTHTTiledLayer 接口**

IHTHTTiledLayer 是航天宏图的地图图层接口，通过该接口可以进行航天宏图图层等的查看和创建。

IHTHTTiledLayer 接口常用方法如下。

（1）Initialize 方法。函数原型：void Initialize（）；函数说明：该方法用于初始化 HTHTTiledLayer 对象。

（2）GetTileDataUrl 方法。函数原型：String GetTileDataUrl（int level, int row, int col）；函数说明：该方法用于获取图层 url，参数 level 为级别、row 为行索引、col 为列索引。

（3）SetHostList 方法。函数原型：void SetHostList（IList<int> hostList）；函数说明：该方法用于设置 HostList 索引集合。

**11. LayerFactory 类**

LayerFactory 类是一个静态类对象，包含了各种类型图层的创建和打开方法。

LayerFactory 接口常用方法如下。

（1）CreateDefaultRasterLayer 方法。函数原型：IRasterLayer reateDefaultRasterLayer（IRasterDataset ptrDataset）；函数说明：该方法用于创建默认栅格图层，参数 ptrDataset 为目标栅格数据集。

（2）CreateDefaultFeatureLayer 方法。函数原型：IFeatureLayer createDefaultFeatureLayer（IFeatureDataset ptrDataset）；函数说明：该方法用于创建默认矢量图层，参数 ptrDataset 为目标矢量数据集。

（3）CreateDefaultMultiLayer 方法。函数原型：IMultiLayer CreateDefaultMultiLayer（IMultiDataset ptrDataset）；函数说明：该方法用于创建默认多图层，参数 ptrDataset 为目标多数据集。

（4）CreateDefaultLayer 方法。函数原型：ILayer CreateDefaultLayer（String strFile）；函数说明：该方法用于通过路径创建默认图层，参数 strFile 为目标图层路径。

（5）CreateDefaultLayers 方法。函数原型：IList< ILayer> CreateDefaultLayers（IList<String>

strFile）；　函数说明：该方法用于通过路径创建默认多图层，参数 strFile 为目标多图层路径集合。

## 7.1.3　标绘元素 Element

地图标注用来在地图上修饰要素或者图形元素的对象，通常使用 Element（元素）来描述。Element 对象主要包括 CircleElement（圆元素）、CurveElement（曲线元素）、EllipseElement（椭圆元素）、LineElement（线元素）、MarkerElement（点元素）、PictureElement（图片元素）、PolygonElement（多边形元素）、RectangleElement（矩形元素）和 TextElement（文本元素）共九大类。除 PictureElement 是设置使用的图片之外，其他八类对象都是通过对点、线、面 Geometry 对象使用 SetSymbol 方法设置其符号样式，进而得到相应的 Element 对象。

IElement 是所有图形元素和框架元素都可以实现的接口，包括 MarkerElement、LineElement、PolygonElement、PictureElement、TextElement 等。IElement 接口定义了一系列方法和属性来实现一个 Element 对象，主要属性包括元素对象的 Geometry、空间参考、CustomerProperty（元素属性）等，主要方法包含可获取元素的范围大小、设置是否可见、查询外接多边形、绘制等。

下面对 IElement 接口常用的方法和属性进行介绍。

1）IElement 接口常用方法

（1）Draw 方法。函数原型：void Draw（Graphics graphics, IDisplayTransformation trasform, ITrackerCancel tracker）；函数说明：该方法用于绘制几何图形，参数 graphics 为制图对象、trasform 为转换对象、tracker 为指示是否可以终止进程的 ITrackerCancel 对象。

（2）Clone 方法。函数原型：IElement Clone（）；函数说明：该方法用于克隆当前元素对象。

（3）GetID 方法。函数原型：String GetID（）；函数说明：该方法用于获取当前元素的 ID。

（4）GetElementType 方法。函数原型：ElementType GetElementType（）；函数说明：该方法用于获取元素的类型。

（5）GetExtent 方法。函数原型：IEnvelope GetExtent（）；函数说明：该方法用于获取当前元素的范围。

（6）IsVisible 方法。函数原型：bool IsVisible（）；函数说明：该方法用于判断当前元素是否可见。

（7）SetVisibility 方法。函数原型：void SetVisibility（bool bVisible）；函数说明：该方法用于设置当前元素的可见性，设置当前元素可见时为 true，否则为 false。

（8）HitTest 方法。函数原型：bool HitTest（double x, double y, double tolerance）；函数说明：该方法用于鼠标点击测试，参数 x、y 为单击处的 X、Y 坐标值、tolerance 为容差值。

（9）QueryBounds 方法。函数原型：IEnvelope QueryBounds（IDisplayTransformation trasform）；函数说明：该方法用于查询元素的外界多边形，参数 trasform 为转换对象。

（10）Move 方法。函数原型：bool Move（double dx, double dy）；函数说明：该方法用于移动当前元素对象，参数 dx、dy 为 X、Y 方向的偏移值。

（11）CanRotate 方法。函数原型：bool CanRotate（）；函数说明：该方法用于判断当前元素对象是否可以旋转。

（12）Rotate 方法。函数原型：bool Rotate（IPoint originPoint, double rotationAngle）；函数说明：该方法用于旋转当前元素对象，参数 originPoint 为参照点、rotationAngle 为旋转角度。

（13）Scale 方法。函数原型：bool Scale（IPoint originPoint, double sx, double sy）；函数说明：该方法用于当前元素的缩放，参数 originPoint 为参照点、sx、sy 为 X、Y 方向的缩放值。

（14）GetFixedSize 方法。函数原型：bool GetFixedSize（）；函数说明：该方法用于获取当前元素的固定缩放比大小。

2）IElement 接口常用方法

（1）Name 属性：获取或设置元素名称。

（2）CustomerProperty 属性：获取或设置元素属性。

（3）SpatialReference 属性：获取或设置元素空间参考。

（4）Geometry 属性：获取或设置元素的几何体对象。

（5）FixedAspectRatio 属性：获取或设置元素是否按原比例缩放。

**1. 点状元素实例**

IMarkerElement 继承自 IElement 接口，实现了任何一个点状元素所共有的方法和属性，可设置点状元素的符号。

参见共享文件夹中的"01 源代码\07 第 7 章 遥感与 GIS 一体化开发\7.1.3 标绘元素\1.点状元素实例"。

**2. 线状元素实例**

ILineElement 继承自 IElement 接口，实现了任何一个折线线状元素所共有的方法和属性，可设置折线线状元素的符号，如 LineElement（线元素）以及 CircleElement（圆元素）、EllipseElement（椭圆元素）、PolygonElement（多边形元素）、RectangleElement（矩形元素）的外边框线。

ICurveElement 继承自 IElement 接口，实现了任何一个 Curve（曲线）元素所共有的方法和属性，可设置曲线线状元素的符号。

参见共享文件夹中的"01 源代码\07 第 7 章 遥感与 GIS 一体化开发\7.1.3 标绘元素\2.线状元素实例"。

**3. 面状元素实例**

IPolygonElement 继承自 IElement 接口，实现了任何一个 Polygon（多边形）元素所共有的方法和属性，可设置多边形面元素的符号。

IEllipseElement 继承自 IElement 接口，实现了任何一个 Ellipse（椭圆）元素所共有的方法和属性，可设置椭圆元素的符号。

ICircleElement 继承自 IElement 接口，实现了任何一个 Circle（圆）元素所共有的方法和属性，可设置圆元素的符号。

IRectangleElement 继承自 IElement 接口，实现了任何一个 Rectangle（矩形）元素所共有的方法和属性，可设置矩形元素的符号。

参见共享文件夹中的"01 源代码\07 第 7 章 遥感与 GIS 一体化开发\7.1.3 标绘元素\3.

面状元素实例"。

#### 4. 文本元素实例

ITextElement 继承自 IElement 接口，实现了任何一个文本类型元素所共有的方法和属性，如获取和设置文字、获取和设置文本符号的属性。

参见共享文件夹中的"01 源代码\07 第 7 章 遥感与 GIS 一体化开发\7.1.3 标绘元素\4. 文本元素实例"。

#### 5. 图片元素实例

IPictureElement 继承自 IElement 接口，实现了任何一个图片类型元素所共有的方法和属性，如获取和设置图片、获取图片路径等方法。

IArrowElement 继承自 IElement 接口，实现了一个填充面状箭头元素所共有的方法和属性，可获取和设置箭头状元素的填充面符号和宽度。

ILineArrowElement 继承自 IElement 接口，实现了一个线状箭头元素所共有的方法和属性，可获取和设置箭头状元素的线符号样式和宽度。

参见共享文件夹中的"01 源代码\07 第 7 章 遥感与 GIS 一体化开发\7.1.3 标绘元素\5. 图片元素实例"。

### 7.1.4　地图事件

#### 1. 地图显示控制事件

在地图视图下，地图显示的监听通过 IMapControlEvents 接口实现，在制图视图下，地图显示的监听通过 IPageLayoutControlEvents 接口实现，主要对地图的可视范围、屏幕绘制等进行监听。

IMapControlEvents 接口中包含的图层显示控制事件有：OnMapReplaced（地图切换事件）、OnBeforeScreenDraw（屏幕绘制前事件）、OnAfterScreenDraw（屏幕绘制后事件）、OnFullExtentUpdated（全图范围更新事件）、OnExtentUpdated（可视范围变化事件）、OnResolutionUpdated（分辨率变化事件）。

IPageLayoutControlEvents 接口中包含的图层显示控制事件有：OnFocusMapChanged（当前焦点地图变化事件）、OnPageLayoutReplaced（制图切换事件）、OnBeforeScreenDraw（屏幕绘制前事件）、OnAfterScreenDraw（屏幕绘制后事件）、OnFullExtentUpdated（全图范围更新事件）、OnExtentUpdatedEvent（可视范围变化事件）、OnResolutionUpdated（分辨率变化事件）。

#### 2. 图层管理事件

要实现对图层管理事件进行响应操作，需要通过 IActiveViewEvents 接口激活事件监听器，从而捕获地图添加、删除和移动图层等操作事件。例如，鹰眼图跟随地图变化的功能，当监听器捕获到主地图添加新图层的事件时，鹰眼图就可以将新添加的图层显示在鹰眼图中。

IActiveViewEvents 接口中包含的图层管理事件有：OnBeforeLayerAdded（图层添加前事件）、OnBeforeLayerDeleted（图层移除前事件）、OnBeforeLayersAdded（多图层添加前事件）、OnBeforeLayersDeleted（多图层移除前事件）、OnLayerAdded（图层添加事件）、OnLayerDeleted（图层移除事件）、OnLayerReordered（图层排序事件）、OnLayersAdded（多图层添加事件）、OnLayersDeleted（多图层移除事件）、OnFocusMapChanged（图层变化事件）、

OnContentsChanged（图层内容变化事件）、OnContentsCleared（图层内容清除事件）、OnFeaturesSelectionChanged（要素选择变化事件）、OnSpatialReferenceChanged（空间参考信息变化事件）、OnViewRefreshed（视图刷新事件）、OnBeginDraw（绘图前事件）、OnAfterDraw（绘图后事件）、OnBeforeCurrentLayerChanging（当前图层变化前事件）、OnCurrentLayerChanged（当前图层变化事件）、OnMapPreLoadFinished（地图预加载完成事件）。

**3. 地图事件实例**

请参见共享文件夹中的"01 源代码\07 第 7 章 PIE-SDK 插件管理\7.1.4 地图事件\3.地图事件实例"。

# 7.2  PIE-SDK 插件管理

## 7.2.1  插件设计原理

PIE-SDK 包含大量的已经封装好的 Command（命令插件）和 Tool（工具插件），调用简单易于实现，调试方便。充分利用现有的 Command、Tool 和 CommandControl（命令控件），可以有效提升集成开发的效率。

在 PIE-SDK 中，插件主要分为 Command、CommandControl 和 Tool 这三种形式。其中：

**Command（命令插件）**：是指与地图控件或制图控件无鼠标交互的工具，只需继承自 BaseCommand 和 ICommand 接口，重写 OnClick（）方法，如全图、居中放大、前一视图等。

**CommandControl（命令控件）**：是指与地图控件或制图控件无鼠标交互的、需要设置父窗体的弹窗控件，需继承自 BaseCommand 和 ICommandControl，如比例尺控制按钮、图像透明度控制按钮，通过操作 CommandControl 中的控件即可实现地图的操作。

**Tool（工具插件）**：适用于与地图控件或制图控件有鼠标交互的插件，只需继承自 BaseTool 和 ITool 接口，根据功能需要可重写 OnMouseDown（）（鼠标按下事件）、OnMouseMove（）（鼠标移动事件）等方法，如漫游、拉框放大、画多边形等需要鼠标在地图上操作才会做出反应。

PIE-SDK 提供的 Command、Tool 和 CommandContral 多达 200 个，可有效地帮助开发者直接调用，快速开发出独特的应用程序而无须关注底层实现。PIE-SDK 提供的插件详见共享文件夹中"02 附录\01 插件工具列表"。

## 7.2.2  Command 介绍

ICommand（命令）接口主要定义了 Command 命令插件的名称 Name、按钮名称 Caption、按钮提示信息 ToolTip、类型 Type、是否可用 Enabled、是否选中 Checked、按钮图片 Image、创建插件对象事件 OnCreate（）、单击事件 OnClick（）等方法和属性。BaseCommand 实现了 ICommand 接口。

通常写一个 Command 类型的功能，只需要重写创建插件对象事件 OnCreate（）和单击事件 OnClick（）函数，并在构造函数里设置基本属性。

（1）Caption：按钮名称。

（2）Name：命令插件的名称。

（3）ToolTip：按钮提示信息。

（4）Checked：表示初始化时按钮是否为选中状态。

（5）Enabled：设置初始化时按钮的可用性。

（6）Image：按钮图片。

### 7.2.3　Tool 介绍

ITool 接口主要定义了 Tool（工具）插件的鼠标样式 Cursor、取消激活 Deactivate（）等方法和属性，除此之外还定义了实现键盘按键按下事件 OnKeyDown（）、键盘按键弹起事件 OnKeyUp（）、鼠标双击事件 OnDblClick（）、鼠标进入事件 OnMouseEnter（）、鼠标按下事件 OnMouseDown（）、鼠标移动事件 OnMouseMove（）、鼠标弹起事件 OnMouseUp（）等操作事件。BaseTool 实现了 ITool 接口和 BaseCommand 类，实现了 BaseCommand 里的名称 Name、按钮名称 Caption、按钮提示信息 ToolTip、类型 Type、是否可用 Enabled、是否选中 Checked、按钮图片 Image、创建插件对象事件 OnCreate（）、单击事件 OnClick（）等方法和属性，可根据需要在相应的鼠标事件里进行与地图控件或制图控件的交互操作。

### 7.2.4　CommandControl 介绍

ICommandControl 接口主要定义了 Control 对象的属性，如获取或设置 Controls 控件。BaseCommandControl 实现了 ICommandControl 接口和 BaseCommand 类，实现了 BaseCommand 里的名称 Name、按钮名称 Caption、按钮提示信息 ToolTip、类型 Type、是否可用 Enabled、是否选中 Checked、按钮图片 Image、创建插件对象事件 OnCreate（）、鼠标单击事件 OnClick（）等方法和属性。

PIE-SDK 提供的 CommandControl 主要放在 PIE.Controls.dll 和 PIE.ControlsUI.dll 中。

在 PIE.Controls.dll 中主要存放着与应用程序框架无关，不依赖 Dev 的可供二次开发人员直接调用的 CommandControl 控件，不需要配置，如 MapScaleCommandControl（地图比例尺）、AdjustBrightnessControl（调整亮度）、AdjustContrastControl（调整对比度）、AdjustTransparentControl（调整透明度）、SwitchStretchModeControl（自定义拉伸调整）、AdjustTransparentCommandControl（调整矢量透明色设置）、矢量编辑的 AddFeatureControl（增加要素）、AttributeEditControl（属性编辑）等常用控件，示例如图 7.11 所示。

图 7.11　常用 CommandControl 控件

而在 PIE.ControlsUI.dll 中主要存放着与应用程序框架相关或依赖 Dev 的 Command Control 控件，主要有以下几种类型：button、combobox、trackBar、fontEdit、imageEdit、colorPick、skinGallery。插件式开发时需通过修改配置文件实现功能的调用。

button 类型的有：TextBoldCommandControl（字体加粗）、TextItalicCommandControl（字体倾斜）、TextUnderlineCommandControl（字体下划线）。

combobox 类型的有：TextSizeCommandControl（字体大小）、SwitchStretchModeControl（拉伸方式）。

trackBar 类型的有：AdjustBrightnessControl（调节亮度）、AdjustContrastControl（调节对比度）、AdjustTransparentControl（调节透明度）。

fontEdit 类型的有：TextFontCommandControl（字体）。

imageEdit 类型的有：FillSymbolCommandControl（填充面状符号）、LineSymbolCommand Control（线状符号）、MarkerSymbolCommandControl（点状符号）。

colorPick 类型的有：FillColorCommandControl（填充面颜色）、LineColorCommandControl（线颜色）、MarkerColorCommandControl（点颜色）、TextColorCommandControl（文本颜色）。

skinGallery 类型的有：skinGallery（皮肤控制）；

这些 CommandControl 的调用是基于插件式开发来进行的，需要更改 PIEGeoImage.xml 配置文件，配置文件如图 7.12 所示。

```xml
<Group valid="1" caption="符号选择">
    <Item valid="1" type="fontEdit" identity="PIE.Controls.TextFontCommandControl" library="PIE.ControlsUI.dll" caption="" image="" beginGroup="0" parameter="" tip=""/>
    <Item valid="1" type="combobox" identity="PIE.Controls.TextSizeCommandControl" library="PIE.ControlsUI.dll" caption="" image="" beginGroup="0" parameter="" tip=""/>
    <Item valid="1" type="button" identity="PIE.Controls.TextBoldCommandControl" library="PIE.ControlsUI.dll" caption="" image=".png" beginGroup="1" style="0" parameter="" tip=
    ""/>
    <Item valid="1" type="button" identity="PIE.Controls.TextItalicCommandControl" library="PIE.ControlsUI.dll" caption="" image=".png" beginGroup="0" style="0" parameter=""
    tip=""/>
    <Item valid="1" type="button" identity="PIE.Controls.TextUnderlineCommandControl" library="PIE.ControlsUI.dll" caption="" image="" beginGroup="0" style="0" parameter="" tip
    =""/>
    <Item valid="1" type="colorPick" identity="PIE.Controls.TextColorCommandControl" library="PIE.ControlsUI.dll" caption="" image="MarkTool_TextColor.png" beginGroup="1"
    parameter="" tip=""/>
    <Item valid="1" type="colorPick" identity="PIE.Controls.MarkerColorCommandControl" library="PIE.ControlsUI.dll" caption="" image="MarkTool_MarkerColor.png" beginGroup="0"
    parameter="" tip=""/>
    <Item valid="1" type="colorPick" identity="PIE.Controls.LineColorCommandControl" library="PIE.ControlsUI.dll" caption="" image="MarkTool_LineColor.png" beginGroup="1"
    parameter="" tip=""/>
    <Item valid="1" type="colorPick" identity="PIE.Controls.FillColorCommandControl" library="PIE.ControlsUI.dll" caption="" image="MarkTool_FillColor.png" beginGroup="0"
    parameter="" tip=""/>
</Group>
```

图 7.12　PIEGeoImage.xml 配置文件

（1）valid：表示是否可用。

（2）type：表示 CommandControl 的类型。

（3）identity：表示 CommandControl 的唯一标识，为 PIE.ControlsUI+类型。

（4）library：表示存放 CommandControl 的类库，指定库文件为 PIE.ControlsUI.dll。

（5）image：按钮图片。

（6）beginGroup：是指控件是否另起一列，1 代表是，0 代表否。

## 7.2.5　插件自定义扩展开发

### 1. 插件自定义扩展开发

在协作项目中，一般由小组成员共同实现功能开发，如果所有功能都独立开发导致接口混乱，难以避免功能集成时出现的兼容性问题。为避免这一问题，需要在实施软件工程时，做到高内聚低耦合，降低模块间的耦合程度，因此 PIE-SDK 封装了大量的 Command、Tool 和 Control 等功能组件，将功能实现过程变成简单的方法调用。开发者利用好这些封装组件，可以提升功能集成的效率，方便程序调试。

　　Command 命令是指功能不需要鼠标和地图进行交互，如全图显示，单击按钮地图接收到命令就会自动全图显示；而 Tool 工具则相反，需要鼠标和地图进行交互，如地图的漫游功能，拉框放大功能等，需要鼠标在地图上操作才会做出反应。

　　Control 控件命令是包含了控件的 Command 命令，如比例尺控制按钮、图像透明度控制按钮，通过操作 Control 中的控件即可实现地图的操作。

　　下面具体介绍组件式开发中如何调用 PIE-SDK 的 Command 和 Tool，以及 Control 的拓展应用。

**2. 功能设计**

1）实现思路

功能实现思路如表 7.1 所示。

表 7.1　功能实现思路表

| Command 的调用 | |
| --- | --- |
| 第一步 | 新建一个 Command 对象 |
| 第二步 | 绑定地图，传递地图控件对象（创建插件对象 OnCreate） |
| 第三步 | 调用 OnClick 方法 |
| Tool 的调用 | |
| 第一步 | 新建一个 Tool 对象 |
| 第二步 | 绑定地图，传递地图控件对象（需将 Tool 对象转化成 ICommand，调用 OnCreate 方法） |
| 第三步 | 设置地图当前的 Tool 为新建的 Tool |
| Command 的拓展 | |
| 第一步 | 新建一个 Command 类，继承 PIE.Control.BaseCommand |
| 第二步 | 重写 OnCreate（）、OnClick（）方法 |
| 第三步 | 调用：根据上面的 Command 调用方法进行调用 |
| Tool 的拓展 | |
| 第一步 | 新建 Tool 的类，继承 PIE.Controls.BaseTool |
| 第二步 | 根据需求可以重写 MouseDown、MouseMove、MoudeUp 等鼠标事件 |
| 第三步 | 调用：根据表格上面的 Tool 的调用方式进行调用 |
| CommanControl 的拓展 | |
| 第一步 | 新建一个 Control 的类，并继承 PIE.Controls.BaseCommandControl |
| 第二步 | 根据需求重写 Control 对象，绑定地图控件对象 OnCreate、Enabled 属性等 |
| 第三步 | 调用：根据 Control 新建的控件类型 A 在界面上也设计一个相同的控件 B，在调用的时候将 B 与 A 进行关联即可 |

2）核心接口与方法

插件核心接口与方法说明如表 7.2 所示。

**表 7.2　插件核心接口与方法表**

| 接口/类 | 方法/属性 | 说明 |
|---|---|---|
| PIE.SystemUI.ICommand | OnClick（） | 鼠标单击事件 |
| | OnCreate（） | 创建插件对象事件 |
| PIE.Controls | FullExtentCommand | 全图显示命令 |
| | PanTool | 漫游工具 |
| PIE.Controls.BaseCommand | OnCreate（） | 创建插件对象事件 |
| | OnClick（） | 鼠标单击事件 |
| PIE.Controls.BaseTool | OnMouseDown（） | 鼠标按下事件 |
| | OnMouseMove（） | 鼠标移动事件 |
| | OnMouseUp（） | 鼠标弹起事件 |
| PIE.Controls.BaseCommandControl | Control | Control 对象 |

**3. Command 扩展开发实战**

参见共享文件夹中的"01 源代码\07 第 7 章 PIE-SDK 插件管理\7.2.5 插件自定义扩展开发"。

**4. Tool 扩展开发实战**

参见共享文件夹中的"01 源代码\07 第 7 章 PIE-SDK 插件管理\7.2.5 插件自定义扩展开发"。

**5. CommandControl 扩展开发实战**

参见共享文件夹中的"01 源代码\07 第 7 章 PIE-SDK 插件管理\7.2.5 插件自定义扩展开发"。

# 7.3　空间数据管理

## 7.3.1　空间数据模型

地理信息系统（GIS）与一般信息管理系统最大的区别在于它既可以存储普通的属性信息，也可以存储空间几何信息。它可以通过图形的方式来显示其存储的数据，以更好地模拟地球的某个区域。

在 GIS 中，矢量数据模型是地理数据的最主要表现形式，FeatureDataset 中的每一条记录都有一个字段用于保存它的一个或者多个几何形体对象，这些几何形体对象可以明确地描述具有离散特性的要素在地球上的具体位置和形状。正是由于存在着这种精确的特征，PIE-SDK 才可以对这些要素进行不同的空间分析和运算，得出用户需要的结果。

同样地，对于创建要素或者图像元素而言，几何形体对象也是它们的重要属性。由于 Geometry 属性的存在，用户才能以图形的方式看到 GIS 要表示的信息。

本章主要介绍 PIE-SDK 中丰富的几何形体对象和它们之间的层次关系，同时也会讨论这些形体对象之间的拓扑运算、关系运算和其他一些比较重要的接口等知识。

### 7.3.2　几何要素对象

**1. Geometry 几何对象**

离散对象是地理信息系统中最常见的地理对象，这些离散对象用于描述诸如一个区域内非连续分布的单个矢量数据，如房子、用地等。这些对象的模拟是很简单的，一般而言，使用点、线和多边形来模拟。Datasource 模型扩展了 Geometry 模型，它增加了很多新的空间数据对象，使得 Geometry 对现实世界的模拟更加准确。

Geometry 是 PIE-SDK 中使用最为广泛的对象集之一，用户在新建、删除、编辑和进行地理分析时，就是在处理一个包含几何形体的矢量对象；除了显示要素外，在空间选择、要素着色制作专题图、标注编辑等很多过程中也需要 Geometry 类参与，如图 7.13 所示。

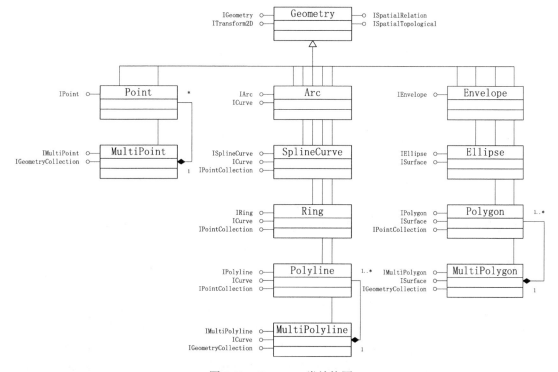

图 7.13　Geometry 类结构图

Geometry 类是所有几何形体对象的父类，它是一个抽象类，IGeometry 接口定义了所有的几何对象都有的方法和属性。

下面介绍 Geometry 类的主要接口。

**2. IGeometry 接口**

下面对 IGeometry 接口常用的方法和属性进行介绍，如图 7.14 所示。

1）IGeometry 接口常用方法

（1）GetDimension 方法。函数原型：int GetDimension（）；函数说明：该方法用于获得几何体的维度。

（2）GetGeometryType 方法。函数原型：GeometryType GetGeometryType（）；函数说明：该方法用于获得几何体的类型。

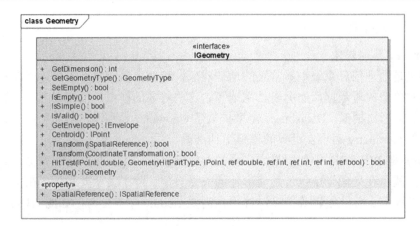

图 7.14　IGeometry 接口图

（3）GetEnvelope 方法。函数原型：IEnvelope GetEnvelope（）；函数说明：该方法用于获得几何体的空间范围。

（4）SetEmpty 方法。函数原型：bool SetEmpty（）；函数说明：该方法用于将几何体设置为空。

（5）IsEmpty 方法。函数原型：bool IsEmpty（）；函数说明：该方法用于判断几何体是否为空。

（6）IsSimple 方法。函数原型：bool IsSimple（）；函数说明：该方法用于判断几何体是否是简单几何形状。

（7）IsValid 方法。函数原型：bool IsValid（）；函数说明：该方法用于判断几何体是否是有效的。

（8）Centroid 方法。函数原型：IPoint Centroid（）；函数说明：该方法用于获得几何体的质点。

（9）Transform 方法。函数原型：bool Transform（ISpatialReference spatialReference）；bool Transform（CoordinateTransformation coordTransform）；函数说明：该方法用于几何体的投影转换，当参数为坐标转换对象时投影转换过程中会忽略原来的空间参考。参数 spatialReference 为空间参考对象，coordTransform 为坐标转换对象，返回值是 bool 值，投影转换成功时为 true，否则为 false。

（10）HitTest 方法。函数原型：bool HitTest（IPoint queryPoint, double searchRadius, GeometryHitPartType geometryPartType, ref IPoint hitPoint,ref double hitDistance,ref int hitGeometryIndex, ref int hitRingIndex, int hitPointIndex, bool bRightSide）；函数说明：该方法用于设置鼠标单击测试时如何设定选中对象，参数 queryPoint 为测试目标点、searchRadius 为缓冲半径、geometryPartType 为测试方式，可以得到测试到的点对象 hitPoint、测试点到测试到的点的距离 hitDistance、测试到的几何体的编号 hitGeometryIndex（只在 GeometryCollection 中有返回值）、测试到的 Ring 的编号 hitRingIndex（只对 Polygon 和 MulitPolygon 有意义）、测试到的 Point 的编号 hitPointIndex、测试点是否在 Geometry 的右侧 bRightSide。

（11）Clone 方法。函数原型：IGeometry Clone（）；函数说明：该方法用于几何体的克隆。

2）IGeometry 接口常用属性

SpatialReference 属性：获取或设置空间参考。

### 3. ITransform2D 接口

ITransform2D 接口定义了 Geometry 的移动、旋转、按照比例缩放等方法。ITransform2D 接口如图 7.15 所示。

ITransform2D 接口常用方法如下。

（1）Move 方法。函数原型：bool Move （double dx, double dy）；函数说明：该方法用于几何体的移动，参数 dx，dy 分为 x、y 方向的偏移量。

（2）Rotate 方法。函数原型：bool Rotate （IPoint originPoint, double rotationAngle）；函数说明：该方法用于几何体的旋转，参数 originPoint 为旋转的参照点、参数 rotationAngle 为旋转角度。

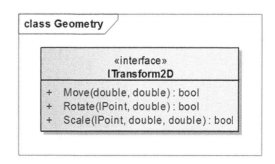

图 7.15　ITransform2D 接口图

（3）Scale 方法。函数原型：bool Scale （IPoint originPoint, double sx, double sy）；函数说明：该方法用于几何体的缩放，参数 originPoint 为参照点、参数 sx、sy 为向 x 和 y 方向的缩放值（1 表示大小不变，大于 1 放大，小于 1 缩小）。

### 4. Envelope 包络线对象

Envelope（包络线对象）是一个矩形区域，它是作为任何一个几何形体的最小边框区域存在的，每一个 Geometry 对象都拥有一个包络线对象，即包络线对象本身。除此之外，它也常作为地图的视图或地理数据库的范围和用户交互操作的结果而被返回。

Envelope 通过它的最大和最小 X、Y 坐标来定义一个矩形形状，因此包络线对象相对于它的空间参考对象而言总是直角的，如图 7.16 所示。

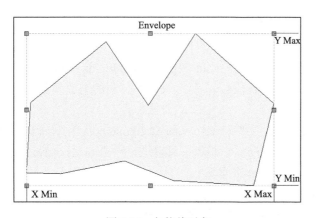

图 7.16　包络线对象

下面介绍 Envelope 类的主要接口。

### 5. IEnvelope 接口

IEnvelope 接口是包络线对象的主要支持接口，它定义了 X Max、X Min、Y Max、Y Min

属性来获得或者设置一个已经存在的包络线对象的空间坐标。

下面对 IEnvelope 接口常用的方法和属性进行介绍。IEnvelope 接口如图 7.17 所示。

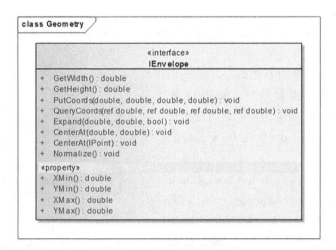

图 7.17　IEnvelope 接口图

1）IEnvelope 接口常用方法

（1）GetWidth 方法。函数原型：double GetWidth（）；函数说明：该方法用于获得宽度。

（2）GetHeight 方法。函数原型：double GetHeight（）；函数说明：该方法用于获得高度。

（3）PutCoords 方法。函数原型：void PutCoords（double XMin, double YMin, double XMax, double YMax）；函数说明：该方法用于设置四至坐标，参数 XMin、YMin、XMax、YMax 即为四至坐标。

（4）QueryCoords 方法。函数原型：void QueryCoords（ref double X Min,ref double YMin, ref double X Max, ref double Y Max）；函数说明：该方法用于获取四至坐标 X Min、Y Min、X Max、Y Max。

（5）Normalize 方法。函数原型：void Normalize（）；函数说明：该方法用于规范化（重新配置最大和最小的 x 和 y）。

（6）Expand 方法。函数原型：void Expand（double dx, double dy, bool asRatio）；函数说明：该方法用于缩放，参数 dx、dy 分别为 X、Y 方向的缩放参数、asRatio 为指示是否按比例缩放的 bool 值。

（7）CenterAt 方法。函数原型：void CenterAt（IPoint point）；void CenterAt（double dx, double dy）；函数说明：该方法用于重置中心点，可以通过中心点 dx、dy 坐标值进行重置，也可以直接通过目标中心点对象 point 来重置。

2）IEnvelope 接口常用属性

（1）XMin 属性:获取或者设置左下角 X 坐标。

（2）YMin 属性:获取或者设置左下角 Y 坐标。

（3）XMax 属性:获取或者设置右上角 X 坐标。

（4）YMax 属性:获取或者设置右上角 Y 坐标。

3）Envelope 实例

参见共享文件夹中的"01 源代码\07 第 7 章 遥感与 GIS 一体化开发\7.3.2 几何要素对象\5.IEnvelop 接口"。

**6. 点对象**

点（Point）代表一个 0 维的、具有 X、Y 坐标的几何对象。点是没有形状的，它可以用于表示描述点类型的要素。同时，任何几何对象都可以使用点来生成。

**7. IPoint 接口**

IPoint 定义了 Point 对象的接口和方法（图7.18），下面对 IPoint 接口常用的方法和属性进行介绍。

1）IPoint 接口常用方法

（1）PutCoords 方法。函数原型：void PutCoords（double x, double y, double z）；函数说明：该方法用于设置点的坐标值，参数 x、y、z 即为目标的坐标值。

（2）QueryCoords 方法。函数原型：void

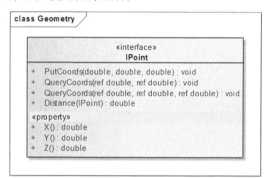

图 7.18　IPoint 接口图

QueryCoords（ref double x, ref double y）；void QueryCoords（ref double x, ref double y, ref double z）；函数说明：该方法用于获得目标点的坐标值，可以只获得二维坐标 x、y 值，也可以同时获得三维坐标 x、y、z 值。

（3）Distance 方法。函数原型：double Distance（IPoint point）；函数说明：该方法用于获得到目标点的距离，参数 point 为目标点对象。

2）IPoint 接口常用属性

（1）X 属性：获取或设置点的 X 坐标值。

（2）Y 属性：获取或设置点的 Y 坐标值。

（3）Z 属性：获取或设置点的 Z 坐标值。

3）Point 实例

参见共享文件夹中的"01 源代码\07 第 7 章 PIE-SDK 插件管理\7.3.2.7.3 Point 实例"。

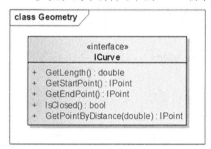

图 7.19　ICurve 接口图

**8. 线对象**

线（Line）代表一个 1 维的几何对象，地球上的河流、道路等都在 GIS 中抽象成线对象，线是一个有序的点的集合。下面对线相关的接口进行介绍。

**9. ICurve 接口**

ICurve 接口是所有类型的线对象都实现了的接口，它包含了所有线共有的方法和属性，如获得长度、获得起始点和终止点等。

ICurve 接口如图 7.19 所示。

ICurve 接口常用方法如下。

（1）GetLength 方法。函数原型：double GetLength（）；函数说明：该方法用于获取曲线的长度。

（2）GetStartPoint 方法。函数原型：IPoint GetStartPoint（）；函数说明：该方法用于获取曲线的起始点对象。返回值是曲线的起始点对象。

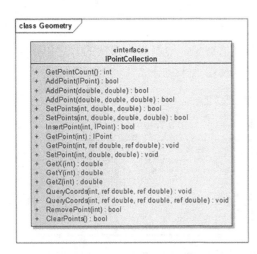

图 7.20　IPointCollection 接口图

（3）GetEndPoint 方法。函数原型：IPoint GetEndPoint（）；函数说明：该方法用于获取曲线的终止点对象。返回值是曲线的终止点对象。

（4）GetPointByDistance 方法。函数原型：IPoint GetPointByDistance（double distance）；函数说明：该方法用于通过距离获得点，参数 distance 为距离起始点的曲线距离，返回值是该距离对应的曲线上的点对象。

（5）IsClosed 方法。函数原型：bool IsClosed（）；函数说明：该方法用于判断曲线是否闭合。

**10. IPointCollection 接口**

线实际上是一个连续点的集合序列，对其形状的修改都是通过对其点序列的修改完成的，而 IPointCollection 接口定义了对点序列管理的方法和属性。IPointCollection 接口如图 7.20 所示。

IPointCollection 接口常用方法如下。

（1）AddPoint 方法。函数原型：bool AddPoint（IPoint point）；bool AddPoint（double x, double y）；bool AddPoint（double x, double y, double z）；函数说明：该方法用于添加点，可以通过点对象 point 直接添加，也可以通过点对象的坐标 x、y、z 来添加。

（2）InsertPoint 方法。函数原型：bool InsertPoint（int index, IPoint point）；函数说明：该方法用于插入点，参数 index 为插入点的索引值、point 为该插入点对象。

（3）SetPoint 方法。函数原型：void SetPoint（int index, double dx, double dy）；函数说明：该方法用于设置点坐标，参数 index 为目标点的索引值、dx 和 dy 分别为所要设置的坐标值 x 和 y。

（4）SetPoints 方法。函数原型：bool SetPoints（int index, double x, double y）；bool SetPoints（int index, double x, double y, double z）；函数说明：该方法用于给 PointCollection 中的点赋值，参数 index 为目标点的索引值，x 和 y 分别所要赋予该点的坐标值 x 和 y。

（5）RemovePoint 方法。函数原型：bool RemovePoint（int index）；函数说明：该方法用于删除点，参数 index 为目标点索引值。

（6）ClearPoints 方法。函数原型：bool ClearPoints（）；函数说明：该方法用于清除所有的点。

（7）GetPoint 方法。函数原型：IPoint GetPoint（int index）；函数说明：该方法用于通过目标点的索引值 index 获取点对象，可以在获取点对象的同时获得其坐标值信息。

（8）QueryCoords 方法。函数原型：void QueryCoords（int index,ref double x,ref double y）；void QueryCoords（int index, ref double x, ref double y, ref double z）；函数说明：该方法用于获得点坐标，参数 index 为该点所对应的索引值。

（9）GetPointCount 方法。函数原型：int GetPointCount（）；函数说明：该方法用于获得

点数目。

（10）GetX 方法。函数原型：double GetX（int index）；函数说明：该方法用于获得点的 X 轴坐标值，参数 index 为目标点索引值。

（11）GetY 方法。函数原型：double GetY（int index）；函数说明：该方法用于获得点的 Y 轴坐标值，参数 index 为目标点索引值。

（12）GetZ 方法。函数原型：double GetZ（int index）；函数说明：该方法用于获得点的 Z 轴坐标值，参数 index 为目标点索引值。

**11. IPolyline 接口**

GIS 中最常见的线对象就是折线（Polyline）对象，折线实现了 IPolyline 和 IPointCollection 等接口。折线接口目前是一个空接口，IPointCollection 已经介绍过，这里不再讨论。

Polyline 实例：参见共享文件夹中的"01 源代码\07 第 7 章 遥感与 GIS 一体化开发\7.3.2 几何要素对象\11.IPolyline 接口"。

**12. IArc 接口**

弧线（Arc）在 PIE-SDK 中用 Arc 来表示，它通过中心点坐标、长半轴、短半轴、起始角度、终止角度来定义。Arc 实现了 IArc 接口。

IArc 接口如图 7.21 所示。下面对 IArc 接口常用的方法和属性进行介绍。

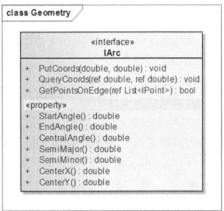

图 7.21　IArc 接口图

1）IArc 接口常用方法

（1）PutCoords 方法。函数原型：void PutCoords（double centerX, double centerY）；函数说明：该方法用于设置中心点的坐标，参数 centerX、centerY 为所要设置的坐标值 x、y。

（2）QueryCoords 方法。函数原型：void QueryCoords（ref double centerX,ref double centerY）；函数说明：该方法用于获得中心点坐标。

（3）GetPointsOnEdge 方法。函数原型：bool GetPointsOnEdge（ref IList<IPoint> pointsOnEdge）；函数说明：该方法用于获得边界上的点。参数 pointsOnEdge 为边界上的点对象集合。

2）IArc 接口常用属性

（1）StartAngle 属性：获取或设置起始角度。

（2）EndAngle 属性：获取或设置终止角度。

（3）CentralAngle 属性：获取中心角度。

（4）SemiMajor 属性：获取或设置长半轴。

（5）SemiMinor 属性：获取或设置短半轴。

（6）CenterX 属性：获取或设置中心点 X 坐标值。

（7）CenterY 属性：获取或设置中心点 Y 坐标值。

（8）RotationAngle 属性：获取或设置旋转角度。

3）Arc 实例

参见共享文件夹中的"01 源代码\07 第 7 章 遥感与 GIS 一体化开发\7.3.2 几何要素对象

\12.IArc 接口"。

### 13. ISplineCurve 接口

自由线（SplineCurve）也是 PIE-SDK 中的一种线类型，实现了 ISplineCurve 接口。该接口是一个空接口，这里不再介绍。

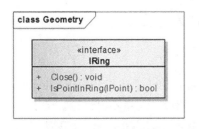

图 7.22　IRing 接口图

### 14. IRing 接口

环（Ring）是一种闭合的线对象，它的起始点和终止点坐标值是一样的。环是产生 Polygon（多边形）的元素。

IRing 接口为 Ring 所实现，它定义了多个处理环对象的方法。一个环至少包含四个点才是一个有效的环。

IRing 接口如图 7.22 所示。下面对 IRing 接口常用的方法和属性进行介绍。

1）IRing 接口常用方法

（1）Close 方法。函数原型：void Close（）；函数说明：该方法用于闭合操作。

（2）IsPointInRing 方法。函数原型：bool IsPointInRing（IPoint point）；函数说明：该方法用于判断点是否在环里边，参数 point 为所要判断的目标点对象。

2）Ring 实例

参见共享文件夹中的"01 源代码\07 第 7 章 遥感与 GIS 一体化开发\7.3.2 几何要素对象\14.IRing 接口"。

### 15. 面对象

面对象代表一个三维的几何对象。地球上的湖泊、陆地等都在 GIS 中抽象成面对象，面是一个环对象的集合，包括一个外环和一到多个内环，并且面内的环对象不能够自相交，否则构成的面无效。下面对面相关的接口进行介绍。

### 16. ISurface 接口

ISurface 接口是一个任何面对象都实现的接口，它包含了所有面共有的方法和属性，如获得面的周长、获得面的面积、判断点是否在面上等。

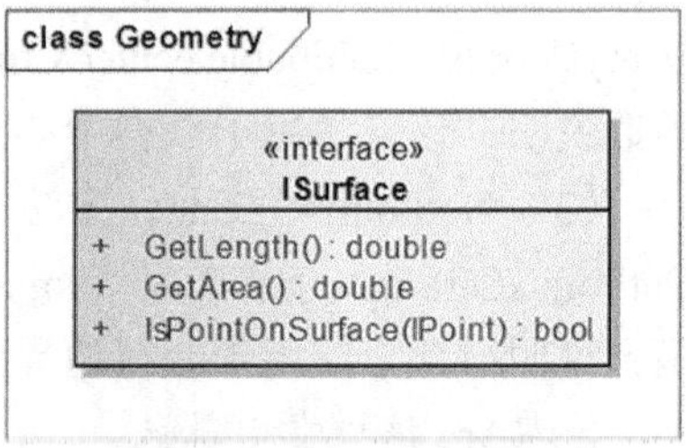

ISurface 接口如图 7.23 所示。下面对 ISurface 接口常用的方法进行介绍。

（1）GetLength 方法。函数原型：double GetLength（）；函数说明：该方法用于获得边长。

（2）GetArea 方法。函数原型：double GetArea（）；函数说明：该方法用于获得表面对象的面积。

图 7.23　ISurface 接口图

（3）IsPointOnSurface 方法。函数原型：bool IsPointOnSurface（IPoint point）；函数说明：该方法用于判断点是否在面上。参数 point 为所要判断的目标点，点在面上时返回值为 true，否则为 false。

### 17. IEllipse 接口

椭圆对象（Ellipse）是通过一个长轴、一个短轴，中心点和旋转角度值来确定的集合对象。IEllipse 接口实现设置和获取中心点坐标、获得边界上的点等方法，还可以获取或设置长轴、短轴、中心点和旋转角度值等属性。

下面对 IEllipse 接口常用的方法和属性进行介绍。

1）IEllipse 接口常用方法

（1）PutCoords 方法。函数原型：void PutCoords（double centerX, double centerY）；函数说明：该方法用于设置中心点坐标。参数 centerX 为中心点 X 坐标值，centerY 为中心点 Y 坐标值。

（2）QueryCoords 方法。函数原型：void QueryCoords（ref double centerX, ref double centerY）；函数说明：该方法用于获得中心点坐标值。参数 centerX 为椭圆中心点 X 坐标值，参数 centerY 为椭圆中心点 Y 坐标值。

（3）GetPointsOnEdge 方法。函数原型：bool GetPointsOnEdge（ref IList<IPoint> pointsOnEdge）；函数说明：该方法用于获得椭圆边界上的点。参数 pointsOnEdge 为椭圆边界上的点集合。

2）IEllipse 接口常用属性

（1）SemiMajor 属性：获取或设置长半轴。

（2）SemiMinor 属性：获取或设置短半轴。

（3）CenterX 属性：获取或设置中心点的 X 坐标值。

（4）CenterY 属性：获取或设置中心点的 Y 坐标值。

（5）RotationAngle 属性：获取或设置旋转角度。

3）Ellipse 实例

参见共享文件夹中的"01 源代码\07 第 7 章 遥感与 GIS 一体化开发\7.3.2 几何要素对象\17.IEllipse 接口"。

**18. IPolygon 接口**

GIS 中最常见的面对象就是多边形（Polygon）对象，它是一个有序环对象的集合，用于描述一个具有面积的多边形离散矢量对象。IPolygon 接口定义了一系列方法和属性来控制一个多边形的环。如 CloseRings 实现了多边形的闭环，GetInteriorRingCount 可以返回一个多边形的内环数目等。

下面对 ISurface 接口常用的方法和属性进行介绍。

1）IPolygon 接口常用方法

（1）AddInteriorRing 方法。函数原型：bool AddInteriorRing（IRing interiorRing）；函数说明：该方法用于添加内环，参数 interiorRing 为该内环。

（2）RemoveInteriorRing 方法。函数原型：bool RemoveInteriorRing（int index）；函数说明：该方法用于移除内环，参数 index 为目标内环的编号。

（3）ClearInteriorRings 方法。函数原型：bool ClearInteriorRings（）；函数说明：该方法用于清除所有内环。

（4）CloseRings 方法。函数原型：void CloseRings（）；函数说明：该方法用于关闭所有的 Ring 对象。

（5）GetInteriorRingByIndex 方法。函数原型：IRing GetInteriorRingByIndex（int index）；函数说明：该方法用于通过编号获得内环对象，参数 index 即为该编号。

（6）GetInteriorRingCount 方法。函数原型：int GetInteriorRingCount（）；函数说明：该方法用于获得内环个数。

（7）GetExteriorRing 方法。函数原型：IRing GetExteriorRing（）；函数说明：该方法用于获得外环。

（8）SetExteriorRing 方法。函数原型：bool SetExteriorRing（IRing exteriorRing）；函数说明：该方法用于设置外环，参数 exteriorRing 即为该外环对象。

2）Polygon 实例

参见共享文件夹中的"01 源代码\07 第 7 章 遥感与 GIS 一体化开发\7.3.2 几何要素对象\18.IPolygon 接口"。

### 19. 集合对象

通过上面的介绍可以知道：除了 Point 对象外，其他的几何形体对象都可以通过集合的方式构成。例如，点集对象是点的集合，线集对象是线的集合等。

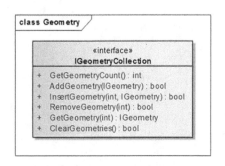

图 7.24　IGeometryCollection 接口图

### 20. IGeometryCollection 接口

IGeometryCollection 是被多种集合对象实现的接口，包括 Polygon、Polyline、MultiPoint、MultiPolygon、MultiPolyline 等。IGeometryCollection 接口定义了一系列方法和属性来控制一个 Geometry 对象。例如，AddGeometry 方 法 用 于 增 加 Geometry 对象，InsertGeometry 方法用于插入某几何对象，也可以通过子对象的索引值获取某个子对象。

IGeometryCollection 接口如图 7.24 所示。下面对 IGeometryCollection 接口常用的方法进行介绍。

（1）AddGeometry 方法。函数原型：bool AddGeometry（IGeometry ptrGeo）；函数说明：该方法用于增加 Geometry 对象，参数 ptrGeo 即为该 Geometry 对象。

（2）InsertGeometry 方法。函数原型：bool InsertGeometry（int index, IGeometry ptrGeo）；函数说明：该方法用于插入 Geometry 对象，参数 ptrGeo 为该 Geometry 对象、index 为插入编号。

（3）RemoveGeometry 方法。函数原型：bool RemoveGeometry（int index）；函数说明：该方法用于移除 Geometry 对象，参数 index 为该 Geometry 对象的编号。

（4）ClearGeometries 方法。函数原型：bool ClearGeometries（）；函数说明：该方法用于清除所有 Geometry 对象。

（5）GetGeometryCount 方法。函数原型：int GetGeometryCount（）；函数说明：该方法用于获得 Geometry 的总个数。

（6）GetGeometry 方法。函数原型：IGeometry GetGeometry（int index）；函数说明：该方法用于获得 Geometry 对象，参数 index 为目标 Geometry 对象对应的编号。

### 21. IMultiPoint 接口

多点（MultiPoint）是具有相同属性的点的集合，所有的多点都实现了 IMultiPoint 接口。它实现了增加、插入、获取点、查询点的坐标等方法和属性。

IMultiPoint 接口如图 7.25 所示。下面对 IMultiPoint 接口常用的方法进行介绍。

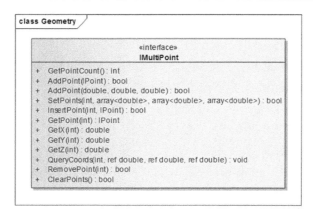

图 7.25　IMultiPoint 接口图

1）IMultiPoint 接口常用方法

（1）AddPoint 方法。函数原型：bool AddPoint（IPoint point）；bool AddPoint（double x, double y, double z）；函数说明：该方法用于添加点，可以直接通过点对象 point 来添加，也可以通过点对象的坐标值 x、y、z 来添加。

（2）SetPoints 方法。函数原型：bool SetPoints（int index, array<double> x, array<double> y, array<double> z）；函数说明：该方法用于给点集赋值，参数 index 为目标点集编号、x 和 y 为点集对应的坐标值数组。

（3）InsertPoint 方法。函数原型：bool InsertPoint（int index, IPoint point）；函数说明：该方法用于插入点，参数 point 为该点对象、index 为其编号。

（4）RemovePoint 方法。函数原型：bool RemovePoint（int index）；函数说明：该方法用于删除点对象，参数 index 为该点对象的编号。

（5）ClearPoints 方法。函数原型：bool ClearPoints（）；函数说明：该方法用于清除所有点对象。

（6）GetPoint 方法。函数原型：IPoint GetPoint（int index）；函数说明：该方法用于通过编号获得点对象，参数 index 即为目标点对象对应的编号。

（7）GetPointCount 方法。函数原型：int GetPointCount（）；函数说明：该方法用于获得点数目。

（8）QueryCoords 方法。函数原型：void QueryCoords（int index, ref double x, ref double y, ref double z）；　函数说明：该方法用于获得点对象的坐标值。

（9）GetX 方法。函数原型：double GetX（int index）；函数说明：该方法用于获得目标点对象的 X 坐标值，参数 index 为目标点编号。

（10）GetY 方法。函数原型：double GetY（int index）；函数说明：该方法用于获得目标点对象的 Y 坐标值，参数 index 为目标点编号。

（11）GetZ 方法。函数原型：double GetZ（int index）；函数说明：该方法用于获得目标点对象的 Z 坐标值，参数 index 为目标点编号。

2）MultiPoint 实例

参见共享文件夹中的"01 源代码\07 第 7 章 遥感与 GIS 一体化开发\7.3.2 几何要素对

象\21.IMultiPoint 接口"。

### 22. IMultiPolyline 接口

多线（MultiPolyline）是具有相同属性的线的集合。IMultiPolyline（多线接口）目前是一个空接口，IPointCollection 已经介绍过，这里不再讨论。

MultiPolyline 实例：参见共享文件夹中的"01 源代码\07 第 7 章 遥感与 GIS 一体化开发\7.3.2 几何要素对象\22.IMultiPolyline 接口"。

### 23. IMultiPolygon 接口

多面（MultiPolygon）是具有相同属性的面的集合。IMultiPolygon（多面接口）目前是一个空接口，IPointCollection 已经介绍过，这里不再讨论。

MultiPolygon 实例：参见共享文件夹中的"01 源代码\07 第 7 章 遥感与 GIS 一体化开发\7.3.2 几何要素对象\23.IMultiPolygon 接口"。

## 7.3.3 空间关系运算

几何对象都存在着某种关联关系，这种关联关系通过关系运算而得到。关系运算是在两个几何对象之间进行的，通过 ISpatialRelation 接口的某个方法返回一个布尔值来说明两个几何对象的关系，如 Intersects（相交）、Equals（相等）、Disjoint（相离）、Touches（相接）、Crosses（穿越）、Within（在其内部）、Contains（包含）、Overlaps（重叠）。

### 1. ISpatialRelation 接口

空间关系运算主要用到 ISpatialRelation 接口，通过该接口的方法获取两个几何对象之间的关系是否存在。

ISpatialRelation 接口常用方法如下。

（1）Intersects 方法。函数原型：bool Intersects（IGeometry geometry）；函数说明：该方法用于判断当前几何体与目标几何体是否相交，参数 geometry 为目标几何图形对象。

（2）Equals 方法。函数原型：bool Equals（IGeometry geometry）；函数说明：该方法用于判断当前几何体与目标几何体是否相等，参数 geometry 为所要判断的目标几何图形。

（3）Disjoint 方法。函数原型：bool Disjoint（IGeometry geometry）；函数说明：该方法用于判断当前几何体与目标几何体是否相离，参数 geometry 为目标几何图形对象。

（4）Touches 方法。函数原型：bool Touches（IGeometry geometry）；函数说明：该方法用于判断当前几何体与目标几何体是否相接，参数 geometry 为目标几何图形对象。

（5）Crosses 方法。函数原型：bool Crosses（IGeometry geometry）；函数说明：该方法用于判断目标几何体是否穿越当前几何体，参数 geometry 为该目标几何图形对象。

（6）Within 方法。函数原型：bool Within（IGeometry geometry）；函数说明：该方法用于判断当前几何体是否在目标几何体内部，参数 geometry 为目标几何图形对象。

（7）Contains 方法。函数原型：bool Contains（IGeometry geometry）；函数说明：该方法用于判断当前几何体是否包含目标几何体，参数 geometry 为目标几何图形对象。

（8）Overlaps 方法。函数原型：bool Overlaps（IGeometry geometry）；函数说明：该方法用于判断当前几何体与目标几何体是否重叠，参数 geometry 为目标几何图形对象。

## 7.3.4 空间拓扑关系运算

拓扑关系是自然界地理对象的空间位置关系，如相邻、重合、连通等。拓扑（Topology）

是在同一个要素集（FeatureDataset）下的要素类（FeatureClass）之间的关系的集合。

PIE-SDK 中提供的空间拓扑关系运算方法有 Simplify（简化）、SimplifyPreserveTopology（保持拓扑关系简化）、Polygonize（构造多边形）、Boundary（边界）、ConvexHull（凸多边形）、Intersection（交集）、Union（合并）、Difference（差集）、SymDifference（对称差集）、Buffer（缓冲区）。

实现空间拓扑关系运算主要用到 ISpatialTopological 接口，通过该接口的方法获取两个几何对象之间的拓扑关系。下面对 ISpatialTopological 接口常用的方法进行介绍。

1）ISpatialTopological 接口常用方法

（1）Simplify 方法。函数原型：IGeometry Simplify（double tolerance）；函数说明：该方法用于对当前几何体进行简化使得拓扑正确，参数 tolerance 为简化过程中的距离容差，返回值为简化后得到的几何体对象。

（2）SimplifyPreserveTopology 方法。函数原型：IGeometry SimplifyPreserveTopology（double tolerance）；函数说明：该方法用于在保持拓扑关系的情况下对当前几何体进行简化，参数 tolerance 为简化过程中的距离容差，返回值为简化后得到的几何体对象。

（3）Polygonize 方法。函数原型：IGeometry Polygonize（）；函数说明：该方法用于将一系列的边界构成一个多边形（只针对 MultiLineString 有效），返回值为构成得到的几何体。

（4）Boundary 方法。函数原型：IGeometry Boundary（）；函数说明：该方法用于计算当前几何体的边界，返回值为当前几何体的边界对象。

（5）ConvexHull 方法。函数原型：IGeometry ConvexHull（）；函数说明：该方法用于计算当前几何形状的凸多边形，返回值为当前几何体的凸多边形对象。

（6）Intersection 方法。函数原型：IGeometry Intersection（IGeometry geometry）；函数说明：该方法用于计算当前几何体和目标几何体的交集，参数 geometry 为目标几何体对象，返回值为当前几何体和给定几何体的交集对应的几何体。

（7）Union 方法。函数原型：IGeometry Union（IGeometry geometry）；函数说明：该方法用于计算当前几何体和目标几何体的并集，参数 geometry 为目标几何体对象，返回值为当前几何体和给定几何体的并集对应的几何体。

（8）Difference 方法。函数原型：IGeometry Difference（IGeometry geometry）；函数说明：该方法用于计算当前几何体和目标几何体的差集，参数 geometry 为目标几何体对象，返回值为当前几何体和给定几何体的差集对应的几何体。

（9）SymDifference 方法。函数原型：IGeometry SymDifference（IGeometry geometry）；函数说明：该方法用于计算当前几何体和给定几何体的对称差集，参数 geometry 为目标几何体对象，返回值为当前几何体和给定几何体的对称差集对应的几何体。

（10）Buffer 方法。函数原型：IGeometry Buffer（double tolerance）；函数说明：该方法用于获取几何体的缓冲区，参数 tolerance 为缓冲距离（正数表示向外，负数表示向里），返回值为缓冲区对应几何体对象。

2）SpatialTopological 实例

参见共享文件夹中的"01 源代码\07 第 7 章 遥感与 GIS 一体化开发\7.3.4 空间拓扑关系运算\ SpatialTopological 实例"。

### 7.3.5　空间坐标系

地理数据代表着现实世界的某个对象，其中每一个要素都代表了现实世界的某一点的物体，如何对一个要素精确定位，这涉及空间坐标系的问题。空间坐标系即常说的空间参考，它包含了地理坐标系统和投影坐标系统。在同一个地图上显示的地理数据的空间参考必须是一致的，如果两个或多个图层中地理数据之间的空间参考不一致，往往导致它们无法正确拼合，因此正确地选择空间坐标系及实现空间坐标系的相互转换是非常重要和必要的。

Geometry 库中除了包含核心的几何形体对象，如点、线、面之外，还包含了空间参考对象，包括 GeographicCoordinateSystem（地理坐标系统）、ProjectedCoordinateSystem（投影坐标系统）和 CoordinateTransformation（地理变换对象）等，如图 7.26 所示。

**1. ISpatialReference 接口**

ISpatialReference 接口是一个任何空间参考对象都能实现的接口，它包含了所有空间参考对象都共有的方法和属性，如获得空间参考对象的 Domain、Name、ExportToWkt 等方法和属性等。

下面对 ISpatialReference 接口常用的方法和属性进行介绍。

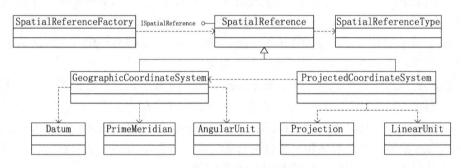

图 7.26　空间参考结构图

1）ISpatialReference 接口常用方法

（1）GetFactoryCode 方法。函数原型：int GetFactoryCode()；函数说明：该方法用于获得编码，返回值为当前空间参考的编码。

（2）ImportFromWkt 方法。函数原型：bool ImportFromWkt（String strWkT）；函数说明：该方法用于从 WKT 字符串导入空间参考，参数 strWkT 为该 WKT 字符串。返回值导入成功时为 true，否则为 false。

（3）ExportToWkt 方法。函数原型：String ExportToWkt()；函数说明：该方法用于将当前空间参考导出为 WKT 字符串，返回值为当前空间参考导出的 WKT 字符串。

（4）ExportToPrettyWkt 方法。函数原型：String ExportToPrettyWkt()；函数说明：该方法用于将当前空间参考导出为格式化后的 WKT 字符串，返回值为当前空间参考导出的格式化后的 WKT 字符串。

（5）ImportFromProj4 方法。函数原型：bool ImportFromProj4（String strValue）；函数说明：该方法用于从 Proj4 字符串导入空间参考，参数 strValue 为该 Proj4 字符串。

（6）ExportToProj4 方法。函数原型：String ExportToProj4()；函数说明：该方法用于将当前空间参考导出为 Proj4 字符串，返回值为当前空间参考导出的 Proj4 字符串。

（7）ImportFromESRI 方法。函数原型：bool ImportFromESRI（String strValue）；函数说明：该方法用于从 ESRI 字符串导入空间参考，参数 strValue 为该 ESRI 字符串。

（8）MorphToESRI 方法。函数原型：bool MorphToESRI（）；函数说明：该方法用于从 OGC 的 WKT 字符串转化为 ESRI 的 WKT 字符串。

（9）MorphFromESRI 方法。函数原型：bool MorphFromESRI（）；函数说明：该方法用于从 ESRI 字符串转化为 OGC 的 WKT 字符串。

（10）IsSame 方法。函数原型：bool IsSame（ISpatialReference pSpatialReference）；函数说明：该方法用于判断当前空间参考与目标空间参考是否相等，参数 pSpatialReference 为目标空间参考。

2）ISpatialReference 接口常用属性

（1）Name 属性：获取或设置空间参考名称。

（2）Alias 属性：获取或设置空间参考别名。

（3）Type 属性：获取空间参考的投影类型。

（4）Remarks 属性：获取或设置空间参考的备注信息。

**2. IGeographicCoordinateSystem 接口**

GeographicCoordinateSystem 是 SpatialReference 类的一个子类对象，它定义了一个地理坐标系统。IGeographicCoordinateSystem 接口提供了一系列的地理坐标系统操作方法和属性来设置一个地理坐标系统的 CoordinateUnit（坐标系的角度单位）、Datum（基准面）、PrimeMeridian（本初子午线）的属性等。

下面对 IGeographicCoordinateSystem 接口常用的方法和属性进行介绍。

1）IGeographicCoordinateSystem 接口常用方法

（1）GetFactoryCode 方法。函数原型：int GetFactoryCode（）；函数说明：该方法用于获得地理坐标系的编码，返回值为地理坐标系的编码。

（2）ImportFromWkt 方法。函数原型：bool ImportFromWkt（String strWkT）；函数说明：该方法用于从 WKT 字符串导入地理坐标系，参数 strWkT 即为该 WKT 字符串，返回值导入成功时为 true，否则为 false。

（3）ExportToWkt 方法。函数原型：String ExportToWkt（）；函数说明：该方法用于将当前地理坐标系导出为 WKT 字符串，返回值为导出的 WKT 字符串。

（4）ExportToPrettyWkt 方法。函数原型：String ExportToPrettyWkt（）；函数说明：该方法用于将当前地理坐标系导出为格式化后的 WKT 字符串，返回值为格式化后的 WKT 字符串。

（5）ImportFromProj4 方法。函数原型：bool ImportFromProj4（String strValue）；函数说明：该方法用于从 Proj4 字符串导入地理坐标系，参数 strValue 为目标 Proj4 字符串。

（6）ExportToProj4 方法。函数原型：String ExportToProj4（）；函数说明：该方法用于将当前地理坐标系导出为 Proj4 字符串，返回值为导出的 Proj4 字符串。

（7）ImportFromESRI 方法。函数原型：bool ImportFromESRI（String strValue）；函数说明：该方法用于从 ESRI 字符串导入地理坐标系，参数 strValue 为目标 ESRI 字符串。

（8）MorphToESRI 方法。函数原型：bool MorphToESRI（）；函数说明：该方法用于从 OGC 的 WKT 字符串转化为 ESRI 的 WKT 字符串。

（9）MorphFromESRI 方法。函数原型：bool MorphFromESRI（）；函数说明：该方法用于从 ESRI 字符串转化为 OGC 的 WKT 字符串。

（10）IsSame 方法。函数原型：bool IsSame（ISpatialReference pSpatialReference）；函数说明：该方法用于判断目标地理坐标系与当前地理坐标系是否相等，参数 pSpatialReference 为目标地理坐标系。

2）IGeographicCoordinateSystem 接口常用属性

（1）Name 属性：获取或设置名称。

（2）Alias 属性：获取或设置别名。

（3）Type 属性：获取投影类型。

（4）Remarks 属性：获取或设置备注信息。

（5）Datum 属性：获取或设置大地基准面。

（6）PrimeMeridian 属性：获取或设置本初子午线。

（7）AngularUnit 属性：获取或设置角度单位。

**3. ISpheroid 接口**

要确定地球上一点的坐标必须对地球进行数字模拟，要求抽象出一个与地球相似的椭球体（Spheroid），并且这个椭球体拥有可以量化计算的长半轴、短半轴和偏心率等。因为推求地球椭球体的年代、使用方法以及测定的地区不同，其结果往往不一致，所以地球椭球体的参数值有多种。

ISpheroid 接口实现了获取地球椭球体的名称、长半轴、短半轴和扁率等属性。

ISpheroid 接口常用属性如下。

（1）Name 属性：获取当前地球椭球体的名称。

（2）SemiMajorAxis 属性：获取椭球体长半轴的值。

（3）SemiMinorAxis 属性：获取椭球体短半轴的值。

（4）Flattening 属性：获取椭球体的扁率。

**4. IDatum 接口**

然而有了地球椭球体还不够，地理坐标系统还需要一个大地基准面（Datum）将这个椭球体定位。这个基准面将定位地球上的点的参照系统，定义经纬线的起点和方向。基准面的建立需要选择一个椭球，然后选择一个地球上的点作为"原点"，椭球体上的其他所有的点的位置都相对于这个原点进行位置定义。

IDatum 接口实现了获取和设置基准面的名称、获取和设置需要的地球椭球体等属性。

IDatum 接口常用属性如下。

（1）Name 属性：获取或者设置基准面的名称。

（2）Spheroid 属性：获取或者设置基准面的椭球体。

**5. IPrimeMeridian 接口**

PrimeMeridian（中央经线）是一个区域的中央子午线，是划分一个地区区时的基准。IPrimeMeridian 接口实现获取和设置中央子午线的名称、经度值等属性。

IPrimeMeridian 接口常用属性如下。

（1）Name 属性：获取或者设置本初子午线的名称。

（2）Longitude 属性：获取或者设置本初子午线经度值。

**6. IAngularUnit 接口**

IAngularUnit 接口实现了获取和设置角度单位的名称、角度弧度单位等属性。

IAngularUnit 接口常用属性如下。

（1）Name 属性：获取或者设置角度单位对象的名称。

（2）RadiansPerUnit 属性：获取或设置每单位的弧度值。

**7. IProjectedCoordinateSystem 接口**

ProjectedCoordinateSystem 是 SpatialReference 类的另一个子类对象，它定义了一个投影坐标系统。IProjectedCoordinateSystem 接口提供了一系列的投影坐标系统操作方法和属性，可以用来新建一个投影坐标系统，需要设置地理坐标系统、Projection（投影方式）和 Linear（线性单位）等。

下面对 IProjectedCoordinateSystem 接口常用的方法和属性进行介绍。

1）IProjectedCoordinateSystem 接口常用方法

（1）GetFactoryCode 方法。函数原型：int GetFactoryCode（）；函数说明：该方法用于获得当前投影坐标系的编码，返回值为当前投影坐标系的编码。

（2）ImportFromWkt 方法。函数原型：bool ImportFromWkt（String strWkT）；函数说明：该方法用于从 WKT 字符串导入投影坐标系，参数 strWkT 为目标 WKT 字符串。

（3）ExportToWkt 方法。函数原型：String ExportToWkt（）；函数说明：该方法用于将当前投影坐标系导出为 WKT 字符串，返回值为导出的 WKT 字符串。

（4）ExportToPrettyWkt 方法。函数原型：String ExportToPrettyWkt（）；函数说明：该方法用于将当前投影坐标系导出为格式化后的 WKT 字符串，返回值为导出的格式化后的 WKT 字符串。

（5）ImportFromProj4 方法。函数原型：bool ImportFromProj4（String strValue）；函数说明：该方法用于从 Proj4 字符串导入投影坐标系，参数 strValue 为目标 Proj4 字符串。

（6）ExportToProj4 方法。函数原型：String ExportToProj4（）；函数说明：该方法用于将当前投影坐标系导出为 Proj4 字符串，返回值为导出的 Proj4 字符串。

（7）ImportFromESRI 方法。函数原型：bool ImportFromESRI（String strValue）；函数说明：该方法用于从 ESRI 字符串导入投影坐标系，参数 strValue 为目标 ESRI 字符串。

（8）MorphToESRI 方法。函数原型：bool MorphToESRI（）；函数说明：该方法用于从 OGC 的 WKT 字符串转化为 ESRI 的 WKT 字符串。

（9）MorphFromESRI 方法。函数原型：bool MorphFromESRI（）；函数说明：该方法用于从 ESRI 字符串转化为 OGC 的 WKT 字符串。

（10）IsSame 方法。函数原型：bool IsSame（ISpatialReference pSpatialReference）；函数说明：该方法用于判断目标投影坐标系与当前投影坐标系是否相等，参数 pSpatialReference 为目标投影坐标系。

2）IProjectedCoordinateSystem 接口常用属性

（1）Name 属性：获取或者设置投影坐标系的名称。

（2）Alias 属性：获取或者设置投影坐标系的别名。

（3）Type 属性：获取投影类型。

（4）Remarks 属性：获取或者设置备注信息。

（5）GeographicCoordinateSystem 属性：获取或者设置地理坐标系。

（6）Projection 属性：获取或者设置投影方式。

（7）LinearUnit 属性：获取或者设置距离单位。

**8. IProjection 接口**

Projection 对象定义了投影所需要的一些参数。IProjection 接口实现了获取和设置投影名称、中央经线度数值、东向伪偏移、北向伪偏移、比例参数等属性。

IProjection 接口常用属性如下。

（1）Name 属性：获取或者设置投影对象的名称。

（2）CentralMeridian 属性：获取或者设置投影对象的中央经线（弧度）。

（3）FalseEasting 属性：获取或者设置投影对象的东向伪偏移量。

（4）FalseNorthing 属性：获取或者设置投影对象的北向伪偏移量。

（5）ScaleFactor 属性：获取或者设置投影对象的比例参数。

（6）LatitudeOfOrigin 属性：获取或者设置投影对象的纬度。

**9. ILinearUnit 接口**

ILinearUnit 接口实现了获取和设置线性单位长度的名称、单位长度等属性。

ILinearUnit 接口常用属性如下。

（1）Name 属性：获取或者设置投影坐标系线性单位的名称。

（2）MetersPerUnit 属性：获取或者设置投影坐标系线性单位的单位长度。

**10. ICoordinateTransformation 接口**

同一个地图上显示的地理数据的空间参考必须是一致的，因此需要实现空间坐标系的相互转换。ICoordinateTransformation 接口主要实现了获取源坐标系统和目标坐标系统、实现坐标转换的方法。

下面对 ICoordinateTransformation 接口常用的方法和属性进行介绍。

1）ICoordinateTransformation 接口常用方法

（1）Transform 方法。函数原型：bool Transform（int count, array<double>pX, array<double>pY, array<double> pZ)；函数说明：该方法用于坐标系统的坐标转换。参数 count 为要转换的个数，pX 为 X 坐标值，pY 为 Y 坐标值，pZ 为 Z 坐标值。

（2）TransformEx 方法。函数原型：bool TransformEx（int count, array<double>pX, array<double>pY, array<double> pZ, array<int> pSuccess)；函数说明：该方法用于坐标系统的坐标转换。参数 count 为要转换的个数，pX 为 X 坐标值，pY 为 Y 坐标值，pZ 为 Z 坐标值，pSuccess 为转换结果数组。

2）ICoordinateTransformation 接口常用属性

（1）SourceSpatialReference 属性：获得源坐标系。

（2）TargetSpatialReference 属性：获得目标坐标系。

3）SpatialReference 空间参考实例

参见共享文件夹中的"01 源代码\07 第 7 章 遥感与 GIS 一体化开发\7.3.4 空间拓扑关系运算\ SpatialReference 空间参考实例"。

4）SpatialReference 空间参考控件实例

坐标系选择可以查看当前图层的坐标系信息和显示其他坐标系的信息，实现思路为：首先加载图层并绑定图层，然后将当前图层的空间信息传给对话框；注意地图的坐标系默认与添加的第一个图层的坐标系一致。当后续添加的图层坐标系与地图坐标系不一致时，显示过程中会对其进行动态投影，地图的坐标系可以按需求进行修改，如图 7.27 所示。

参见共享文件夹中的"01 源代码\07 第 7 章 遥感与 GIS 一体化开发\7.3.4 空间拓扑关系运算\ SpatialReference 空间参考控件实例"。

图 7.27　空间参考控件

## 7.3.6　空间数据组织管理

空间数据是指用来表示空间实体的位置、形状、大小及其分布特征等诸多方面信息的数据。它的特性主要有定位、定性、时间和空间关系等特性。对于用户来说，不仅要正确表示空间数据本身，同时还要通过获取其属性信息，来直观地展示空间数据的空间特性。

空间数据管理用于管理和创建不同类型的地理数据，如数据集、要素数据集、要素类、要素、栅格数据集及混合数据等。Dataset（数据集）是数据的高级容器，它是任何数据的集合。比如说，一个要素数据集 FeatureDataset 对应着一个 FeatureClass（要素类），要素类是一种可以存储空间数据的对象类，它由许多的 Feature（要素）组成，这些要素包含诸多个 Field（字段）构成的 Fields 集合，同时具有定义空间位置的几何特性，这样就构成了一层层紧密相关的空间数据组织关系，如图 7.28 所示。

**1. IDataset 接口**

IDataset 接口定义了所有要素集都有的方法和属性，所有的数据集都实现了该接口，如获取和设置数据集路径、名称、范围、空间参考，是否可写、可复制等操作。

下面对 IDataset 接口常用的方法和属性进行介绍。

1）IDataset 接口常用方法

（1）CanCopy 方法。函数原型：bool CanCopy（）；函数说明：该方法用于数据集是否可复制。

（2）Copy 方法。函数原型：bool Copy（String strFullName）；函数说明：该方法用于数据集复制，参数 strFullName 为文件路径名称。

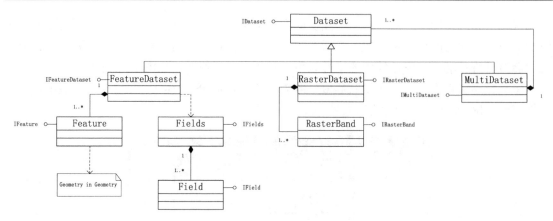

图 7.28　空间数据组织结构图

（3）CanWrite 方法。函数原型：bool CanWrite（）；函数说明：该方法用于数据集是否可写。

（4）GetExtent 方法。函数原型：IEnvelope GetExtent（bool bForce）；函数说明：该方法用于获取数据集的范围 Extent，参数 bForce 为是否强制，返回值为数据集的范围 Extent。

2）IDataset 接口常用属性

（1）FullName 属性：获得数据集的路径名称。

（2）Name 属性：获取和设置数据集的名称。

（3）DatasetType 属性：获取数据集的类型。

（4）SpatialReference 属性：获取和设置数据集的空间参考。

**2. DatasetFactory 类**

DatasetFactory 实现了矢量和栅格数据集、混合多数据集的创建和打开等功能，也可实现 FeatureClass 要素类和 Feature 要素的创建。

DatasetFactory 类常用方法如下。

（1）CreateRasterDataset 方法。函数原型：IRasterDataset CreateRasterDataset（String strPath, int nWid, int nHei, int nBandCount, PixelDataType enumPixelType, String rasterFormat）；IRasterDataset CreateRasterDataset（String strPath, IEnvelope　env, int nWid, int nHei, int nBandCount, PixelDataType enumPixelType, String rasterFormat）；函数说明：该方法用于创建栅格数据集。参数 strPath 为要创建的栅格数据集路径，env 为要创建的栅格数据集 Envelope 对象，nWid 为栅格数据集的宽，nHei 为栅格数据集的高，nBandCount 为栅格数据集的波段数，enumPixelType 为栅格数据集的波段类型，rasterFormat 为 GTIFF 格式，返回值为创建的栅格数据集。

（2）CreateFeatureDataset 方法。函数原型：IFeatureDataset CreateFeatureDataset（String strPath, IFields fields, GeometryType geoType,ISpatialReference spaReference）；函数说明：该方法用于创建矢量数据集。参数 strPath 为要创建的矢量数据集路径，fields 为字段定义，geoType 为几何类型，spaReference 为空间参考，返回值为创建的矢量数据集。

（3）ConstructCLRFeatureClass 方法。函数原型：IFeatureClass ConstructCLRFeatureClass（void* pfeatureClass）；函数说明：该方法用于创建 FeatureClass 要素类。参数 pfeatureClass

为 FeatureClass 对象 C++，返回值为创建的 FeatureClass 要素类。

（4）ConstructCLRMultiDataset 方法。函数原型：IMultiDataset ConstructCLRMultiDataset（void* pMultiDataset）；函数说明：该方法用于创建 MultiDataset 多数据集。参数 pMultiDataset 为 MultiDataset 对象 C++，返回值为创建的 MultiDataset 多数据集。

（5）ConstructCLRRasterDataset 方法。函数原型：IRasterDataset ConstructCLRRasterDataset（void* pRasterDataset）；函数说明：该方法用于创建 RasterDataset 栅格数据集。参数 pRasterDataset 为 RasterDataset 对象 C++，返回值为创建的 RasterDataset 栅格数据集。

（6）ConstructCLRFeature 方法。函数原型：IFeature ConstructCLRFeature（void* pFeature）；函数说明：该方法用于创建 Feature 要素对象。参数 pFeature 为 Feature 对象 C++，返回值为创建的 Feature 要素对象。

（7）OpenDataset 方法。函数原型：IDataset OpenDataset（String strPath, OpenMode mode）；函数说明：该方法用于打开数据集。参数 strPath 为数据集路径，mode 为读写类型，返回值为获得的数据集。

（8）OpenRasterDataset 方法。函数原型：IRasterDataset OpenRasterDataset（String strPath, OpenMode mode）；函数说明：该方法用于打开栅格数据集。参数 strPath 为栅格数据集路径，参数 mode 为读写类型，返回值为获得的栅格数据集。

（9）OpenFeatureDataset 方法。函数原型：IFeatureDataset OpenFeatureDataset（String strPath）；函数说明：该方法用于打开矢量要素数据集。参数 strPath 为矢量要素数据集路径，参数 mode 为读写类型，返回值为获得的矢量要素数据集。

（10）CopyRPCFile 方法。函数原型：bool CopyRPCFile（IRasterDataset srcDataset, IRasterDataset dstDataset）；函数说明：该方法用于获取拷贝栅格数据集的 RPC 文件是否成功。参数 srcDataset 为源栅格数据集，参数 dstDataset 为目标栅格数据集，返回值为拷贝栅格数据集的 RPC 文件是否成功，成功返回 true，否则返回 false。

## 7.3.7　矢量数据管理

矢量数据结构是通过记录坐标的方式尽可能精确地表达点、线和多边形等地理实体，坐标空间设为连续，允许任意位置、长度和面积的精确定义。矢量结构的显著特点：定位明显、属性隐含。矢量数据结构紧凑、冗余率低，有利于网络和检索分析，图形显示质量好、精度高。缺点为数据结构复杂，多边形叠加分析比较困难。

**1. IFeatureDataset 接口**

FeatureDataset（矢量要素数据集）储存具有相同空间参考和区域范围的要素类。由于地理数据通常由不同的部门和机构获得，这些数据使用的空间参考常常各不相同，为了方便数据管理和组织，用户可以将各个部门提交的数据放在一个要素集中，这样要素数据集实际上成为一个数据组织者。IFeatureDataset 接口从 IDataset 接口继承而来。它定义了所有要素数据集共有的方法和属性，所有的要素数据集都实现了该接口。

下面对 IFeatureDataset 接口常用的方法和属性进行介绍。

1）IFeatureDataset 接口常用方法

（1）CanCopy 方法。函数原型：bool CanCopy（）；函数说明：该方法用于获取要素数据集是否可复制。

（2）Copy 方法。函数原型：bool Copy（String strFullName）；函数说明：该方法用于要素数据集复制，参数 strFullName 为文件路径名称。

（3）CanWrite 方法。函数原型：bool CanWrite（）；函数说明：该方法用于获取要素数据集是否可写。

（4）Open 方法。函数原型：bool Open（String strPath, OpenMode mode）；函数说明：该方法用于获取要素数据集是否可打开。参数 strPath 为文件路径名称，mode 为打开模式。

（5）Save 方法。函数原型：bool Save（）；函数说明：该方法用于获取要素数据集是否保存成功。

（6）AddFeature 方法。函数原型：bool AddFeature（IFeature ptrFeature）；函数说明：该方法用于获取添加要素数据集的要素是否成功。参数 ptrFeature 为要素数据集的一个要素。

（7）CreateNewFeature 方法。函数原型：IFeature CreateNewFeature（）；函数说明：该方法用于创建新要素。返回值为创建的新的要素。

（8）DeleteFeature 方法。函数原型：bool DeleteFeature（System.Int64 nFID）；函数说明：该方法用于获取删除要素数据集的要素是否成功。参数 nFID 为 FID 编号值。

（9）GetFeature 方法。函数原型：IFeature GetFeature（System.Int64 nFID）；函数说明：该方法用于获取要素数据集的一个要素。参数 nFID 为 FID 编号值，返回值为要素数据集的一个要素。

（10）GetNextFeature 方法。函数原型：IFeature GetNextFeature（）；函数说明：该方法用于获取要素数据集的下一个要素。返回值为要素数据集的下一个要素。

（11）UpdateFeature 方法。函数原型：bool UpdateFeature（IFeature ptrFeature）；函数说明：该方法用于获取更新要素数据集的要素是否成功。参数 ptrFeature 为要素数据集的一个要素，返回值为更新要素是否成功，成功返回 true，否则返回 false。

（12）GetFeatureCount 方法。函数原型：System.Int64 GetFeatureCount（）；函数说明：该方法用于获取要素数据集的要素数量。参数 bForce 为是否强制，返回值为要素数据集的要素数量。

（13）ResetReading 方法。函数原型：void ResetReading（）；函数说明：该方法用于要素数据集的重置读取。

（14）AddField 方法。函数原型：bool AddField（IField field, bool bApproxOK）；函数说明：该方法用于获取向要素数据集中添加字段是否成功。参数 field 为字段，bApproxOK 为如果不符合要求是否继续添加，返回值为添加字段是否成功，成功返回 true，否则返回 false。

（15）DeleteField 方法。函数原型：bool DeleteField（int nIndex）；函数说明：该方法用于获取根据索引值删除要素数据集中的字段是否成功。参数 nIndex 为字段索引值，返回值为删除字段是否成功，成功返回 true，否则返回 false。

（16）GetFields 方法。函数原型：IFields GetFields（）；函数说明：该方法用于获取要素数据集的 Fields。返回值为要素数据集的 Fields。

（17）GetExtent 方法。函数原型：IEnvelope GetExtent（）；函数说明：该方法用于获取要素数据集的范围 Extent。返回值为要素数据集的范围 Extent。

（18）GetGeomType 方法。函数原型：GeometryType GetGeomType（）；函数说明：该方法用于获取要素数据集的 Geometry 类型。返回值为要素数据集的 Geometry 类型。

2）IFeatureDataset 接口常用属性

（1）FullName 属性：获得要素数据集的路径名称。

（2）Name 属性：获取和设置要素数据集的名称。

（3）DatasetType 属性：获取要素数据集的类型。

（4）SpatialReference 属性：获取和设置要素数据集的空间参考。

（5）Queryfilter 属性：获取和设置要素数据集的查询过滤器。

**2. IFeatureClass 接口**

FeatureClass（要素类）是可以存储空间数据的对象类，它是一个空间实体的集合，这些实体就是要素，它被用来描述模拟离散的、具有空间属性的实体。要素类（FeatureClass）表示的是具有相同几何形状的空间实体，可以独立存在，也可以具有拓扑关系。要素类可细分为点状要素类、线状要素类、面状要素类。在一个要素类中，所有的要素都使用同样的字段结构。要素类具有几何字段，即 Shape 字段，用于存储要素的几何形状和位置信息。IFeatureClass 接口是操作要素类时使用的主要接口，它定义了要素类公有的方法。

IFeatureDataset 接口常用方法如下。

（1）GetFullName 方法。函数原型：String GetFullName（）；函数说明：该方法用于获取要素类的文件路径。

（2）GetName 方法。函数原型：String GetName（）；函数说明：该方法用于获取要素类的名称。

（3）GetFeatureDataset 方法。函数原型：IFeatureDataset GetFeatureDataset（）；函数说明：该方法用于获取挂载的矢量数据集。

（4）AddFeature 方法。函数原型：bool AddFeature（IFeature ptrFeature）；函数说明：该方法用于获取添加要素类的要素是否成功。参数 ptrFeature 为要素类的一个要素。

（5）CreateNewFeature 方法。函数原型：IFeature CreateNewFeature（）；函数说明：该方法用于创建新要素。

（6）DeleteFeature 方法。函数原型：bool DeleteFeature（System.Int64 fid）；函数说明：该方法用于获取删除要素类的要素是否成功。参数 fid 为 FID 编号值。

（7）UpdateFeature 方法。函数原型：bool UpdateFeature（IFeature ptrFeature）；函数说明：该方法用于获取更新要素类的要素是否成功。参数 ptrFeature 为要素类的一个要素。

（8）GetFeature 方法。函数原型：IFeature GetFeature（System.Int64 nFID）；函数说明：该方法用于获取要素类的一个要素。参数 nFID 为 FID 编号值。

（9）GetNextFeature 方法。函数原型：IFeature GetNextFeature（）；函数说明：该方法用于获取要素类的下一个要素。返回值为要素类的下一个要素。

（10）GetFeatureCount 方法。函数原型：System.Int64 GetFeatureCount（）；函数说明：该方法用于获取要素类的要素数量。

（11）GetExtent 方法。函数原型：IEnvelope GetExtent（）；函数说明：该方法用于获取要素类的范围 Extent。

（12）GetQueryFilter 方法。函数原型：IQueryFilter GetQueryFilter（）；函数说明：该方法用于获取查询过滤器。

（13）SetQueryFilter 方法。函数原型：void SetQueryFilter（IQueryFilter filter）；函数说明：

该方法用于设置查询过滤器。

（14）ResetReading 方法。函数原型：void ResetReading（）；函数说明：该方法用于重置要素读取位置。

（15）Save 方法。函数原型：bool Save（）；函数说明：该方法用于判断要素类是否保存成功。

（16）GetGeomType 方法。函数原型：GeometryType GetGeomType（）；函数说明：该方法用于获取要素类的 Geometry 类型。

（17）AddField 方法。函数原型：bool AddField（IField field, bool bApproxOK）；函数说明：该方法用于获取向要素类中添加字段是否成功。参数 field 为字段，bApproxOK 为如果不符合要求是否继续添加。

（18）DeleteField 方法。函数原型：bool DeleteField（int nIndex）；函数说明：该方法用于判断根据索引值删除要素类中的字段的操作是否成功。参数 nIndex 为字段索引值。

（19）GetFields 方法。函数原型：IFields GetFields（）；函数说明：该方法用于获取要素类的 Fields。

**3. IFeatureClassEvents 接口**

通过 IFeatureClassEvents 接口，开发者可以启动针对 FeatureClass 对象操作事件的监听器，捕获添加、移除、更新要素等操作事件。

IFeatureClassEvents 接口常用事件如下。

（1）OnFeatureAdded 事件：要素添加事件。

（2）OnFeatureDeleted 事件：要素移除事件。

（3）OnFeatureUpdated 事件：要素更新事件。

**4. IFeature 接口**

IFeature 接口定义和实现了所有要素共有的方法和属性，如获取和设置要素的 Geometry、FID 值，获取字段索引和数量、字段值以及字段集合等方法和属性。

下面对 IFeature 接口常用的方法和属性进行介绍。

1）IFeature 接口常用方法

（1）GetFields 方法。函数原型：IFields GetFields（）；函数说明：该方法用于获取要素的 Fields。

（2）GetFieldCount 方法。函数原型：int GetFieldCount（）；函数说明：该方法用于获取要素的字段数量。

（3）GetFieldIndex 方法。函数原型：int GetFieldIndex（String FieldName）；函数说明：该方法用于获取要素的字段索引。参数 FieldName 为字段名。

（4）GetFieldName 方法。函数原型：String GetFieldName（int Index）；函数说明：该方法用于获取要素的字段名。参数 Index 为字段索引。

（5）GetFieldType 方法。函数原型：FieldType GetFieldType（int Index）；函数说明：该方法用于获取要素字段的类型。参数 Index 为字段索引。

（6）SetValue 方法。函数原型：void SetValue（int nIndex, Object field）；void SetValue（String strFieldName, Object field）；函数说明：该方法用于设置要素字段的值。参数 Index 为字段索引，strFieldName 为字段名称，field 为字段值。

（7）GetValue 方法。函数原型：Object GetValue（String strFieldName）；Object GetValue（int nIndex）；函数说明：该方法用于获取要素字段的值。参数 nIndex 为字段索引，strFieldName 为字段名称，返回值为字段值。

（8）Clone 方法。函数原型：IFeature Clone（）；函数说明：该方法用于克隆要素。返回值为克隆的要素对象。

（9）GetFeatureClass 方法。函数原型：IFeatureClass GetFeatureClass（）；函数说明：该方法用于获取要素所在的要素类。

（10）IsValueNull 方法。函数原型：bool IsValueNull（int nIndex）；函数说明：该方法用于判断字段是否为空。参数 nIndex 为字段索引。

2）IFeature 接口常用属性

（1）Geometry 属性：获取和设置要素的 Geometry 对象。

（2）FID 属性：获取和设置要素的 FID 值。

**5. IFields 接口**

一个要素类的所有要素都具有相同的 Fields（字段集合）。IFields 接口定义和实现了所有字段操作所共有的方法和属性，如根据索引获取字段对象、增加、删除字段，获取字段数和字段名称等方法。

IFields 接口常用方法如下。

（1）AddField 方法。函数原型：bool AddField（IField ptrField）；bool AddField（String strName, FieldType eType, int nWidth, int nPrecision）；函数说明：该方法用于获取添加字段是否成功。参数 ptrField 为字段对象，strName 为字段名，eType 为字段类型，nWidth 为字段长度（以字节为单位），nPrecision 为字段精度（以字节为单位），返回值为添加字段是否成功，成功返回 true，否则返回 false。

（2）DeleteField 方法。函数原型：bool DeleteField（String strName）；bool DeleteField（int nIndex）；函数说明：该方法用于获取删除字段是否成功。参数 strName 为字段名，nIndex 为字段索引，返回值为删除字段是否成功，成功返回 true，否则返回 false。

（3）GetField 方法。函数原型：IField GetField（int nIndex）；函数说明：该方法用于根据索引获取字段对象。参数 Index 为字段索引，返回值为字段对象。

（4）DeleteField 方法。函数原型：void DeleteField（IField ptrField）；函数说明：该方法用于获取要素的字段类型。参数 ptrField 为要删除的字段对象。

（5）GetFieldType 方法。函数原型：FieldType GetFieldType（int nIndex）；函数说明：该方法用于获取字段类型。参数 nIndex 为字段索引，返回值为字段类型。

（6）GetFieldName 方法。函数原型：String GetFieldName（int nIndex）；函数说明：该方法用于获取字段名。参数 nIndex 为字段索引，返回值为字段名。

（7）GetFieldCount 方法。函数原型：int GetFieldCount（）；函数说明：该方法用于获取字段数量。返回值为字段数量。

（8）GetFieldIndex 方法。函数原型：int GetFieldIndex（String strName）；函数说明：该方法用于获取字段索引。参数 strName 为字段名，返回值为字段索引。

（9）IsGeometryIgnored 方法。函数原型：bool IsGeometryIgnored（）；函数说明：该方法用于获取是否忽略 Geometry。

（10）IsFieldIgnored 方法。函数原型：bool IsFieldIgnored（）；函数说明：该方法用于获取是否忽略字段。

（11）GetWidth 方法。函数原型：int GetWidth（int nIndex）；函数说明：该方法用于获取字段的宽度。参数 nIndex 为字段索引，返回值为字段的宽度。

（12）SetWidth 方法。函数原型：void SetWidth（int nIndex, int nWidth）；函数说明：该方法用于设置字段的宽度。参数 nIndex 为字段索引，nWidth 为字段的宽度。

（13）GetPrecision 方法。函数原型：int GetPrecision（int nIndex）；函数说明：该方法用于获取字段的精度。参数 nIndex 为字段索引，返回值为字段的精度。

（14）SetPrecision 方法。函数原型：void SetPrecision（int nIndex, int nPrecision）；函数说明：该方法用于设置字段的精度。参数 nIndex 为字段索引，nPrecision 为字段的精度。

**6. IField 接口**

IField 接口定义和实现了某一字段操作所共有的方法和属性，如获取或设置名称和别名、默认值、字段类型、字段宽度和字段精度等属性。

下面对 IField 接口常用的方法和属性进行介绍。

1）IField 接口常用方法

Clone 方法。函数原型：IField Clone（）；函数说明：该方法用于克隆字段。

2）IField 接口常用属性

（1）Name 属性：获取和设置字段名称 Name。

（2）AliasName 属性：获取和设置字段别名 AliasName。

（3）DefaultValue 属性：获取和设置字段默认值 DefaultValue。

（4）Type 属性：获取和设置字段类型 Type。

（5）Width 属性：获取和设置字段宽度 Width。

（6）Precision 属性：获取和设置字段精度 Precision。

**7. IQueryFilter 接口**

在 PIE-SDK 中进行查询或选择，都需要传递一个条件，即需要知道它将返回满足什么条件的数据出来。IQueryFilter 接口定义和实现了 QueryFilter（查询过滤器）对象共有的方法和属性，用户可获取和设置属性查询条件、空间查询条件。

IQueryFilter 接口常用方法如下。

（1）GetAttributeQueryString 方法。函数原型：String GetAttributeQueryString（）；函数说明：该方法用于获取属性查询条件。

（2）SetAttributeQuery 方法。函数原型：void SetAttributeQuery（String strQuery）；函数说明：该方法用于设置属性查询条件。参数 strQuery 为属性查询条件。

（3）GetQueryGeometry 方法。函数原型：IGeometry GetQueryGeometry（）；函数说明：该方法用于获取空间查询条件。

（4）SetSpatialQuery 方法。函数原型：void SetSpatialQuery（IGeometry ptrGeometryQuery）；函数说明：该方法用于设置空间查询条件。参数 ptrGeometryQuery 为空间查询条件。

**8. IEditor 接口**

空间数据编辑是 GIS 的基本功能之一，PIE-SDK 提供了丰富的编辑功能。其中 IEditor 接口是空间数据编辑功能最重要的接口，通过它可以启动或者停止一个编辑流程。通过该接口可实现矢量数据的开始编辑、结束编辑、获取编辑状态、保存编辑等方法或者属性。

下面对 IEditor 接口常用的方法和属性进行介绍。

1）IEditor 接口常用方法

（1）StartEditing 方法。函数原型：void StartEditing（）；函数说明：该方法用于对矢量数据开始编辑。

（2）StopEditing 方法。函数原型：void StopEditing（bool bSaveChanges）；函数说明：该方法用于对矢量数据结束编辑。参数 bSaveChanges 为保存是否改变。

（3）SaveEditing 方法。函数原型：void SaveEditing（）；函数说明：该方法用于对矢量数据保存编辑。

（4）HasEdits 方法。函数原型：bool HasEdits（）；函数说明：该方法用于判断矢量数据是否编辑过。返回值为是否编辑过。

（5）StartEditOperation 方法。函数原型：void StartEditOperation（String strDescription）；函数说明：该方法用于对矢量数据进行开始编辑操作。参数 strDescription 为操作名称描述。

（6）StopEditOperation 方法。函数原型：void StopEditOperation（）；函数说明：该方法用于对矢量数据进行结束编辑操作。

（7）AbortEditOperation 方法。函数原型：void AbortEditOperation（）；函数说明：该方法用于对矢量数据进行放弃编辑操作。

（8）GetEditState 方法函数原型：EditState GetEditState（）；函数说明：该方法用于获取矢量数据的编辑状态。

2）IEditor 接口常用属性

（1）Map 属性：获取或设置当前焦点地图。

（2）CurrentLayer 属性：获取或设置当前图层。

**9. IEditEvents 接口**

通过 IEditEvents 接口，开发者可以激活对 Editor 对象操作事件的监听器，捕获开始编辑、结束编辑等事件。

IEditEvents 接口常用事件如下。

（1）OnStartEditing 事件：开始编辑事件。

（2）OnStopEditing 事件：结束编辑事件。

（3）OnStartEditOperation 事件：开始编辑操作事件。

（4）OnStopEditOperation 事件：结束编辑操作事件。

（5）OnAbortEditOperation 事件：放弃编辑操作事件。

**10. IEditProperties 接口**

IEditProperties 接口是数据编辑属性接口。通过该接口可实现获取或者设置已选择节点符号、草图符号、草图节点符号、捕捉点符号、文本符号、追踪符号等方法或者属性。

下面对 IEditProperties 接口常用的方法和属性进行介绍。

1）IEditProperties 接口常用方法

（1）GetSnapTextSymbol 方法。函数原型：ITextSymbol GetSnapTextSymbol（String str）；函数说明：该方法用于获取捕捉文本符号。参数 str 为捕捉文本，返回值为捕捉文本符号对象。

（2）SetSnapTextSymbol 方法。函数原型：void　SetSnapTextSymbol（ITextSymbol ptrSymbol）；函数说明：该方法用于设置捕捉文本符号。参数 ptrSymbol 为捕捉文本符号对象。

2）IEditProperties 接口常用属性

（1）SelectedVertexSymbol 属性：获取或设置已选择节点符号。

（2）SketchSymbol 属性：获取或设置草图符号。

（3）SketchVertexSymbol 属性：获取或设置草图节点符号。

（4）SnapSymbol 属性：获取或设置捕捉点符号。

（5）TraceSymbol 属性：获取或设置追踪点符号。

**11. IEditSketch 接口**

IEditSketch 接口是数据编辑草图接口。通过该接口可实现获取或者设置编辑要素、刷新草图等方法或者属性。

下面对 IEditSketch 接口常用的方法和属性进行介绍。

1）IEditSketch 接口常用方法

RefreshSketch 方法。函数原型：void RefreshSketch（System.Drawing.Graphics graphics, IDisplayTransformation ptrTransform）；函数说明：该方法用于刷新草图。参数 graphics 为制图对象，ptrTransform 为转换对象。

2）IEditSketch 接口常用属性

EditFeature 属性：获取或设置当前编辑要素。

**12. IEditTrace 接口**

IEditTrace 接口是数据编辑追踪接口。通过该接口可实现获取是否追踪、设置追踪状态、设置追踪参数、实时追踪点等方法或者属性。

IEditTrace 接口常用方法如下。

（1）IsTraced 方法。函数原型：bool IsTraced（）；函数说明：该方法用于获取是否追踪。

（2）SetTraced 方法。函数原型：void SetTraced（bool bIsTraced）；函数说明：该方法用于设置追踪状态。参数 bIsTraced 为追踪状态。

（3）SetTraceParameter 方法。函数原型：void SetTraceParameter（IPoint pStartPoint, IList< IPoint> pLstTracePoint）；函数说明：该方法用于设置追踪状态。参数 pStartPoint 为起始点，参数 pLstTracePoint 为追踪结果点集合列表。

（4）Trace 方法。函数原型：void Trace（IPoint pRealPoint）；函数说明：该方法用于实时追踪地理点坐标。参数 pRealPoint 为实时追踪点对象。

**13. ISnapEnviroment 接口**

ISnapEnviroment 接口是数据编辑捕捉环境设置接口。通过该接口可实现获取或设置捕捉容差、节点、边缘点、结束点和中间点等方法或者属性。

ISnapEnviroment 接口常用方法如下。

（1）SetSnappingVertex 方法。函数原型：void SetSnappingVertex（bool b）；函数说明：该方法用于设置是否捕捉节点。参数 b 为是否捕捉。

（2）SetSnappingEdge 方法。函数原型：void SetSnappingEdge（bool b）；函数说明：该方法用于设置是否捕捉边缘点。参数 b 为是否捕捉。

（3）SetSnappingEnd 方法。函数原型：void SetSnappingEnd（bool b）；函数说明：该方法用于设置是否捕捉结束点。参数 b 为是否捕捉。

（4）SetSnappingPoint 方法。函数原型：void SetSnappingPoint（bool b）；函数说明：该方法用于设置是否捕捉点。参数 b 为是否捕捉。

（5）SetSnappingMidPoint 方法。函数原型：void SetSnappingMidPoint（bool b）；函数说明：该方法用于设置是否捕捉中间点。参数 b 为是否捕捉。

（6）SnapPoint 方法。函数原型：bool SnapPoint（IPoint inPoint, ref IPoint outPoint）；函数说明：该方法用于获取捕捉点是否成功。参数 inPoint 为输入点，参数 outPoint 为输出捕捉点，返回值为是否捕捉，捕捉返回 true，否则返回 false。

（7）DrawSnapping 方法。函数原型：void DrawSnapping（IPoint point）；函数说明：该方法用于绘制捕捉。参数 point 为捕捉点。

## 7.3.8　栅格数据管理

栅格数据是以规则的阵列来表示空间地物或现象分布的数据组织，组织中的每个数据表示地物或现象的非几何属性特征。栅格结构的显著特点：属性明显，定位隐含，即数据直接记录属性的指针或数据本身，而所在位置则根据行列号转换为相应的坐标。栅格数据结构简单，便于空间分析和地表模拟，现势性较强，缺点为数据量大，投影转换比较复杂。

**1. IRasterDataset 接口**

RasterDataset 对象是最主要的栅格数据集，可用来读取、写入常用格式的栅格数据。IRasterDataset 接口定义和实现了 RasterDataset（栅格数据集）对象共有的方法和属性，如获取和设置栅格数据集名称、空间参考、打开、写入、读取栅格数据集、构建数据金字塔、获取栅格信息等方法和属性。

下面对 IRasterDataset 接口常用的方法和属性进行介绍。

1）IRasterDataset 接口常用方法

（1）CanCopy 方法。函数原型：bool CanCopy（）；函数说明：该方法用于栅格数据集是否可复制。返回值为是否复制成功，成功返回 true，否则返回 false。

（2）Copy 方法。函数原型：bool Copy（String strFullName）；函数说明：该方法用于栅格数据集复制。参数 strFullName 为文件路径名称，返回值为是否复制成功，成功返回 true，否则返回 false。

（3）Open 方法。函数原型：bool Open（String strPath, OpenMode mode）；函数说明：该方法用于栅格数据集是否可打开。参数 strPath 为文件路径名称，mode 为打开模式，返回值为是否打开成功，成功返回 true，否则返回 false。

（4）UseRasterCoords 方法。函数原型：void UseRasterCoords（）；函数说明：该方法用于栅格数据集设置为使用栅格坐标。

（5）IsUsingRPC 方法。函数原型：bool IsUsingRPC（）；函数说明：该方法用于获取栅格数据集是否使用 RPC 投影。

（6）UseRPC 方法。函数原型：void UseRPC（bool bUse）；函数说明：该方法用于栅格数据集设置是否使用 RPC。

（7）Read 方法。函数原型：bool Read（int nx, int ny, int nWid, int nHei, Object pData, int nBufXSize, int nBufYSize, PixelDataType eBufType, int nBandCount, array<int> pBandMap）；函数说明：该方法用于获取栅格数据集读取数据块是否成功。参数 nx 为栅格 X 坐标，ny 为栅

格 Y 坐标，nWid 为读取的宽度，nHei 为读取的高度，pData 为数据缓冲，nBufXSize 为目标宽度，nBufYSize 为目标高度，eBufType 为读取类型，nBandCount 为波段数，pBandMap 为波段映射，返回值为读取数据块是否成功，成功返回 true，否则返回 false。

（8）Read 方法。函数原型：IPixelBuffer Read（int nx, int ny, int nWid, int nHei, int nBufXSize, int nBufYSize, IList<int> bandMap）；函数说明：该方法用于栅格数据集读取数据，保存在 PixelBuffer 中。参数 nx 为栅格 X 坐标，ny 为栅格 Y 坐标，nWid 为读取的宽度，nHei 为读取的高度，nBufXSize 为目标宽度，nBufYSize 为目标高度，bandMap 为波段映射，返回值为保存的 PixelBuffer 对象。

（9）CanWrite 方法。函数原型：bool CanWrite（）；函数说明：该方法用于栅格数据集是否可写。

（10）Write 方法。函数原型：bool Write（int nx, int ny, int nWid, int nHei, Object pData, int nBufXSize, int nBufYSize, PixelDataType eBufType, int nBandCount, array<int> pBandMap）；函数说明：该方法用于获取栅格数据集写入数据块是否成功。参数 nx 为栅格 X 坐标，ny 为栅格 Y 坐标，nWid 为读取的宽度，nHei 为读取的高度，pData 为数据缓冲，nBufXSize 为目标宽度，nBufYSize 为目标高度，eBufType 为读取类型，nBandCount 为波段数，pBandMap 为波段映射，返回值为写入数据块是否成功，成功返回 true，否则返回 false。

（11）BuildPyramid 方法。函数原型：bool BuildPyramid（float fSampleRate, DadaSampleType sample_type, ProgressCallback pProgressFunc, Object pProgressArg）；函数说明：该方法用于获取栅格数据集建立金字塔是否成功。参数 fSampleRate 为重采样比率，参数 sample_type 为采样方式："NEAREST""AVERAGE""MODE"等，pProgressFunc 为进度回调函数，pProgressArg 为进度回调函数参数，返回值为建立金字塔是否成功，成功返回 true，否则返回 false。

（12）GetPyramidLevel 方法。函数原型：int GetPyramidLevel（）；函数说明：该方法用于获取栅格数据集的金字塔层数。返回值为金字塔层数。

（13）GetPyramidSize 方法。函数原型：bool GetPyramidSize（int nLevel, ref int dbPyramidWdith, ref int dbPyramidHeight）；函数说明：该方法用于获取根据级数获取栅格数据集的金字塔尺寸是否成功。参数 nLevel 为金字塔级数，参数 dbPyramidWdith 为金字塔宽度，参数 dbPyramidHeight 为金字塔高度，返回值为获取金字塔尺寸是否成功，成功返回 true，否则返回 false。

（14）GetExtent 方法。函数原型：IEnvelope GetExtent（bool bForce）；函数说明：该方法用于获取栅格数据集的范围 Extent。参数 bForce 为是否强制，返回值为栅格数据集的范围 Extent。

（15）GetGCPCount 方法。函数原型：int GetGCPCount（）；函数说明：该方法用于获取控制点的个数。返回值为控制点的个数。

（16）GetMetadataItem 方法。函数原型：String GetMetadataItem（String pszName, String pszDomain）；函数说明：该方法用于获取栅格数据集的元数据信息。参数 pszName 为名称，pszDomain 为域名，返回值为元数据信息。

（17）GetGCPs 方法。函数原型：array<GCP> GetGCPs（）；函数说明：该方法用于获取控制点数组。返回值为控制点数组。

（18）GetGCPSpatialRef 方法。函数原型：void GetGCPSpatialRef（ref String strProj）；函

数说明：该方法用于获取控制点的投影 WKT 字符串。参数 strProj 为控制点的投影 WKT 字符串，返回值为控制点的投影 WKT 字符串。

（19）AddRasterBand 方法。函数原型：bool AddRasterBand（IRasterBand　rasterBand）；函数说明：该方法用于获取添加栅格波段对象是否成功。参数 rasterBand 为栅格波段对象，返回值为添加栅格波段对象是否成功，成功返回 true，否则返回 false。

（20）GetRasterBand 方法。函数原型：IRasterBand GetRasterBand（int nIndex）；函数说明：该方法用于获取栅格波段对象。参数 nIndex 为栅格波段索引，返回值为栅格波段对象。

（21）GetGeoTransform 方法。

（22）函数原型：array<double> GetGeoTransform（）；void GetGeoTransform（array<double> pTrans）；函数说明：该方法用于获取仿射变换参数。参数 pTrans 为仿射变换参数，返回值为仿射变换参数。

（23）SetGeoTransform 方法。函数原型：void SetGeoTransform（array<double> pTrans）；函数说明：该方法用于设置仿射变换参数。参数 pTrans 为仿射变换参数。

（24）GetRasterXSize 方法。函数原型：int GetRasterXSize（）；函数说明：该方法用于获取栅格宽度。

（25）GetRasterYSize 方法。函数原型：int GetRasterYSize（）；函数说明：该方法用于获取栅格高度。

（26）GetBandCount 方法。函数原型：int GetBandCount（）；函数说明：该方法用于获取栅格波段数。

（27）PixelToWorld_Ex 方法。函数原型：void PixelToWorld_Ex（double lCol, double lRow, ref double dblX, ref double dblY）；函数说明：该方法用于栅格坐标转地理坐标。参数 lCol 为栅格坐标列，lRow 为栅格坐标行，dblX 为地理坐标 X，dblY 为地理坐标 Y。

（28）WorldToPixel_Ex 方法。函数原型：void WorldToPixel_Ex（double dblX, double dblY, ref double lCol, ref double lRow）；函数说明：该方法用于地理坐标转为栅格坐标。参数 dblX 为地理坐标 X，dblY 为地理坐标 Y，lCol 为栅格坐标列，lRow 为栅格坐标行。

（29）ReadHistInfo 方法。函数原型：bool ReadHistInfo（）；函数说明：该方法用于获取从.HistInfo.XML 中读取统计信息是否成功。

（30）CalculateHistInfo 方法。函数原型：bool CalculateHistInfo（）；函数说明：该方法用于计算统计信息，重新计算是否成功。

（31）WriteHistInfo 方法。函数原型：bool WriteHistInfo（）；函数说明：该方法用于获取统计信息写入到.HistInfo.XML 文件是否成功。

2）IRasterDataset 接口常用属性
（1）FullName 属性：获得栅格数据集的路径名称。
（2）Name 属性：获取和设置栅格数据集的名称。
（3）DatasetType 属性：获取栅格数据集的类型。
（4）SpatialReference 属性：获取和设置栅格数据集的空间参考。

**2. IRasterBand 接口**
对于栅格数据集里的栅格数据，都有多个不同的光学颜色通道，对应影像中的每个 RasterBand（栅格波段）。IRasterBand 接口定义和实现了 RasterBand（栅格波段）对象共有的方法和属性，如获取和设置栅格数据波段分类名称、直方图信息、数据波段宽和高等信息，也实现了对栅格波段写入、读取栅格数据块等方法和属性。

下面对 IRasterBand 接口常用的方法和属性进行介绍。

1）IRasterBand 接口常用方法

（1）Read 方法。函数原型：bool Read（int nx, int ny, int nWid, int nHei, Object pData, int nBufXSize, int nBufYSize, PixelDataType eBufType）；函数说明：该方法用于获取栅格数据集读取数据块是否成功。参数 nx 和 ny 为栅格数据坐标值 x 和 y，nWid 为读取的宽度，nHei 为读取的高度，pData 为数据缓冲，nBufXSize 为目标宽度，nBufYSize 为目标高度，eBufType 为读取类型，返回值为读取数据块是否成功，成功返回 true，否则返回 false。

（2）Read 方法。函数原型：IPixelBuffer Read（int nx, int ny, int nWid, int nHei, int nBufXSize, int nBufYSize, IList<int> bandMap）；函数说明：该方法用于栅格数据集读取数据，保存在 PixelBuffer 中。参数 nx 和 ny 为栅格数据坐标值 x 和 y，nWid 为读取的宽度，nHei 为读取的高度，nBufXSize 为目标宽度，nBufYSize 为目标高度，bandMap 为波段映射，返回值为保存的 PixelBuffer 对象。

（3）Write 方法。函数原型：bool Write（int nx, int ny, int nWid, int nHei, Object pData, int nBufXSize, int nBufYSize, PixelDataType eBufType）；函数说明：该方法用于获取栅格数据集写入数据块是否成功。参数 nx 和 ny 为栅格数据坐标值 x 和 y，nWid 为读取的宽度，nHei 为读取的高度，pData 为数据缓冲，nBufXSize 为目标宽度，nBufYSize 为目标高度，eBufType 为读取类型，返回值为写入数据块是否成功，成功返回 true，否则返回 false。

（4）GetCategoryNames 方法。函数原型：IList<String> GetCategoryNames（）；函数说明：该方法用于获取栅格波段分类名称信息。返回值为栅格波段分类名称信息。

（5）SetCategoryNames 方法。函数原型：bool SetCategoryNames（IList<String> stringIList）；函数说明：该方法用于设置栅格波段分类名称信息。参数 stringIList 为栅格波段分类名称信息，返回值为设置栅格波段分类名称信息是否成功，成功返回 true，否则返回 false。

（6）GetRasterDataType 方法。函数原型：PixelDataType GetRasterDataType（）；函数说明：该方法用于获取像素数据类型。返回值为像素数据类型。

（7）GetXSize 方法。函数原型：int GetXSize（）；函数说明：该方法用于获取栅格宽度。返回值为栅格宽度。

（8）GetYSize 方法。函数原型：int GetYSize（）；函数说明：该方法用于获取栅格高度。返回值为栅格高度。

（9）GetBlockSize 方法。函数原型：void GetBlockSize（ref int nx, ref int ny）；函数说明：该方法用于获取数据存储分块的宽度和高度。参数 nx 为栅格宽度，ny 为栅格高度。

（10）GetBandID 方法。函数原型：int GetBandID（）；函数说明：该方法用于获取当前波段在数据集中的序号，如果返回 0，则表示当前波段没有数据集。

（11）IsExsitNoDataValue 方法。函数原型：bool IsExsitNoDataValue（）；函数说明：该方法用于获取当前波段中是否存在无效数据值。

（12）GetNoDataValue 方法。函数原型：double GetNoDataValue（）；函数说明：该方法用于获取当前波段中的无效数据值。

（13）SetNoDataValue 方法。函数原型：void SetNoDataValue（double dValue）；函数说明：

该方法用于设置当前波段中的无效数据值。

2）IRasterBand 接口常用属性

（1）Histogram 属性：获取栅格数据波段的 Histogram 统计直方图信息。

（2）Table 属性：获取和设置栅格数据波段的颜色对照表。

**3. IColorTable 接口**

ColorTable（颜色对照表）是管理和设置 Color 的集合，其包含各种各样的颜色项。IColorTable 接口定义和实现了 ColorTable（颜色对照表）对象共有的方法和属性，如添加颜色表项、清空颜色表、获取颜色表项、获取颜色表项个数、查询对颜色表项的设置是否成功等方法。

IColorTable 接口常用方法如下。

（1）AddColorEntry 方法。函数原型：void AddColorEntry（IColorEntry colorEntry）；函数说明：该方法用于添加颜色表项。参数 colorEntry 为颜色表项对象。

（2）ClearColorEntry 方法。函数原型：void ClearColorEntry（）；函数说明：该方法用于清空颜色表。

（3）GetColorEntryCount 方法。函数原型：int GetColorEntryCount（）；函数说明：该方法用于获取颜色表项个数。返回值为颜色表项个数。

（4）GetColorEntry 方法。函数原型：IColorEntry GetColorEntry（int index）；函数说明：该方法用于获取颜色表项。参数 index 为颜色表项编号，返回值为颜色表项值。

（5）SetColorEntry 方法。函数原型：bool SetColorEntry（int index, IColorEntry colorEntry）；函数说明：该方法用于获取设置颜色表项是否成功。参数 index 为颜色表项编号，colorEntry 为颜色表项对象，返回值为设置颜色表项是否成功，成功返回 true，否则返回 false。

**4. IColorEntry 接口**

IColorEntry 接口常用属性如下。

（1）C1 属性：获取或设置颜色项 C1。

（2）C2 属性：获取或设置颜色项 C2。

（3）C3 属性：获取或设置颜色项 C3。

（4）C4 属性：获取或设置颜色项 C4。

**5. DataSourceUtil 类**

DataSourceUtil 实现了栅格数据集获取像素类型的大小以及利用 Geometry 几何图形裁剪栅格数据、投影转换的方法。

DataSourceUtil 类常用方法如下。

（1）GetTypeSize 方法。函数原型：int GetTypeSize（PixelDataType eType）；函数说明：该方法用于获取栅格数据类型大小，以字节为单位。参数 eType 为像素数据的存储类型，返回值为栅格数据类型大小。

（2）Clip 方法。函数原型：bool Clip（String strSrcPath, String strDesPath, IGeometry pClipGeometry, ProgressCallback pProgressFunc, double dInvalidValue）；函数说明：该方法用于获取栅格数据类型大小，以字节为单位。参数 strSrcPath 为待裁剪栅格数据路径，strDesPath 为裁剪栅格数据要保存的路径，pClipGeometry 为裁剪所需的几何图形 Geometry 对象，pProgressFunc 为进度回调函数，dInvalidValue 为无效值设置，默认为 0，返回值为 Geometry

裁剪栅格数据是否成功。

（3）Transform 方法。函数原型：bool Transform（String strSrcPath, String strDesPath, ISpatial Reference ptrDesSRef,double dInvalidValue,ProgressCallback pProgressFunc, Object pProgressArg）；函数说明：该方法用于数据的投影转换（栅格和矢量数据都可转换）。参数 strSrcPath 为待转换投影数据路径，strDesPath 为转换后数据要保存的路径，ptrDesSRef 为要转换成的空间参考信息 SpatialReference 对象，dInvalidValue 为无效值设置，默认为 0，pProgressFunc 为进度回调函数，pProgressArg 为进度回调函数参数，返回值为转换投影是否成功。

### 7.3.9　空间数据管理开发实战

**1. 创建矢量要素数据集实战**

参见共享文件夹中的“01 源代码\07 第 7 章 遥感与 GIS 一体化开发\7.3.9 空间数据管理开发实战\ 1.创建矢量要素数据集实战”。

**2. 创建栅格数据集实战**

参见共享文件夹中的“01 源代码\07 第 7 章 遥感与 GIS 一体化开发\7.3.9 空间数据管理开发实战\ 2.创建栅格数据集实战”。

# 第8章　地　图　制　图

PIE-SDK 专题地图制图是生成一幅地图产品的过程。PIE-SDK 可以快速地在专题地图上添加图名、比例尺、指北针等要素，从而生成一幅可输出的专题地图。在专题地图制作过程中，可通过地图标注来显示标注信息、标绘图形元素来显示各类矢量图形、设置图层的不同符号来进行可视化渲染。所有参数设置完毕后，可以将设置保存为一个快速制图模板文件或者导出为一个图片。专题地图制图主要包括地图标注、标绘元素、符号样式设置、图层渲染以及成图出图等（王周龙等，2003）。本章主要是对专题地图制图的各个功能模块进行实例开发讲解。

## 8.1　地　图　标　注

地图标注是地图的重要特性，是表达制图对象的名称或数量及质量特征的文字和数字等文字语言。它用于说明制图对象的名称、种类、性质和数量等具体特征，不仅可以弥补地图符号的不足，丰富地图的内容，而且在某种程度上也能起到符号的作用。

AnnotateLayerProperties 对象是一个要素图层的属性，是多个标注对象的集合。IAnnotateLayerProperties 接口实现了获取和设置图层注记字段、注记文本符号、可见最大比例尺、可见最小比例尺等属性。

IAnnotateLayerProperties 接口常用属性如下。

（1）FeatureLayer 属性：获取或设置图层注记的矢量图层。

（2）AnnoField 属性：获取或设置图层注记的字段。

（3）Symbol 属性：获取或设置图层注记的文本符号。

（4）DisplayAnnotation 属性：获取或设置图层注记的可见性。

（5）MaximumScale 属性：获取或设置图层注记可见的最大比例尺。

（6）MinimumScale 属性：获取或设置图层注记可见的最小比例尺。

## 8.2　标　绘　元　素

地图标注用来在地图上修饰要素或者图形元素的对象，通常使用 Element（元素）来描述。Element 对象主要包括 CircleElement（圆元素）、CurveElement（曲线元素）、EllipseElement（椭圆元素）、LineElement（线元素）、MarkerElement（点元素）、PictureElement（图片元素）、PolygonElement（多边形元素）、RectangleElement（矩形元素）和 TextElement（文本元素）共九大类。除 PictureElement 是设置使用的图片之外，其他八类元素对象都是通过指定 Element 对象的 Geometry 属性定义其空间位置、形态，同时，利用 SetSymbol 方法设置 Element 对象的符号样式，进而得到相应的标绘元素。

## 8.2.1 Element 元素

IElement 是被多种元素对象实现的接口，包括 MarkerElement、LineElement、PolygonElement、PictureElement、TextElement 等。IElement 接口定义了一系列方法和属性来实现一个 Element 对象。属性包括获取或设置元素对象的 Geometry、空间参考、CustomerProperty 等，方法包括获取元素的范围大小、设置是否可见、查询外接多边形、绘制等。

**1. IElement 接口常用方法**

（1）Draw 方法。函数原型：void Draw（Graphics graphics, IDisplayTransformation trasform, ITrackerCancel tracker）；函数说明：该方法用于绘制几何图形，参数 graphics 为制图对象、trasform 为转换对象，tracker 为指示是否可以终止进程的 ITrackerCancel 对象。

（2）Clone 方法。函数原型：IElement Clone（）；函数说明：该方法用于克隆当前元素对象。

（3）GetID 方法。函数原型：String GetID（）；函数说明：该方法用于获取当前元素的 ID。

（4）GetElementType 方法。函数原型：ElementType GetElementType（）；函数说明：该方法用于获取元素的类型。

（5）GetExtent 方法。函数原型：IEnvelope GetExtent（）；函数说明：该方法用于获取当前元素的范围。

（6）IsVisible 方法。函数原型：bool IsVisible（）；函数说明：该方法用于判断当前元素是否可见。

（7）SetVisibility 方法。函数原型：void SetVisibility（bool bVisible）；函数说明：该方法用于设置当前元素的可见性。

（8）HitTest 方法。函数原型：bool HitTest（double x, double y, double tolerance）；函数说明：该方法用于鼠标单击测试，参数 x、y 和 tolerance 分别为点击处的 X、Y 坐标值及容差值。

（9）QueryBounds 方法。函数原型：IEnvelope QueryBounds（IDisplayTransformation trasform）；函数说明：该方法用于查询元素的外接多边形，参数 trasform 为转换对象。

（10）Move 方法。函数原型：bool Move（double dx, double dy）；函数说明：该方法用于移动当前元素对象，参数 dx、dy 分别为 X、Y 方向的偏移值。

（11）CanRotate 方法。函数原型：bool CanRotate（）；函数说明：该方法用于判断当前元素对象是否可以旋转。

（12）Rotate 方法。函数原型：bool Rotate（IPoint originPoint, double rotationAngle）；函数说明：该方法用于旋转当前元素对象，参数 originPoint 为参照点，rotationAngle 为旋转角度。

（13）Scale 方法。函数原型：bool Scale（IPoint originPoint, double sx, double sy）；函数说明：该方法用于当前元素的缩放，参数 originPoint 为参照点，sx、sy 分别为 X、Y 方向的缩放值。

（14）GetFixedSize 方法。函数原型：bool GetFixedSize（）；函数说明：该方法用于当前元素的获取固定缩放比大小。

**2. IElement 接口常用属性**

（1）Name 属性：获取或设置元素名称。

（2）CustomerProperty 属性：获取或设置元素属性。

（3）SpatialReference 属性：获取或设置元素空间参考。

（4）Geometry 属性：获取或设置元素的几何体对象。

（5）FixedAspectRatio 属性：获取或设置元素是否按原比例缩放。

## 8.2.2　点元素

IMarkerElement 继承自 IElement 接口，实现了任何一个点状元素所共有的方法和属性，可设置点状元素的符号。

点元素绘制实例：参见共享文件夹中的"01 源代码\08 第 8 章　地图制图\8.2.2 点元素"。

## 8.2.3　线元素

ILineElement 继承自 IElement 接口，实现了任何一个折线线状元素所共有的方法和属性，可设置折线线状元素的符号，如 LineElement（线元素）以及 CircleElement（圆元素）、EllipseElement（椭圆元素）、PolygonElement（多边形元素）、RectangleElement（矩形元素）的外边框线。

ICurveElement 继承自 IElement 接口，实现了任何一个 Curve（曲线）元素所共有的方法和属性，可设置曲线线状元素的符号。

线元素绘制实例：参见共享文件夹中的"01 源代码\08 第 8 章　地图制图\8.2.3 线元素"。

## 8.2.4　面元素

IPolygonElement 继承自 IElement 接口，实现了任何一个 Polygon（多边形）元素所共有的方法和属性，可设置多边形面元素的符号。

IEllipseElement 继承自 IElement 接口，实现了任何一个 Ellipse（椭圆）元素所共有的方法和属性，可设置椭圆元素的符号。

ICircleElement 继承自 IElement 接口，实现了任何一个 Circle（圆）元素所共有的方法和属性，可设置圆元素的符号。

IRectangleElement 继承自 IElement 接口，实现了任何一个 Rectangle（矩形）元素所共有的方法和属性，可设置矩形元素的符号。

面元素绘制实例：参见共享文件夹中的"01 源代码\08 第 8 章　地图制图\8.2.4 面元素"。

## 8.2.5　文本元素

ITextElement 继承自 IElement 接口，实现了任何一个文本类型元素所共有的方法和属性，如获取和设置文字、文本符号的属性。

文本元素绘制实例：参见共享文件夹中的"01 源代码\08 第 8 章　地图制图\8.2.5 文本元素"。

## 8.2.6　图片元素

IPictureElement 继承自 IElement 接口，实现了任何一个图片类型元素所共有的方法和属性，如获取和设置图片、获取图片路径等方法。

图片元素绘制实例：参见共享文件夹中的"01 源代码\08 第 8 章 地图制图\8.2.6 图片元素"。

### 8.2.7　箭头元素

IArrowElement 继承自 IElement 接口，实现了一个填充面状箭头元素所共有的方法和属性，可获取和设置箭头状元素的填充面符号和宽度。

ILineArrowElement 继承自 IElement 接口，实现了一个线状箭头元素所共有的方法和属性，可获取和设置箭头状元素的线符号样式和宽度。

## 8.3　符号样式设置

### 8.3.1　Symbol 对象

地图用符号和标记来表示地理对象的某些描述信息，Symbol 就是用来在地图上修饰要素或者图形元素的对象。GIS 中的离散实体有三种：点、线、面实体，在 PIE-SDK 中用三种符号来表示，分别是 MarkerSymbol、LineSymbol、FillSymbol，除此之外还有 TextSymbol 用于文字标注。所有的符号都实现了 ISymbol 接口，ISymbol 定义了符号对象的基本方法和属性。

### 8.3.2　点状符号样式

**1. IMarkerSymbol 接口**

MarkerSymbol 对象是用于修饰点状对象的符号，包括 ArrowMarkerSymbol（箭头形式符号）、CharacterMarkerSymbol（字符形式点符号）、MultiLayerMarkerSymbol（多个符号叠加生成的新的点符号）、PictureMarkerSymbol（以图片为背景的点符号）、SimpleMarkerSymbol（简单类型的点符号）等 5 个不同类型点符号的子类。

IMarkerSymbol 接口是一个任何点状符号对象都实现的接口，它包含了所有点状符号共有的方法和属性，如绘制 Draw、查询外接多边形，获得点状符号对象的角度、颜色、大小、X、Y 方向偏移量等。

下面对 IMarkerSymbol 接口常用的方法和属性进行介绍。

1）IMarkerSymbol 接口常用方法

（1）Draw 方法。函数原型：bool Draw（Graphics graphics, Point point）; bool Draw（Graphics graphics, IDisplayTransformation displayTransformation, IGeometry geometry）; 函数说明：该方法用于绘制点对象，可以直接在 Graphics 对象上绘制目标点对象，也可以通过转换对象和几何体对象在 Graphics 对象上绘制。参数 graphics 为 Graphics 对象，displayTransformation 为转换对象，geometry 为目标几何体对象，返回值为绘制成功时为 true，否则为 false。

（2）GetType 方法。函数原型：SymbolType GetType（）; 函数说明：该方法用于获得当前点符号的样式符号类型。返回值为当前点符号的样式符号类型。

（3）Clone 方法。函数原型：ISymbol Clone（）; 函数说明：该方法用于克隆当前点符号对象。返回值为克隆的点符号对象。

（4）QueryBoundary 方法。函数原型：IEnvelope QueryBoundary（IDisplayTransformation displayTransformation, IGeometry geometry）; 函数说明：该方法用于查询当前点符号对象的外接多边形，参数 displayTransformation 为转换对象，geometry 为目标几何体对象，返回值为

当前点符号的外接多边形对象。

2）IMarkerSymbol 接口常用属性

（1）Angle 属性：获取或者设置点符号的旋转角度。

（2）Color 属性：获取或者设置点符号的颜色。

（3）Size 属性：获取或者设置点符号的大小。

（4）XOffset 属性：获取或者设置点符号的 X 方向的偏移量。

（5）YOffset 属性：获取或者设置点符号的 Y 方向的偏移量。

**2. IArrowMarkerSymbol 接口**

IArrowMarkerSymbol 接口是一个箭头形式的点状符号对象的接口，可用来设置和修改包含箭头形状的点状符号，如设置箭头长度和宽度、导入导出 Symbol 符号等。

下面对 IArrowMarkerSymbol 接口常用的方法和属性进行介绍。

1）IArrowMarkerSymbol 接口常用方法

（1）ImportFromJson 方法。函数原型：bool ImportFromJson（String jsonString）；函数说明：该方法用于将目标 Json 字符串导入为箭头点符号对象，参数 jsonString 为目标 Json 字符串。

（2）ExportToJson 方法。函数原型：String ExportToJson（）；bool ExportToJson（ref String jsonString）；函数说明：该方法用于将当前箭头点符号对象导出为 Json 字符串，参数 jsonString 为目标 Json 字符串。

2）IArrowMarkerSymbol 接口常用属性

（1）Length 属性：获取或者设置当前箭头点符号的长度。

（2）Width 属性：获取或者设置当前箭头点符号的宽度。

**3. ICharacterMarkerSymbol 接口**

ICharacterMarkerSymbol 接口是一个字符形式的点状符号对象的接口，它包含了字符点状符号共有的方法和属性，如导入导出 Symbol 符号、获取或设置当前字符点状符号的字体和符号编号。

下面对 ICharacterMarkerSymbol 接口常用的方法和属性进行介绍。

1）ICharacterMarkerSymbol 接口常用方法

（1）ImportFromJson 方法。函数原型：bool ImportFromJson（String jsonString）；函数说明：该方法用于将目标 Json 字符串导入为字符点状符号对象，参数 jsonString 为目标 Json 字符串。

（2）ExportToJson 方法。函数原型：String ExportToJson（）；bool ExportToJson（ref String jsonString）；函数说明：该方法用于将当前字符点状符号对象导出为 Json 字符串，参数 jsonString 为目标 Json 字符串。

2）ICharacterMarkerSymbol 接口常用属性

（1）Font 属性：获取或者设置当前字符点状符号的字体。

（2）CharacterIndex 属性：获取或者设置当前字符点状符号的符号编号。

**4. ISimpleMarkerSymbol 接口**

ISimpleMarkerSymbol 接口是一个简单类型的点状符号对象的接口，它包含了简单类型点状符号共有的方法和属性，如获取或者设置是否绘制轮廓线、颜色、符号样式、导入导出

Symbol 符号等。

下面对 ISimpleMarkerSymbol 接口常用的方法和属性进行介绍。

1）ISimpleMarkerSymbol 接口常用方法

（1）ImportFromJson 方法。函数原型：bool ImportFromJson（String jsonString）；函数说明：该方法用于从目标 Json 字符串导入简单点符号对象，参数 jsonString 为目标 Json 字符串。

（2）ExportToJson 方法。函数原型：String ExportToJson（）；bool ExportToJson（ref String jsonString）；函数说明：该方法用于将当前简单点符号对象导出为 Json 字符串，参数 jsonString 为目标 Json 字符串。

2）ISimpleMarkerSymbol 接口常用属性

（1）OutlineColor 属性：获取或者设置当前简单点符号的轮廓线颜色。

（2）OutlineSize 属性：获取或者设置当前简单点符号的轮廓线尺寸。

（3）Style 属性：获取或者设置当前简单点符号的样式。

（4）IsDrawOutline 属性：获取或者设置当前简单点符号是否绘制轮廓线。

**5. IPictureMarkerSymbol 接口**

IPictureMarkerSymbol 接口是一个以图片为背景的点状符号对象的接口，它包含了以图片为背景的点状符号共有的方法和属性，如设置图片、绘制点、导入导出 Symbol 符号等。

下面对 IPictureMarkerSymbol 接口常用的方法和属性进行介绍。

1）IPictureMarkerSymbol 接口常用方法

（1）CreateFromFile 方法。函数原型：bool CreateFromFile（String filePath）；函数说明：该方法用于从文件创建图片点符号对象，参数 filePath 为目标文件路径。

（2）DrawPoint 方法。函数原型：bool DrawPoint（Graphics graphics, IDisplayTransformation displayTransformation, IPoint point）；函数说明：该方法用于绘制图片点符号对象，参数 graphics 为 Graphics 对象，displayTransformation 为转换对象，point 为目标点对象。

（3）ImportFromJson 方法。函数原型：bool ImportFromJson（String jsonString）；函数说明：该方法用于从 Json 字符串导入图片点符号对象，参数 jsonString 为目标 Json 字符串。

（4）ExportToJson 方法。函数原型：String ExportToJson（）；bool ExportToJson（ref String jsonString）；函数说明：该方法用于将当前图片点符号对象导出为 Json 字符串，参数 jsonString 为目标 Json 字符串。

2）IPictureMarkerSymbol 接口常用属性

Image 属性：设置当前图片点符号的图片。

**6. IMultiLayerMarkerSymbol 接口**

IMultiLayerMarkerSymbol 接口是一个使用多个符号生成新的点状符号对象的接口，它包含了多图层点状符号共有的方法和属性，如获取或者设置旋转角度、颜色、大小、添加、删除点符号样式图层、导入导出 Symbol 符号等方法和属性。

下面对 IMultiLayerMarkerSymbol 接口常用的方法和属性进行介绍。

1）IMultiLayerMarkerSymbol 接口常用方法

（1）AddLayer 方法。函数原型：bool AddLayer（IMarkerSymbol ptrMarkerSymbol, bool bLocked）；函数说明：该方法用于在当前多图层点符号对象中添加图层，参数 ptrMarkerSymbol 为目标点符号对象，bLocked 为指示是否被锁定的 bool 值。

（2）MoveLayer 方法。函数原型：bool MoveLayer（IMarkerSymbol ptrMarkerSymbol, int index）；函数说明：该方法用于移动当前多图层点符号对象中某个图层对象，参数 ptrMarkerSymbol 为点符号对象，index 为目标点符号图层索引值。

（3）DeleteLayer 方法。函数原型：bool DeleteLayer（int index）；函数说明：该方法用于删除当前多图层点符号对象中某个图层对象，参数 index 为目标图层对应的索引值。

（4）ClearLayer 方法。函数原型：bool ClearLayer（）；函数说明：该方法用于清空当前多图层点符号对象中的所有图层。

（5）GetLayer 方法。函数原型：IMarkerSymbol GetLayer（int index）；函数说明：该方法用于获得当前多图层点符号对象中的某个图层对象，参数 index 为目标图层索引值。

（6）GetLayerCount 方法。函数原型：int GetLayerCount（）；函数说明：该方法用于获得当前多图层点符号对象中图层数目，返回值为图层数目。

（7）IsLayerLocked 方法。函数原型：bool IsLayerLocked（int index）；函数说明：该方法用于判断当前多图层点符号对象中某个图层是否被锁定，参数 index 为目标图层对象的索引值。

（8）DrawLayer 方法。函数原型：bool DrawLayer（Graphics graphics, IDisplayTransformation ptrDisplayTransformation, int index, IGeometry ptrGeometry）；函数说明：该方法用于在目标图层中绘制几何形状，参数 graphics 为 Graphics 对象，ptrDisplayTransformation 为转换对象，index 为目标图层索引，ptrGeometry 为目标几何图形对象。

（9）ImportFromJson 方法。函数原型：bool ImportFromJson（String jsonString）；函数说明：该方法用于从 Json 字符串导入点符号样式，参数 jsonString 为目标 Json 字符串。

（10）ExportToJson 方法。函数原型：String ExportToJson（）；bool ExportToJson（ref String jsonString）；函数说明：该方法用于将目标点符号对象导出为 Json 字符串，参数 jsonString 为该 Json 字符串。

2）IMultiLayerMarkerSymbol 接口常用属性
（1）Angle 属性：获取或者设置当前多图层点符号对象的旋转角度。
（2）Color 属性：获取或者设置当前多图层点符号对象的颜色。
（3）Size 属性：获取或者设置当前多图层点符号对象的点的大小。
（4）XOffset 属性：获取或者设置当前多图层点符号对象的 X 方向的偏移。
（5）YOffset 属性：获取或者设置当前多图层点符号对象的 Y 方向的偏移。

**7. 点状符号样式实例**
参见共享文件夹中的"01 源代码\08 第 8 章 地图制图\8.3.2 点状符号样式"。

## 8.3.3 线状符号样式

**1. ILineSymbol 接口**
LineSymbol 对象是用于修饰线状对象的符号，包括 CartographicLineSymbol（制图形式的线符号）、MarkerLineSymbol（由点状符号形成的线符号）、MultiLayerLineSymbol（多个符号叠加生成的新的线符号）、PictureLineSymbol（以图片为背景的线符号）、SimpleLineSymbol（简单类型的线符号）5 个不同类型线符号的子类。

ILineSymbol 接口是一个任何线状符号对象都实现的接口，它包含了所有线状符号都共有的方法和属性，除了实现 IMarkerSymbol 接口的方法以外，还可以设置线的偏移量 Offset、Width（线宽）、颜色、线帽样式等属性。

下面对 ILineSymbol 接口常用的方法和属性进行介绍。

1）ILineSymbol 接口常用方法

（1）Draw 方法。函数原型：bool Draw（Graphics graphics, array<System.Drawing.Point> points）；bool Draw（Graphics graphics, IDisplayTransformation displayTransformation, IGeometry geometry）；函数说明：该方法用于绘制几何体对象，可以通过点集合组成的绘制路径在 Graphics 上直接绘制，也可以通过转换对象和几何体对象在 Graphics 上绘制。参数 graphics 为 Graphics 对象，参数 points 为绘制路径，参数 displayTransformation 为转换对象，参数 geometry 为目标几何体对象，返回值为布尔型，当绘制成功时取值 true，否则为 false。

（2）GetType 方法。函数原型：SymbolType GetType（）；函数说明：该方法用于获得当前线符号的样式符号类型。返回值为当前线符号的样式符号类型。

（3）Clone 方法。函数原型：ISymbol Clone（）；函数说明：该方法用于克隆当前线要素对象。返回值为当前线符号的克隆对象。

（4）QueryBoundary 方法。函数原型：IEnvelope QueryBoundary（IDisplayTransformation displayTransformation, IGeometry geometry）；函数说明：该方法用于查询当前线符号的外接多边形，参数 displayTransformation 为转换对象，geometry 为目标几何体对象，返回值为当前线符号的外接多边形。

2）ILineSymbol 接口常用属性

（1）Offset 属性：获取或者设置线符号对象的偏移量。

（2）Width 属性：获取或者设置线符号对象的宽度。

（3）Color 属性：获取或者设置线符号对象的颜色。

（4）Cap 属性：获取或者设置线符号对象的线帽样式。

（5）Join 属性：获取或者设置线符号对象的连接样式。

（6）MiterLimit 属性：获取或者设置线符号对象的转角限量。

**2. ICartographicLineSymbol 接口**

ICartographicLineSymbol 接口是一个制图线状符号对象的接口，它包含了制图线状符号共有的方法和属性，如获取或者设置线的间距和制图线的规则、设置线宽、导入导出 Symbol 符号等方法和属性。

下面对 ICartographicLineSymbol 接口常用的方法和属性进行介绍。

1）ICartographicLineSymbol 接口常用方法

（1）Draw 方法。函数原型：bool Draw（Graphics graphics, array<System.Drawing.Point> points）；bool Draw（Graphics graphics, IDisplayTransformation displayTransformation, IGeometry geometry）；函数说明：该方法用于绘制几何图形，可以通过制图对象和绘制路径来绘制，也可以通过制图对象、转换对象及目标几何图形来绘制。参数 graphics 为制图对象，points 为绘制路径，displayTransformation 为转换对象，geometry 为目标几何体对象，当绘制成功时返回值为 true，否则为 false。

（2）ImportFromJson 方法。函数原型：bool ImportFromJson（String jsonString）；函数说明：该方法用于从 Json 字符串导入符号对象，参数 jsonString 为目标 Json 字符串。

（3）ExportToJson 方法。函数原型：String ExportToJson（）；bool ExportToJson（ref String jsonString）；函数说明：该方法用于将符号对象导出为 Json 字符串，参数 jsonString 为该 Json 字符串。

2）ICartographicLineSymbol 接口常用属性

（1）Width 属性：设置当前制图线符号的宽度。

（2）Interval 属性：获取或者设置当前制图线符号的间距。

（3）DashPattern 属性：获取或者设置当前制图线符号的规则。

**3. ISimpleLineSymbol 接口**

ISimpleLineSymbol 接口是一个简单线状符号对象的接口，它包含了简单线状符号共有的方法和属性，如获取或者设置简单线符号样式、导入导出 Symbol 符号等方法和属性。

下面对 ISimpleLineSymbol 接口常用的方法和属性进行介绍。

1）ISimpleLineSymbol 接口常用方法

（1）ImportFromJson 方法。函数原型：bool ImportFromJson（String jsonString）；函数说明：该方法用于从 Json 字符串导入简单线符号对象，参数 jsonString 为该 Json 字符串。

（2）ExportToJson 方法。函数原型：String ExportToJson（）；bool ExportToJson（ref String jsonString）；函数说明：该方法用于将当前符号对象导出为 Json 字符串，参数 jsonString 为该 Json 字符串。

2）ISimpleLineSymbol 接口常用属性

Style 属性：获取或者设置当前简单线符号的样式。

**4. IMarkerLineSymbol 接口**

IMarkerLineSymbol 接口是一个由点样式组成的线状符号对象的接口，它包含了点样式线状符号共有的方法和属性，如获取或者设置点符号、线宽度、绘制、导入导出 Symbol 符号等方法和属性。

下面对 IMarkerLineSymbol 接口常用的方法和属性进行介绍。

1）IMarkerLineSymbol 接口常用方法

（1）Draw 方法。函数原型：bool Draw（Graphics graphics, array<System.Drawing.Point> points）；bool Draw（Graphics graphics, IDisplayTransformation displayTransformation, IGeometry geometry）；函数说明：该方法用于绘制几何图形，可以通过制图对象和绘制路径来绘制，也可以通过制图对象、转换对象及目标几何图形来绘制。参数 graphics 为制图对象，points 为绘制路径，displayTransformation 为转换对象，geometry 为目标几何体对象，绘制成功时返回值为 true，否则为 false。

（2）ImportFromJson 方法。函数原型：bool ImportFromJson（String jsonString）；函数说明：该方法用于从 Json 字符串导入点状线符号对象，参数 jsonString 为该 Json 字符串。

（3）ExportToJson 方法。函数原型：String ExportToJson（）；bool ExportToJson（ref String jsonString）；函数说明：该方法用于将当前符号对象导出为 Json 字符串，参数 jsonString 为该 Json 字符串。

2）IMarkerLineSymbol 接口常用属性

（1）MarkerSymbol 属性：获取或者设置当前点状线符号的点符号。

（2）Interval 属性：获取或者设置当前点状线符号的线间距。

（3）DashPattern 属性：获取或者设置当前点状线符号的制图线的规则。

**5. IPictureLineSymbol 接口**

IPictureLineSymbol 接口是一个以图片为背景样式组成的线状符号对象的接口，它包含了图片样式线状符号共有的方法和属性，如获取或者设置 X、Y 方向缩放比例、设置图片、导入导出 Symbol 符号等方法和属性。

下面对 IPictureLineSymbol 接口常用的方法和属性进行介绍。

1）IPictureLineSymbol 接口常用方法

（1）CreateFromFile 方法。函数原型：bool CreateFromFile（String filePath）；函数说明：该方法用于从文件创建图片线符号对象，参数 filePath 为目标文件路径。

（2）ImportFromJson 方法。函数原型：bool ImportFromJson（String jsonString）；函数说明：该方法用于从 Json 字符串导入图片线符号对象，参数 jsonString 为该 Json 字符串。

（3）ExportToJson 方法。函数原型：String ExportToJson（）；bool ExportToJson（ref String jsonString）；函数说明：该方法用于将当前符号对象导出为 Json 字符串，参数 jsonString 为该 Json 字符串。

2）IPictureLineSymbol 接口常用属性

（1）Image 属性：获取或者设置当前图片线符号的图片。

（2）XScale 属性：获取或者设置当前图片线符号的 X 方向缩放比例。

（3）YScale 属性：获取或者设置当前图片线符号的 Y 方向缩放比例。

**6. IMultiLayerLineSymbol 接口**

IMultiLayerLineSymbol 接口是一个使用多个符号生成新的线状符号对象的接口，它包含了多图层线状符号共有的方法和属性，如添加、删除线符号样式图层、获得线符号图层数目、导入导出 Symbol 符号等方法和属性。

下面对 IMultiLayerLineSymbol 接口常用的方法和属性进行介绍。

IMultiLayerLineSymbol 接口常用方法如下。

（1）AddLayer 方法。函数原型：bool AddLayer（ILineSymbol ptrLineSymbol, bool bLocked）；函数说明：该方法用于在当前多图层线符号对象中添加图层，参数 ptrLineSymbol 为目标线符号对象，bLocked 为指示是否被锁定的 bool 值。

（2）MoveLayer 方法。函数原型：bool MoveLayer（ILineSymbol ptrLineSymbol, int index）；函数说明：该方法用于移动当前多图层线符号对象中某个图层对象，参数 ptrLineSymbol 为线符号对象，index 为目标线符号图层索引值。

（3）DeleteLayer 方法。函数原型：bool DeleteLayer（int index）；函数说明：该方法用于删除当前多图层线符号对象中某个图层对象，参数 index 为目标图层对应的索引值。

（4）ClearLayer 方法。函数原型：bool ClearLayer（）；函数说明：该方法用于清空当前多图层线符号对象中的所有图层。

（5）GetLayer 方法。函数原型：ILineSymbol GetLayer（int index）；函数说明：该方法用于获得当前多图层线符号对象中的某个图层对象，参数 index 为目标图层索引值。

（6）GetLayerCount 方法。函数原型：int GetLayerCount（）；函数说明：该方法用于获得当前多图层线符号对象中图层数目，返回值为图层数目。

（7）DrawLayer 方法。函数原型：bool DrawLayer（Graphics graphics, IDisplayTransformation ptrDisplayTransformation, int index, IGeometry ptrGeometry）；函数说明：该方法用于在目标图层中绘制几何形状，参数 graphics 为 Graphics 对象，ptrDisplayTransformation 为转换对象，index 为目标图层索引，ptrGeometry 为目标几何图形对象。

（8）IsLayerLocked 方法。函数原型：bool IsLayerLocked（int index）；函数说明：该方法用于判断当前多图层线符号对象中某个图层是否被锁定，参数 index 为目标图层对象的索引值。

（9）ImportFromJson 方法。函数原型：bool ImportFromJson（String jsonString）；函数说明：该方法用于从 Json 字符串导入线符号样式，参数 jsonString 为目标 Json 字符串。

（10）ExportToJson 方法。函数原型：String ExportToJson（）；bool ExportToJson（ref String jsonString）；函数说明：该方法用于将目标线符号对象导出为 Json 字符串，参数 jsonString 为该 Json 字符串。

**7. 线状符号样式实例**

参见共享文件夹中的"01 源代码\08 第 8 章 地图制图\8.3.3 线状符号样式"。

## 8.3.4 面状符号样式

**1. IFillSymbol 接口**

FillSymbol 对象是用于修饰填充面状对象的符号，它包括 MarkerFillSymbol（由点状符号形成的填充面符号）、LineFillSymbol（由线状符号形成的填充面符号）、MultiLayerFillSymbol（由多个符号叠加生成的新的填充面符号）、PictureFillSymbol（以图片为背景的填充面符号）、SimpleFillSymbol（简单类型的填充面符号）5 个不同类型填充面状符号的子类。

IFillSymbol 接口是上述不同类型填充面状符号都实现了的公共接口，它包含了所有填充面状符号都共有的方法和属性，除了实现 IMarkerSymbol 接口的方法以外，还可以设置填充面的颜色、轮廓线样式等属性。

下面对 IFillSymbol 接口常用的方法和属性进行介绍。

1）IFillSymbol 接口常用方法

（1）Draw 方法。函数原型：bool Draw（Graphics graphics, array<System.Drawing.Point> points）；bool Draw（Graphics graphics, IDisplayTransformation displayTransformation, IGeometry geometry）；函数说明：该方法用于绘制几何体对象，可以通过绘制路径直接在 Graphics 上绘制，也可以通过转换对象和目标几何体对象在 Graphics 上绘制，参数 graphics 为 Graphics 对象，points 为绘制路径，displayTransformation 为转换对象，geometry 为目标几何体对象，返回值为布尔值，当绘制成功时取值 true，否则为 false。

（2）GetType 方法。函数原型：SymbolType GetType（）；函数说明：该方法用于获得当前面符号的样式符号类型。

（3）Clone 方法。函数原型：ISymbol Clone（）；函数说明：该方法用于克隆当前面符号对象。

（4）QueryBoundary 方法。函数原型：IEnvelope QueryBoundary（IDisplayTransformation displayTransformation, IGeometry geometry）；函数说明：该方法用于查询当前面符号的外接多边形，参数 displayTransformation 为转换对象，参数 geometry 为目标几何体对象。

2）IFillSymbol 接口常用属性

（1）Color 属性：获取或者设置面符号的颜色。

（2）OutlineSymbol 属性：获取或者设置面符号的轮廓线样式。

**2. ISimpleFillSymbol 接口**

ISimpleFillSymbol 接口是一个简单填充面状符号对象的接口，它包含了简单填充面状符号共有的方法和属性，如获取或者设置简单填充面样式、导入导出 Symbol 符号等方法和属性。

下面对 ISimpleFillSymbol 接口常用的方法和属性进行介绍。

1）ISimpleFillSymbol 接口常用方法

（1）ImportFromJson 方法。函数原型：bool ImportFromJson（String jsonString）；函数说明：该方法用于从 Json 字符串导入面符号样式，参数 jsonString 为目标 Json 字符串。

（2）ExportToJson 方法。函数原型：String ExportToJson（）；bool ExportToJson（ref String jsonString）；函数说明：该方法用于将目标面符号对象导出为 Json 字符串，参数 jsonString 为该 Json 字符串。

2）ISimpleFillSymbol 接口常用属性

Style 属性：获取或者设置当前简单面符号的样式。

**3. IMarkerFillSymbol 接口**

IMarkerFillSymbol 接口是一个由点组成的填充面状符号对象的接口，它包含了点填充面状符号共有的方法和属性，如获取或者设置点符号、获取或者设置 X 方向间距、偏移量、导入导出 Symbol 符号等方法和属性。

下面对 IMarkerFillSymbol 接口常用的方法和属性进行介绍。

1）IMarkerFillSymbol 接口常用方法

（1）ImportFromJson 方法。函数原型：bool ImportFromJson（String jsonString）；函数说明：该方法用于从 Json 字符串导入点填充面状符号样式，参数 jsonString 为目标 Json 字符串。

（2）ExportToJson 方法。函数原型：String ExportToJson（）；bool ExportToJson（ref String jsonString）；函数说明：该方法用于将当前符号对象导出为 Json 字符串，参数 jsonString 为该 Json 字符串。

2）IMarkerFillSymbol 接口常用属性

（1）MarkerSymbol 属性：获取或者设置当前点填充面状符号对象的点符号。

（2）XSeparation 属性：获取或者设置当前点填充面状符号对象的 X 方向间距。

（3）YSeparation 属性：获取或者设置当前点填充面状符号对象的 Y 方向间距。

（4）XOffset 属性：获取或者设置当前点填充面状符号对象的 X 方向偏移。

（5）YOffset 属性：获取或者设置当前点填充面状符号对象的 Y 方向偏移。

**4. ILineFillSymbol 接口**

ILineFillSymbol 接口是一个由线组成的填充面状符号对象的接口，它包含了线填充面状符号公有的方法和属性，如获取或者设置线符号、获取或者设置 X 方向间距、偏移量、旋转角度、导入导出 Symbol 符号等方法和属性。

下面对 ILineFillSymbol 接口常用的方法和属性进行介绍。

1）ILineFillSymbol 接口常用方法

（1）ImportFromJson 方法。函数原型：bool ImportFromJson（String jsonString）；函数说明：该方法用于从 Json 字符串导入线填充面状符号对象，参数 jsonString 为该 Json 字符串。

（2）ExportToJson 方法。函数原型：String ExportToJson（）；bool ExportToJson（ref String jsonString）；函数说明：该方法用于将当前符号对象导出为 Json 字符串，参数 jsonString 为该 Json 字符串。

2）ILineFillSymbol 接口常用属性

（1）OutlineSymbol 属性：获取或者设置线填充面状符号的轮廓线样式。

（2）Rotate 属性：获取或者设置当前线填充面状符号的旋转角度。

（3）Separation 属性：获取或者设置当前线填充面状符号对象的间距。

（4）Offset 属性：获取或者设置当前线填充面状符号对象的偏移。

**5. IPictureFillSymbol 接口**

IPictureFillSymbol 接口是一个以图片为背景组成的填充面状符号对象的接口，它包含了图片填充面状符号共有的方法和属性，如设置图片、获取或者设置背景色、旋转角度、X、Y 方向缩放比例、间距、导入导出 Symbol 符号等方法和属性。

下面对 IPictureFillSymbol 接口常用的方法和属性进行介绍。

1）IPictureFillSymbol 接口常用方法

（1）CreateFromFile 方法。函数原型：bool CreateFromFile（String filePath）；函数说明：该方法用于从文件创建图片填充面状符号对象，参数 filePath 为目标文件路径。

（2）ImportFromJson 方法。函数原型：bool ImportFromJson（String jsonString）；函数说明：该方法用于从 Json 字符串导入图片填充面状符号对象，参数 jsonString 为该 Json 字符串。

（3）ExportToJson 方法。函数原型：String ExportToJson（）；bool ExportToJson（ref String jsonString）；函数说明：该方法用于将当前符号对象导出为 Json 字符串，参数 jsonString 为该 Json 字符串。

2）IPictureFillSymbol 接口常用属性

（1）Image 属性：获取或者设置当前图片填充面状符号的填充图片。

（2）BackgroundColor 属性：获取或者设置当前图片填充面状符号的背景色。

（3）Rotate 属性：获取或者设置当前图片填充面状符号的旋转角度。

（4）XScale 属性：获取或者设置当前图片填充面状符号的 X 方向缩放比例。

（5）YScale 属性：获取或者设置当前图片填充面状符号的 Y 方向缩放比例。

（6）XSeparation 属性：获取或者设置当前图片填充面状符号对象的 X 方向间距。

（7）YSeparation 属性：获取或者设置当前图片填充面状符号对象的 Y 方向间距。

（8）XOffset 属性：获取或者设置当前图片填充面状符号对象的 X 方向偏移。

（9）YOffset 属性：获取或者设置当前图片填充面状符号对象的 Y 方向偏移。

**6. IMultiLayerFillSymbol 接口**

IMultiLayerFillSymbol 接口是一个使用多层符号生成新的填充面状符号对象的接口，包含了多层填充面状符号共有的方法和属性，如获取或者设置填充面颜色、轮廓线样式、添加、删除线符号样式图层、获得填充面状符号图层数目、导入导出 Symbol 符号等方法和属性。

下面对 IMultiLayerFillSymbol 接口常用的方法和属性进行介绍。

1）IMultiLayerFillSymbol 接口常用方法

（1）AddLayer 方法。函数原型：bool AddLayer（IFillSymbol ptrFillSymbol, bool bLocked）；函数说明：该方法用于获取添加新的填充面状符号样式图层是否成功。参数 ptrFillSymbol 为填充面状符号样式，bLocked 为是否被锁定，返回值为是否添加成功，成功返回 true，否则返回 false。

（2）MoveLayer 方法。函数原型：bool MoveLayer（IFillSymbol ptrFillSymbol, int index）；函数说明：该方法用于移动填充面状符号样式图层，参数 ptrFillSymbol 为填充面状符号样式，index 为符号样式索引，返回值为是否移动成功，成功返回 true，否则返回 false。

（3）DeleteLayer 方法。函数原型：bool DeleteLayer（int index）；函数说明：该方法用于获取删除填充面状符号样式图层是否成功。参数 index 为填充面状符号样式，返回值为是否删除成功，成功返回 true，否则返回 false。

（4）ClearLayer 方法。函数原型：bool ClearLayer（）；函数说明：该方法用于获取清除样式图层是否成功。

（5）GetLayer 方法。函数原型：IFillSymbol GetLayer（int index）；函数说明：该方法用于获得填充面状符号样式。参数 index 为图层索引，返回值为填充面状符号样式对象。

（6）GetLayerCount 方法。函数原型：int GetLayerCount（）；函数说明：该方法用于获得图层数目。

（7）IsLayerLocked 方法。函数原型：bool IsLayerLocked（int index）；函数说明：该方法用于判断图层是否锁定。参数 index 为图层编号，返回值为是否锁定，锁定返回 true，否则返回 false。

（8）DrawLayer 方法。函数原型：bool DrawLayer（System.Drawing.Graphics graphics, IDisplayTransformation ptrDisplayTransformation, int index, IGeometry ptrGeometry）；函数说明：该方法用于获取绘制几何形状是否成功，参数 graphics 为 graphics 对象，ptrDisplay Transformation 为转换对象，index 为填充面符号样式图层编号，ptrGeometry 为几何形状，返回值为是否绘制成功，成功返回 true，否则返回 false。

（9）ExportToJson 方法。函数原型：String ExportToJson（）；bool ExportToJson（ref String jsonString）；函数说明：该方法用于导出多层填充面状符号样式为字符串。参数 jsonString 为多图层填充面符号样式 Symbol 字符，返回值为是否导出成功，成功返回 true，否则返回 false。

（10）ImportFromJson 方法。函数原型：bool ImportFromJson（String jsonString）；函数说明：该方法用于从字符串导入多层填充面状符号样式。参数 jsonString 为样式 Symbol 字符串，返回值为是否导入成功，成功返回 true，否则返回 false。

2）IMultiLayerFillSymbol 接口常用属性

（1）Color 属性：获取或者设置填充面符号的颜色。

（2）OutlineSymbol 属性：获取或者设置填充面符号的轮廓线样式。

**7. 面状符号样式实例**

参见共享文件夹中的"01 源代码\08 第 8 章　地图制图\8.3.4 面状符号样式"。

## 8.3.5　文本符号样式

**1. ITextSymbol 接口**

TextSymbol 对象是用于修饰文字元素对象的符号，它实现了 ITextSymbol 接口，同时实现了字体角度、字体、字号大小等属性的获取和设置。

下面对 ITextSymbol 接口常用的方法和属性进行介绍。

1）ITextSymbol 接口常用方法

（1）ImportFromJson 方法。函数原型：bool ImportFromJson（String jsonString）；函数说明：该方法用于将 Json 字符串转换为符号对象，参数 jsonString 为该 Json 字符串。

（2）ExportToJson 方法。函数原型：String ExportToJson（）；bool ExportToJson（ref String jsonString）；函数说明：该方法用于从 Symbol 转换为 Json 字符串。参数 jsonString 为目标 Json 字符串。

（3）Draw 方法。函数原型：bool Draw（Graphics graphics, array<System.Drawing.Point> points）；bool Draw（Graphics graphics, IDisplayTransformation displayTransformation, IGeometry geometry）；函数说明：该方法用于绘制几何体对象，可以通过绘制路径直接在 Graphics 上绘制，也可以通过转换对象和目标几何体对象在 Graphics 上绘制，参数 graphics 为 Graphics 对象，points 为绘制路径，displayTransformation 为转换对象，geometry 为目标几何体对象，当绘制成功时返回值为 true，否则为 false。

（4）GetType 方法。函数原型：SymbolType GetType（）；函数说明：该方法用于获得当前文字符号的样式符号类型。

（5）Clone 方法。函数原型：ISymbol Clone（）；函数说明：该方法用于克隆当前文字符号对象。

（6）QueryBoundary 方法。函数原型：IEnvelope QueryBoundary（IDisplayTransformation displayTransformation, IGeometry geometry）；函数说明：该方法用于查询当前文字符号的外接多边形，参数 displayTransformation 为转换对象，geometry 为目标几何体对象，返回值为当前文字符号的外接多边形对象。

2）ITextSymbol 接口常用属性

（1）Angle 属性：获取或者设置文字符号的角度。

（2）Color 属性：获取或者设置文字符号的颜色。

（3）Font 属性：获取或者设置文字符号的字体。

（4）Size 属性：获取或者设置文字符号的大小。

（5）Text 属性：获取或者设置文字符号的文字。

**2. IFormattedTextSymbol 接口**

FormattedTextSymbol 对象是一种格式化文字元素对象的符号，它实现了 IFormattedTextSymbol 和 ITextSymbol 接口，还实现了导入导出 Symbol、绘制、查询边界、获取或者设置阴影 X 偏移、阴影 Y 偏移、文本位置样式、大小写样式、字符间距、字符宽度等属性和方法。

下面对 IFormattedTextSymbol 接口常用的方法和属性进行介绍。

1）IFormattedTextSymbol 接口常用方法

（1）ImportFromJson 方法。函数原型：bool ImportFromJson（String jsonString）；函数说明：该方法用于将 Json 字符串转换为符号对象，参数 jsonString 为该 Json 字符串。

（2）ExportToJson 方法。函数原型：String ExportToJson（）；bool ExportToJson（ref String jsonString）；函数说明：该方法用于从 Symbol 转换为 Json 字符串。

（3）Draw 方法。函数原型：bool Draw（Graphics graphics, array<System.Drawing.Point> points）；bool Draw（Graphics graphics, IDisplayTransformation displayTransformation, IGeometry geometry）；函数说明：该方法用于绘制几何体对象，可以通过绘制路径直接在 Graphics 上绘制，也可以通过转换对象和目标几何体对象在 Graphics 上绘制，参数 graphics 为 Graphics 对象，points 为绘制路径，displayTransformation 为转换对象，geometry 为目标几何体对象，绘制成功时返回值为 true，否则为 false。

（4）QueryBoundary 方法。函数原型：IEnvelope QueryBoundary（IDisplayTransformation displayTransformation, IGeometry geometry）；函数说明：该方法用于查询当前格式化文字符号的外接多边形，参数 displayTransformation 为转换对象，geometry 为目标几何体对象，返回值为当前格式化文字符号的外接多边形对象。

2）IFormattedTextSymbol 接口常用属性

（1）ShadowColor 属性：获取或者设置格式化文字符号的阴影颜色。

（2）ShadowXOffset 属性：获取或者设置格式化文字符号的阴影 X 偏移。

（3）ShadowYOffset 属性：获取或者设置格式化文字符号的阴影 Y 偏移。

（4）PositionStyle 属性：获取或者设置格式化文字符号的位置样式。

（5）Case 属性：获取或者设置格式化文字符号的大小写样式。

（6）CharacterSpacing 属性：获取或者设置格式化文字符号的字符间距。

（7）CharacterWidth 属性：获取或者设置格式化文字符号的字符宽度。

（8）WordSpacing 属性：获取或者设置格式化文字符号的词间距。

（9）Kerning 属性：获取或者设置格式化文字符号的字间调整。

（10）Leading 属性：获取或者设置格式化文字符号的行距。

（11）Direction 属性：获取或者设置格式化文字符号的文本方向。

（12）FlipAngle 属性：获取或者设置格式化文字符号的翻转角度。

（13）Background 属性：获取或者设置格式化文字符号的文本背景。

（14）TypeSetting 属性：获取或者设置格式化文字符号的类型设置。

**3. ICallout 接口**

ICallout 是一种注释对象接口，其方法和属性在 IBalloonCallout 接口一节中进行介绍，在此不再赘述。

**4. IBalloonCallout 接口**

BalloonCallout 对象是一种气泡注释对象，它继承至 ICallout 接口，实现了获得和设置牵引限度、定位点等属性和方法。

IBalloonCallout 接口常用方法如下。

（1）GetLeaderTolerance 方法。函数原型：double GetLeaderTolerance（）；函数说明：该方法用于获得牵引限度。

（2）SetLeaderTolerance 方法。函数原型：void SetLeaderTolerance（double tolerance）；函数说明：该方法用于设置牵引限度。参数 tolerance 为牵引限度。

（3）GetAnchorPoint 方法。函数原型：IPoint GetAnchorPoint（）；函数说明：该方法用于获得定位点。

（4）SetAnchorPoint 方法。函数原型：void SetAnchorPoint（IPoint pPoint）；函数说明：该方法用于设置牵引限度。参数 pPoint 为定位点。

**5. ITextBackground 接口**

ITextBackground 接口，是文本背景颜色接口，它实现了获取文本背景色类型、获取或者设置文本符号、导入导出符号、绘制、查询边界等方法。

ITextBackground 接口常用方法如下。

（1）GetTextBackgroundType 方法。函数原型：TextBackgroundType GetTextBackgroundType（）；函数说明：该方法用于获得当前文字符号的背景类型。

（2）GetTextSymbol 方法。函数原型：ITextSymbol GetTextSymbol（）；函数说明：该方法用于获得当前文字符号。

（3）SetTextSymbol 方法。函数原型：void SetTextSymbol（ITextSymbol textSymbol）；函数说明：该方法用于设置文字符号。参数 textSymbol 为文字符号对象。

（4）ImportFromJson 方法。函数原型：bool ImportFromJson（String jsonString）；函数说明：该方法用于将 Json 字符串转换为符号对象，参数 jsonString 为该 Json 字符串。

（5）ExportToJson 方法。函数原型：String ExportToJson（）；bool ExportToJson（ref String jsonString）；函数说明：该方法用于从 Symbol 转换为 Json 字符串。参数 jsonString 为目标 Json 字符串。

（6）Draw 方法。函数原型：bool Draw（Graphics graphics, IDisplayTransformation displayTransformation, IGeometry geometry）；函数说明：该方法用于绘制几何体对象，可以通过绘制路径直接在 Graphics 上绘制，也可以通过转换对象和目标几何体对象在 Graphics 上绘制，参数 graphics 为 Graphics 对象，displayTransformation 为转换对象，geometry 为目标几何体对象，绘制成功时返回值为 true，否则为 false。

（7）QueryBoundary 方法。函数原型：IEnvelope QueryBoundary（IDisplayTransformation displayTransformation, IGeometry geometry）；函数说明：该方法用于查询当前文字符号的外接多边形，参数 displayTransformation 为转换对象，geometry 为目标几何体对象。

**6. 文本符号样式实例**

参见共享文件夹中的"01 源代码\08 第 8 章 地图制图\8.3.5 文本符号样式"。

## 8.3.6 符号样式管理

StyleGallery 对象是所有 Style 的集合对象，它代表了一个 Style 文件，通过它可以读取 Style 文件中所有的样式，其实现了对所有 Symbol 符号进行管理，主要有获取符号分组和获取符号 Item 对象两种方法。

符号样式管理实例：参见共享文件夹中的"01 源代码\08 第 8 章 地图制图\8.3.6 符号样式管理"。

# 8.4　图层渲染

为了使空间数据的显示能够给用户带来比较直观的理解、认知，实现空间数据可视化显示是非常重要的内容。矢量类型的空间数据的显示一般都是依据要素的一个或者多个不同的属性而设置不同的矢量渲染（FeatureRender）符号，从而达到区分不同类型要素的目的。而栅格类型的空间数据一般采用拉伸显示的方式进行栅格渲染（RasterRender）。

## 8.4.1　IFeatureRender 接口

FeatureRender（矢量渲染）可以实现对矢量数据的着色和渲染。常用的包括要素简单符号渲染（FeatureSimpleSymbolRender）、要素唯一值符号渲染（FeatureUniqueValueRender）和要素分级渲染（FeatureClassBreaksRender）。这些渲染都是对某一图层的所有要素进行的着色。IFeatureRender 接口定义和实现了所有矢量要素渲染的共有方法和属性，如根据要素获得对应渲染符号、绘制、克隆、获得矢量渲染类型等方法和属性。

下面对 IFeatureRender 接口常用的方法和属性进行介绍。

1）IFeatureRender 接口常用方法

（1）CanRender 方法。函数原型：bool CanRender（）；函数说明：该方法用于判断当前矢量渲染是否可以进行渲染。

（2）GetSymbolByFeature 方法。函数原型：ISymbol GetSymbolByFeature（IFeature feature）；函数说明：该方法用于根据要素获得对应渲染符号，参数 feature 为目标要素对象，返回值为 feature 对应的渲染符号对象。

（3）Draw 方法。函数原型：void Draw（IFeatureClass ptrFClass, Graphics graphics, IDisplayTransformation displayTransformation, LayerDrawPhaseType dpType, ITrackerCancel tracker）；函数说明：该方法用于绘制要素集，参数 ptrFClass 为已设置过查询条件的目标要素集，graphics 为 Graphics 对象，displayTransformation 为转换对象，dpType 为注释类型，tracker 为 ITrackerCancel 对象。

（4）Clone 方法。函数原型：IFeatureRender Clone（）；函数说明：该方法用于克隆当前矢量渲染对象，返回值为当前矢量渲染的克隆对象。

2）IFeatureRender 接口常用属性

Type 属性：获取渲染类型。

## 8.4.2　IFeatureSimpleSymbolRender 接口

使用 FeatureSimpleSymbolRender 可以对矢量要素进行某种单一符号的着色分类。IFeatureSimpleSymbolRender 继承自 IFeatureRender 接口，该接口定义和实现了矢量要素简单符号渲染的公有方法和属性，如获取或者设置渲染描述信息、标注信息、渲染符号、根据要素获得对应渲染符号、克隆等方法和属性。

下面对 IFeatureSimpleSymbolRender 接口常用的方法和属性进行介绍。

1）IFeatureSimpleSymbolRender 接口常用方法

（1）GetSymbolByFeature 方法。函数原型：ISymbol GetSymbolByFeature（IFeature feature）；函数说明：该方法用于根据要素获得对应渲染符号，参数 feature 为目标要素对象，返回值为

目标要素对象对应的渲染符号。

（2）Clone 方法。函数原型：IFeatureRender Clone（）；函数说明：该方法用于克隆当前矢量简单符号渲染器，返回值为当前矢量简单符号渲染的克隆对象。

2）IFeatureSimpleSymbolRender 接口常用属性

（1）Description 属性：获取或者设置当前矢量简单符号渲染的渲染描述信息。

（2）Label 属性：获取或者设置当前矢量简单符号渲染的渲染标注信息。

（3）Symbol 属性：获取或者设置当前矢量简单符号渲染的渲染符号。

## 8.4.3 IFeatureUniqueValueRender 接口

使用 FeatureUniqueValueRender 可以对矢量要素进行多种符号的着色分类，用户和开发者可以选择不同的唯一值渲染符号带，选择某一要素的字段对矢量要素进行分类渲染。IFeatureUniqueValueRender 继承自 IFeatureRender 接口，该接口定义和实现了矢量要素唯一值符号渲染的共有方法和属性，如获取或者设置默认渲染符号、渲染字段、获得 SymbolMap 渲染符号带、根据要素获得对应渲染符号、克隆等方法和属性。

下面对 IFeatureUniqueValueRender 接口常用的方法和属性进行介绍。

1）IFeatureUniqueValueRender 接口常用方法

（1）GetDescription 方法。函数原型：String GetDescription（ref String strValue）；函数说明：该方法用于获取渲染描述信息，参数 strValue 为渲染描述值。返回值为当前矢量唯一值渲染的渲染描述信息。

（2）SetDescription 方法。函数原型：void SetDescription（String strValue, String strDesc）；函数说明：该方法用于设置当前矢量唯一值渲染的渲染描述信息，参数 strValue 为渲染描述值，参数 strDesc 为目标渲染描述信息。

（3）GetField 方法。函数原型：String GetField（int index）；函数说明：该方法用于获取当前矢量唯一值渲染的渲染字段，参数 index 为索引编号，返回值为渲染字段信息。

（4）SetFields 方法。函数原型：void SetFields（IList<String> fields）；函数说明：该方法用于设置当前矢量唯一值渲染的渲染字段，参数 fields 为目标渲染字段集。

（5）GetFieldCount 方法。函数原型：int GetFieldCount（）；函数说明：该方法用于获取当前矢量唯一值渲染的渲染字段个数，返回值为渲染字段个数值。

（6）GetHeading 方法。函数原型：String GetHeading（ref String value）；函数说明：该方法用于获取当前矢量唯一值渲染的 Heading 信息，参数 value 为渲染值。

（7）SetHeading 方法。函数原型：void SetHeading（String value, String strHeading）；函数说明：该方法用于设置当前矢量唯一值渲染的 Heading 信息，参数 value 为渲染值，参数 strHeading 为 Heading 信息字符串。

（8）GetLabel 方法。函数原型：String GetLabel（String value）；函数说明：该方法用于获取当前矢量唯一值渲染的字段显示值，参数 value 为字段值。

（9）SetLabel 方法。函数原型：void SetLabel（String value, String strLabel）；函数说明：该方法用于设置当前矢量唯一值渲染的字段显示值，参数 value 为字段值，参数 strLabel 为目标字段显示值。

（10）RemoveValue 方法。函数原型：void RemoveValue（String value）；函数说明：该方

法用于移除当前矢量唯一值渲染中的某个值，参数 value 为目标渲染值。

（11）GetSymbol 方法。函数原型：ISymbol GetSymbol（String value）；函数说明：该方法用于获取当前矢量唯一值渲染的渲染符号，参数 value 为目标渲染值。

（12）GetSymbolByFeature 方法。函数原型：ISymbol GetSymbolByFeature（IFeature feature）；函数说明：该方法用于根据要素获得对应渲染符号，参数 feature 为目标要素对象，返回值为目标要素对象对应的渲染符号。

（13）GetSymbolMap 方法。函数原型：IDictionary<String , ISymbol> GetSymbolMap（）；函数说明：该方法用于获得当前矢量唯一值渲染的 SymbolMap 对象。

（14）SetSymbol 方法。函数原型：void SetSymbol（String value, ISymbol symbol）；函数说明：该方法用于设置当前矢量唯一值渲染的渲染符号，参数 value 为渲染值，symbol 为目标渲染符号。

（15）IsUseDefaultSymbol 方法。函数原型：bool IsUseDefaultSymbol（）；函数说明：该方法用于判断当前矢量唯一值渲染器是否使用默认渲染。

（16）SetUseDefaultSymbol 方法。函数原型：void SetUseDefaultSymbol（bool bIsUse）；函数说明：该方法用于设置当前矢量唯一值渲染是否使用默认渲染，参数 bIsUse 为 true 时指示使用默认渲染，参数 bIsUse 为 false 时指示不使用默认渲染。

（17）RemoveAllValues 方法。函数原型：void RemoveAllValues（）；函数说明：该方法用于移除当前矢量唯一值渲染中所有值。

（18）Clone 方法。函数原型：IFeatureRender Clone（）；函数说明：该方法用于克隆当前矢量唯一值渲染。返回值为当前矢量唯一值渲染的克隆对象。

2）IFeatureUniqueValueRender 接口常用属性

（1）DefaultLabel 属性：获取或者设置当前默认渲染标注信息。

（2）DefaultSymbol 属性：获取或者设置当前默认渲染符号。

（3）FieldDelimiter 属性：获取或者设置当前渲染字段定界符信息，用于将多个属性值分开。

## 8.4.4　IFeatureClassBreaksRender 接口

使用 FeatureClassBreaksRender 可以对矢量要素进行多种符号的分等级着色，用户和开发者可以选择不同的分级值渲染符号带，选择某一要素的字段（数值类型）进行数值分级，从而对矢量要素进行分类渲染。IFeatureClassBreaksRender 继承自 IFeatureRender 接口，该接口定义和实现了矢量要素分级符号渲染的共有方法和属性，如获取或者设置默认渲染背景符号、分级数量、渲染字段、根据要素获得对应渲染符号、克隆等方法和属性。

下面对 IFeatureClassBreaksRender 接口常用的方法和属性进行介绍。

1）IFeatureClassBreaksRender 接口常用方法

（1）GetDescription 方法。函数原型：String GetDescription（int index）；函数说明：该方法用于获取渲染描述信息，参数 index 为渲染描述值，返回值为当前矢量分级渲染的渲染描述信息。

（2）SetDescription 方法。函数原型：void SetDescription（int index, String strDesc）；函数说明：该方法用于设置当前矢量分级渲染的渲染描述信息，参数 index 为渲染描述值，参数

strDesc 为目标渲染描述信息。

（3）GetLabel 方法。函数原型：String GetLabel（int index）；函数说明：该方法用于获取当前矢量分级渲染的字段显示值，参数 index 为字段值。

（4）SetLabel 方法。函数原型：void SetLabel（int index, String strLabel）；函数说明：该方法用于设置当前矢量分级渲染的字段显示值，参数 index 为字段索引值，参数 strLabel 为目标字段显示值。

（5）GetSymbol 方法。函数原型：ISymbol GetSymbol（int index）；函数说明：该方法用于获取当前矢量分级渲染的渲染符号，参数 index 为目标渲染索引值。

（6）GetSymbolByFeature 方法。函数原型：ISymbol GetSymbolByFeature（IFeature feature）；函数说明：该方法用于根据要素获得对应渲染符号，参数 feature 为目标要素对象。返回值为目标要素对象对应的渲染符号。

（7）SetSymbol 方法。函数原型：void SetSymbol（int index, ISymbol symbol）；函数说明：该方法用于设置当前矢量分级渲染的渲染符号，参数 index 为渲染值，symbol 为目标渲染符号。

（8）Clone 方法。函数原型：IFeatureRender Clone（）；函数说明：该方法用于克隆当前矢量分级渲染。

2）IFeatureClassBreaksRender 接口常用属性

（1）BackgroundSymbol 属性：获取或者设置当前矢量分级渲染的默认背景渲染符号。

（2）ClassCount 属性：获取或者设置当前矢量分级渲染的分级数量。

（3）Field 属性：获取或者设置当前矢量分级渲染的分级字段。

（4）MinimumBreak 属性：获取或者设置当前矢量分级渲染的最小分级值。

（5）NormField 属性：获取或者设置当前矢量分级渲染的归一化字段。

（6）SortClassesAscending 属性：获取或者设置当前矢量分级渲染的分级是否按升序排列。

## 8.4.5　IRasterRender 接口

RasterRender（栅格渲染）可以实现对栅格数据的渲染。目前 PIE-SDK 提供支持栅格 RGB 渲染（RasterRGBRender）、栅格拉伸渲染（RasterStretchColorRampRender）、栅格颜色带渲染（RasterColormapRender）、栅格离散化渲染（RasterDiscreteColorRender）、栅格唯一值渲染（RasterUniqueValueRender）、栅格分级渲染（RasterClassifyColorRampRender），这些已能够满足基本的栅格渲染需求。栅格渲染是都对不同的栅格数据波段进行的颜色赋值、分级或拉伸。IRasterRender 接口定义和实现了所有栅格数据渲染的共有方法和属性，如获得渲染名称、描述信息、获取或设置栅格重采样类型、绘制等方法和属性。

下面对 IRasterRender 接口常用的方法和属性进行介绍。

1）IRasterRender 接口常用方法

（1）CanRender 方法。函数原型：bool CanRender（）；函数说明：该方法用于判断当前渲染器是否可以进行渲染。当前栅格渲染器可以渲染时返回值为 true，否则为 false。

（2）Draw 方法。函数原型：void Draw（IRasterDataset rasterDataset, Graphics graphics, IDisplayTransformation displayTransformation, LayerDrawPhaseType dpType, ITrackerCancel tracker）；void Draw（IImageTileIndex TileIndex, IList<ICacheBlock> vecCacheReady, IList

<ICacheBlock> vecCacheNeedToLoad, IRasterDataset rasterDataset, Graphics graphics, IDisplay Transformation displayTransformation, LayerDrawPhaseType dpType, ITrackerCancel tracker）；函数说明：该方法用于绘制目标栅格数据集对象，参数 vecCacheReady 为已有的 CacheBlock，vecCacheNeedToLoad 为需要的 CacheBlock，rasterDataset 为已设置过查询条件的栅格数据集，graphics 为 Graphics 对象，displayTransformation 为转换对象，dpType 为注释类型，tracker 为 ITrackerCancel 对象。

（3）Clone 方法。函数原型：IRasterRender Clone（）；函数说明：该方法用于克隆当前栅格渲染对象。

2）IRasterRender 接口常用属性

（1）Name 属性：获取当前栅格渲染名称。

（2）Description 属性：获取当前栅格渲染的渲染描述信息。

（3）DisplayResolutionFactor 属性：获取或者设置当前栅格渲染的分辨率因子。

（4）ResamplingType 属性：获取或者设置当前栅格渲染的栅格重采样类型。

（5）Type 属性：获取或者设置当前栅格渲染的类型。

## 8.4.6　IRasterRGBRender 接口

RasterRGBRender 通过绘制红、绿、蓝等三个波段的栅格数据集来显示。IRasterRGBRender 继承至 IRasterRender 接口，该接口定义和实现了所有栅格数据 RGB 渲染的共有方法和属性，如获取或者设置红、绿、蓝、Alpha 波段信息和波段索引编号、设置波段组合、查询波段组合等方法和属性。

下面对 IRasterRGBRender 接口常用的方法和属性进行介绍。

1）IRasterRGBRender 接口常用方法

（1）QueryBandIndices 方法。函数原型：void QueryBandIndices（int redIndex, int greenIndex, int blueIndex）；函数说明：该方法用于查询当前 RGB 栅格渲染的波段组合，参数 redIndex、greenIndex、blueIndex 分别为红、绿、蓝波段索引编号。

（2）SetBandIndices 方法。函数原型：void SetBandIndices（int redIndex, int greenIndex, int blueIndex）；函数说明：该方法用于设置当前 RGB 栅格渲染的波段组合，参数 redIndex、greenIndex、blueIndex 分别为红、绿、蓝波段索引编号。

2）IRasterRGBRender 接口常用属性

（1）UseRedBand 属性：获取或者设置当前 RGB 栅格渲染的红波段信息。

（2）UseGreenBand 属性：获取或者设置当前 RGB 栅格渲染的绿波段信息。

（3）UseBlueBand 属性：获取或者设置当前 RGB 栅格渲染的蓝波段信息。

（4）UseAlphaBand 属性：获取或者设置当前 RGB 栅格渲染的透明波段信息。

（5）RedBandIndex 属性：获取或者设置当前 RGB 栅格渲染的红波段索引编号。

（6）GreenBandIndex 属性：获取或者设置当前 RGB 栅格渲染的绿波段索引编号。

（7）BlueBandIndex 属性：获取或者设置当前 RGB 栅格渲染的蓝波段索引编号。

（8）AlphaBandIndex 属性：获取或者设置当前 RGB 栅格渲染的透明波段索引编号。

## 8.4.7　IRasterStretchColorRampRender 接口

RasterStretchColorRampRender 通过对红、绿、蓝的某个波段的栅格数据集进行拉伸来显示。IRasterStretchColorRampRender 继承自 IRasterRender 接口，该接口定义和实现了所有栅格数据拉伸渲染的共有方法和属性，如获取或者设置波段索引编号、获取 ColorRamp 等属性。

IRasterStretchColorRampRender 接口常用属性如下。

（1）BandIndex 属性：获取或者设置当前栅格拉伸渲染的波段编号索引。

（2）ColorRamp 属性：获取当前栅格拉伸渲染的 ColorRamp 信息。

（3）ClassColors 属性：获取和设置当前栅格拉伸渲染的 ClassColors。

## 8.4.8　IRasterColormapRender 接口

RasterColormapRender 通过设置红、绿、蓝等三个波段的颜色对照表栅格数据集来显示。

IRasterColormapRender 接口常用方法如下。

（1）GetCategoryNames 方法。函数原型：IList<String>　GetCategoryNames（）；函数说明：该方法用于获取分类信息名称集合，返回值为分类信息名称集合。

（2）SetCategoryNames 方法。函数原型：void SetCategoryNames（IList<String> stringList）；函数说明：该方法用于设置分类信息名称集合，参数 stringList 为分类信息名称集合。

（3）GetColorEntrys 方法。函数原型：IList< IColorEntry> GetColorEntrys（）；函数说明：该方法用于获取分类颜色表项集合，返回值为分类颜色表项集合。

（4）SetColorEntrys 方法。函数原型：void SetColorEntrys（IList< IColorEntry> colorEntrys）；函数说明：该方法用于分类颜色表项集合，参数 colorEntrys 为分类颜色表项集合。

## 8.4.9　IRasterClassifyColorRampRender 接口

RasterClassifyColorRampRender 通过红、绿、蓝某个波段的栅格数据集进行分级显示。IRasterClassifyColorRampRender 继承自 IRasterRender 接口，该接口定义和实现了所有栅格数据分级渲染的共有方法和属性，如获取 ColorRamp、获取或设置唯一值等方法和属性。

下面对 IRasterClassifyColorRampRender 接口常用的方法和属性进行介绍。

1）IRasterClassifyColorRampRender 接口常用方法

（1）SetBandIndex 方法。函数原型：void SetBandIndex（int nBandIndex）；函数说明：该方法用于设置当前栅格分级渲染某一分级，参数 nBandIndex 为波段索引值。

（2）GetBandIndex 方法。函数原型：int GetBandIndex（）；函数说明：该方法用于获取当前栅格分级渲染某一分级，返回值为波段索引值。

2）IRasterClassifyColorRampRender 接口常用属性

（1）ColorRamp 属性：获取当前栅格分级渲染的 ColorRamp。

（2）ClassColors 属性：获取或设置当前栅格分级渲染的 ClassColors。

（3）UniqueValues 属性：获取或者设置当前栅格分级渲染的唯一值集合。

## 8.4.10　IRasterUniqueValueRender 接口

RasterUniqueValueRender 通过红、绿、蓝等波段的栅格数据集的唯一值来显示。IRasterUniqueValueRender 继承自 IRasterRender 接口，该接口定义和实现了所有栅格数据唯一值渲染的共有方法和属性，如获取 ColorRamp、获取或设置唯一值、颜色、Label 地图、默认标签、默认颜色等方法和属性。

下面对 IRasterUniqueValueRender 接口常用的方法和属性进行介绍。

1）IRasterUniqueValueRender 接口常用方法

（1）GetLabel 方法。函数原型：String GetLabel（Object value）；函数说明：该方法用于获取当前栅格唯一值渲染某一类别的标签，参数 value 为唯一值，返回值为栅格分级渲染某一唯一值的标签。

（2）SetLabel 方法。函数原型：void SetLabel（Object value, String strLabel）；函数说明：该方法用于设置当前栅格唯一值渲染某唯一值的标签，参数 value 为唯一值，strLabel 为唯一值类别对应的标签。

（3）SetBandIndex 方法。函数原型：void SetBandIndex（int nBandIndex）；函数说明：该方法用于设置当前栅格唯一值渲染某一分级，参数 nBandIndex 为波段索引值。

（4）GetBandIndex 方法。函数原型：int GetBandIndex（）；函数说明：该方法用于获取当前栅格唯一值渲染某一分级，返回值为波段索引值。

2）IRasterUniqueValueRender 接口常用属性

（1）ColorRamp 属性：获取当前栅格唯一值渲染的 ColorRamp。

（2）ClassColors 属性：获取或设置当前栅格唯一值渲染的 ClassColors。

（3）UniqueValues 属性：获取或者设置当前栅格唯一值渲染的唯一值集合。

（4）LabelMap 属性：获取或者设置当前栅格唯一值渲染的标签地图。

（5）DefaultLabel 属性：获取或者设置当前栅格唯一值渲染的默认标签。

（6）DefaultColor 属性：获取或者设置当前栅格唯一值渲染的默认颜色。

## 8.4.11　IRasterDiscreteColorRender 接口

RasterDiscreteColorRender 通过对红、绿、蓝等波段的栅格数据集进行离散化显示。IRasterDiscreteColorRender 继承自 IRasterRender 接口，该接口定义和实现了所有栅格数据离散化渲染的共有方法和属性，如获取或者设置波段 ColorMap 信息等方法和属性。

IRasterDiscreteColorRender 接口常用属性如下。

ColorMap 属性：获取或者设置当前栅格离散化渲染的 ColorMap。

## 8.4.12　IUniqueValues 接口

IUniqueValues 接口定义和实现了所有栅格数据渲染中用到的唯一值集合的公有方法和属性，如添加值、删除值、查询值、获取值、获取唯一值数目、清空等方法和属性。

IUniqueValues 接口常用方法如下。

（1）Add 方法。函数原型：void Add（System.Object value, int count）；函数说明：该方法用于添加某唯一值到当前栅格唯一值集合里。参数 value 为唯一值，参数 count 为索引号。

（2）Delete 方法。函数原型：void Delete（System.Object value）；函数说明：该方法用于删除当前栅格唯一值集合里的某唯一值，参数 value 为唯一值。

（3）LookUp 方法。函数原型：int LookUp（System.Object value）；函数说明：该方法用于查询当前栅格唯一值集合里的某唯一值所对应的索引。参数 value 为唯一值，参数返回值为唯一值对应的索引。

（4）GetUniqueValue 方法。函数原型：System.Object GetUniqueValue（int nIndex）；函数说明：该方法用于获取当前栅格唯一值集合里的索引所对应的唯一值，参数 nIndex 为索引，返回值为唯一值。

（5）GetUniqueCount 方法。函数原型：int GetUniqueCount（int nIndex）；函数说明：该方法用于获取当前栅格唯一值集合里的索引所对应的唯一值数目，参数 nIndex 为索引，返回值为唯一值数目。

（6）Clear 方法。函数原型：void Clear（）；函数说明：该方法用于清空当前栅格唯一值集合。

### 8.4.13 RenderFactory 类

RenderFactory 实现了矢量和栅格数据渲染的创建、栅格数据渲染方案的保存与加载等方法功能。

RenderFactory 接口常用方法如下。

（1）CreateDefaultRasterRender 方法。函数原型：IRasterRender CreateDefaultRasterRender（IRasterDataset dataset）；函数说明：该方法用于获取栅格数据集的渲染，参数 dataset 为栅格数据集对象，返回值为栅格数据集的渲染。

（2）CreateDefaultFeatureRender 方法。函数原型：IFeatureRender CreateDefaultFeatureRender（IFeatureDataset dataset）；函数说明：该方法用于获取矢量数据集的渲染，参数 dataset 为矢量数据集对象，返回值为矢量数据集的渲染。

（3）ImportFromFile 方法。函数原型：IRasterRender ImportFromFile（String strXMLPath）；函数说明：该方法用于加载栅格数据集渲染显示方案 xml 文件，获取栅格数据集的渲染，参数 strXMLPath 为栅格数据集的渲染方案文件路径，返回值为栅格数据集的渲染。

（4）ExportToFile 方法。函数原型：bool ExportToFile（IRasterRender rasterRender, String strXMLPath）；函数说明：该方法用于保存栅格数据集渲染显示方案到 xml 文件。参数 rasterRender 为保存的栅格数据集的渲染对象，strXMLPath 为保存的栅格数据集的渲染方案文件路径，返回值为保存是否成功，成功返回为 true，否则返回 false。

# 8.5 专 题 制 图

### 8.5.1 制图简介

专题地图（ThematicMap）是在地理底图上按照地图主题的要求，突出并完善地表示与主题相关的一种或几种要素，使地图内容专题化、表达形式各异、用途专门化的地图。专题地图的内容由两部分构成：①专题内容:图上突出表示的自然或社会经济现象及其有关特征。②地理基础:用以标明专题要素空间位置与地理背景的普通地图内容，主要有经纬网、水系、境界、居民地等。

PIE-SDK 中的"制图视图"主要用于制作专题地图，包括专题地图的设计、布局和导出等功能。

在 PIE-SDK 中，PageLayout 对应 PIE 桌面应用程序的"制图视图"，主要用于地图制图的布局调整和导出。PageLayout 对象与前面讲述的 Map 对象非常相似，都是视图对象，具备显示地图的功能；都是图形元素的容器，可以容纳图形元素（Graphics Element）。PageLayout 除了拥有可以容纳 Map 对象的图形元素之外，还可以保存诸如 MapFrame 的框架元素（Frame Element）。PageLayout 类主要实现了 IPageLayout 接口，它定义了用于修改页面的版式（Layout）

的方法和属性，包括图形的位置、标尺和对齐网格（Snap Grid）的设置以及确定页面是如何显示在屏幕上的方法。

Page 对象用来管理制图视图中的页面，在 PageLayout 对象被创建后就自动产生。Page 对象是一个简单的对象，它用于装载地理数据，不提供任何别的分析、查询功能。如果将 PageLayout 当作一个地图画板，那么 Page 对象就是在画板中专门用于绘制地图图形的部分。Page 类的主要接口是 IPage，它用于管理 Page 的制图单位、纸张尺寸编号、制图对象是否随页面拉伸、打印页面是否显示边界、获取打印页面外接多边形等属性和方法。

通过 IPageEvents 接口，开发者可以激活对地图制图 Page 对象变化事件的监听器，捕获 Page 对象颜色变化、Margins 变化、PageSize 变化、Units 单位变化等事件信息，并做出响应。

Background 是制图时的背景对象，它实现了背景名称、X、Y 间距、获取 Geometry、查询边界、绘制、克隆等方法和属性。

Border 是制图时的边界对象，和上边的 Background 类似，它实现了制图边界名称、X、Y 间距、获取 Geometry、查询边界、绘制、克隆等方法和属性。

1）专题制图的制图要素

（1）FrameElement 是制图时的 Frame 图框元素对象，它实现了绘制 Frame、查询边界等方法。

（2）FrameProperties 定义了制图时 Frame 图框元素对象的背景、边界、阴影属性的设置和获取，从而实现对 Frame 图框元素的显示控制。

（3）MapFrame 是一个框架元素对象，用于实现对制图视图中 Map 对象的管理，而 MapFrameElement 是指对应的地图的 MapFrame 元素对象。

（4）Paper 对象是制图时的纸张对象，提供了设置制图单位、纸张尺寸编号，以及查询纸张大小等属性和方法。

（5）Printer 对象是制图输出时的打印机对象，可以设置 Printer 的打印机名、Paper 对象、驱动是否支持打印机、打印结束等与地图制图打印有关的属性和方法。

（6）RulerSettings 是制图时的标尺对象，包含获取标尺的宽度和标尺线距边界线间隔等属性和方法。

（7）Shadow 是制图时的图框阴影对象，和上边的 Background 类似，它实现了制图阴影名称、X、Y 间距、获取 Geometry、查询边界、绘制、克隆等方法和属性。

（8）SymbolBackground 是制图时的符号背景对象，用来设置背景的符号，包括获取或设置线拐角弧度、获取或设置填充面符号样式属性。

（9）SymbolBorder 是制图时的符号边界对象，用来设置边界的符号，包括获取或设置拐角弧度、获取或设置线符号样式属性。

（10）SymbolShadow 是制图时的符号阴影对象，用来设置阴影的符号，包括获取或设置拐角弧度、填充面符号样式属性。

（11）MapSurround 是制图时的地图周围的符号，如比例尺、图例等元素对象，用来获取 Graphics、创建 Graphics、绘制、查询和填充大小设置、获取 MapSurround 类型和刷新等方法和属性。

（12）MapSurroundFrame 是制图时的地图周围的框架元素符号，用来获取和设置

MapSurround、绘制、查询大小、缩放和克隆等方法和属性。

（13）MarkerNorthArrow 是制图时的点状指北针对象，用来获取或设置点状符号属性。

（14）INorthArrow 接口，用来获取指北针符号的角度，获取或设置校准角度、大小和颜色等方法和属性。

2）专题制图操作

专题制图操作主要包括：数据操作、视图操作、数据框操作、要素整饰操作、要素排列操作、要素顺序操作、要素分布操作、要素组合操作、专题图模板操作、专题图输出操作等。

数据操作主要是针对数据框中图层的显示范围进行设置，如数据的放大、缩小、全图、平移等。视图操作主要是针对制图页面的显示范围进行设置，如制图页面的放大、缩小、全图、平移等。数据框操作主要是针对是否锁定数据框中数据显示范围进行的设置，以避免平移过程中的误操作使调整好的数据框中数据显示发生变化。要素整饰操作主要是针对制图元素进行添加、选中等操作，如添加图片元素、比例尺、数据框等。要素排列操作主要是针对要素间的位置排列进行设置。要素顺序操作主要是针对要素间的叠放顺序进行设置。要素分布操作主要是针对多个要素的空间分布进行设置。要素组合操作主要是针对要素组的组合和拆分进行设置。专题图模板操作主要是针对修改当前制图模板、套用现有模板进行设置。专题图输出操作主要是针对当前页面导出图片进行设置。

## 8.5.2　制图模板

在 PIE-SDK 中，所有的制图元素、视图范围以及排版等都可以保存成一个模板，以供多次重复使用。使用时只需要打开该模板，加载相应数据，就可以直接出图了，省去了重复制作图幅的麻烦，方便快捷。

每个地图模板都是一个地图文档（PmdContents），它被保存为*.pmd 文件。

在制图模式下编辑制图页面时，先设置好模板中需要的图层、元素、页面等，然后点击【保存地图】，生成的*.pmd 文件即为模板文件。

制图模板实例：参见共享文件夹中的"01 源代码\08 第 8 章　地图制图\8.5.2 制图模板"。

## 8.5.3　IPageLayout 接口

PageLayout 对象对应前面讲述的 Map 对象，它们之间非常相似，都是视图对象，可以显示地图；都是图形元素的容器，可以容纳图形元素（Graphics Element）。PageLayout 除了拥有可以容纳 Map 对象的图形元素之外，还可以保存诸如 MapFrame 的框架元素（Frame Element）。PageLayout 类主要实现了 IPageLayout 接口，它定义了用于修改页面的版式（layout）的方法和属性，包括其中图形的位置、标尺和对齐网格（Snap Grid）的设置以及确定页面是如何显示在屏幕上的方法，如图 8.1 所示。

下面对 IPageLayout 接口常用的方法和属性进行介绍。

1）IPageLayout 接口常用方法

（1）Activate 方法。函数原型：void Activate（）；函数说明：该方法用于对当前制图显示控件添加事件监听器。

（2）DeActivate 方法。函数原型：void DeActivate（）；函数说明：该方法用于对当前制图显示控件取消事件监听器。

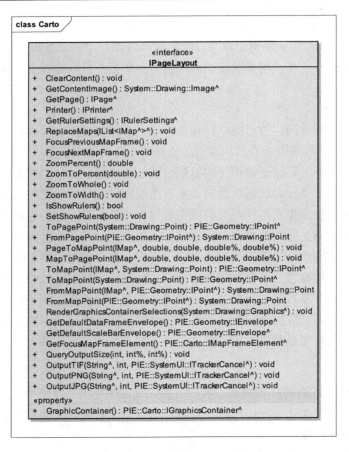

图 8.1　IPageLayout 接口图

（3）GetContentImage 方法。函数原型：System.Drawing.Image GetContentImage（）；函数说明：该方法用于获得制图控件显示的 Image 对象，返回值为获得的 Image 对象。

（4）GetPage 方法。函数原型：IPage GetPage（）；函数说明：该方法用于获得制图控件显示的 Page 打印页面对象，返回值为获得的 Page 打印页面对象。

（5）ZoomPercent 方法。函数原型：double ZoomPercent（）；void ZoomPercent（double percent）；函数说明：该方法用于获得或设置制图比例（百分比），参数 percent 为制图比例（百分比）。

（6）ZoomToPercent 方法。函数原型：void ZoomToPercent（）；函数说明：该方法用于让视图按照输入的比例进行显示。

（7）ZoomToWhole 方法。函数原型：void ZoomToWhole（）；函数说明：该方法用于缩放到整个制图页面显示。

（8）ZoomToWidth 方法。函数原型：void ZoomToWidth（）；函数说明：该方法用于缩放制图页面页宽显示。

（9）Printer 方法。函数原型：IPrinter Printer（）；函数说明：该方法用于获得制图控件显示的 Printer 打印对象，返回值为获得的 Printer 打印对象。

（10）GetRulerSettings 方法。函数原型：IRulerSettings GetRulerSettings（）；函数说明：

该方法用于获得制图控件显示的标尺对象。返回值为获得的标尺对象。

（11）ReplaceMaps 方法。函数原型：void ReplaceMaps（IList<IMap> IListMap）；函数说明：该方法用于替换制图显示控件里的地图对象，参数 IListMap 为地图集合。

（12）FocusPreviousMapFrame 方法。函数原型：void FocusPreviousMapFrame（）；函数说明：该方法用于把上一个地图设置为激活 MapFrame。

（13）FocusNextMapFrame 方法。函数原型：void FocusNextMapFrame（）；函数说明：该方法用于把下一个地图设置为激活 MapFrame。

（14）IsShowRulers 方法。函数原型：bool IsShowRulers（）；函数说明：该方法用于获取是否显示标尺，返回值为是否显示标尺，显示返回 true，否则返回 false。

（15）SetShowRulers 方法。函数原型：void SetShowRulers（bool bShow）；函数说明：该方法用于设置是否显示标尺，参数 bShow 为是否显示标尺值。

（16）OnRenderBegin 方法。函数原型：void OnRenderBegin（）；函数说明：该方法用于开始渲染。

（17）OnRenderCompleted 方法。函数原型：void OnRenderCompleted（）；函数说明：该方法用于结束渲染。

（18）FromPagePoint 方法。函数原型：System.Drawing.Point FromPagePoint（IPoint ptrPoint）；函数说明：该方法用于将当前制图显示控件中某个地图点转化为屏幕点，参数 ptrPoint 为目标地图点对象。

（19）ToPagePoint 方法。函数原型：IPoint ToPagePoint（System.Drawing.Point point）；函数说明：该方法用于将当前制图显示控件中某个屏幕点转化为地图点，参数 point 为该屏幕点的 X、Y 坐标值。

（20）PageToMapPoint 方法。函数原型：void PageToMapPoint（IMap ptrMap, double dPageX, double dPageY, ref double dMapX, ref double dMapY）；函数说明：该方法用于将当前制图显示控件中某个制图页面点转化为地图点，参数 ptrMap 为指定地图对象，dPageX 为页面点对象 X 坐标值，参数 dPageY 为页面点对象 Y 坐标值，参数 dMapX 为地图点对象 X 坐标值，参数 dMapY 为地图点对象 Y 坐标值。

（21）MapToPagePoint 方法。函数原型：void MapToPagePoint（IMap ptrMap, double dMapX, double dMapY, ref double dPageX, ref double dPageY）；函数说明：该方法用于将当前制图显示控件中某个地图点转化为制图页面点。参数 ptrMap 为指定地图对象，参数 dMapX 为地图点对象 X 坐标值，参数 dMapY 为地图点对象 Y 坐标值，参数 dPageX 为页面点对象 X 坐标值，参数 dPageY 页面点对象 Y 坐标值。

（22）FromMapPoint 方法。函数原型：System.Drawing.Point FromMapPoint（IPoint ptrPoint）；System.Drawing.Point FromMapPoint（IMap ptrMap,IPoint ptrPoint）；函数说明：该方法用于将当前制图显示控件中某个地图点转化为屏幕点，参数 ptrMap 为目标地图对象，ptrPoint 为目标地图点对象，返回值为转化完成的屏幕点对象。

（23）ToMapPoint 方法。函数原型：IPoint ToMapPoint（System.Drawing.Point point）；IPoint ToMapPoint（IMap ptrMap, System.Drawing.Point point）；函数说明：该方法用于将当前地图显示控件中某个屏幕点转化为地图点，参数 point 为该屏幕点的 X、Y 坐标值，ptrMap 为目标地图对象。

（24）RenderGraphicsContainerSelections 方法。函数原型：void RenderGraphicsContainer Selections（System.Drawing.Graphics painter）；函数说明：该方法用于获取制图显示控件中 GraphicsContainer 的选择渲染，参数 painter 为制图控件中的画布对象。

（25）ClearContent 方法。函数原型：void ClearContent（）；函数说明：该方法用于清空制图控件里的内容。

（26）GetDefaultDataFrameEnvelope 方法。函数原型：IEnvelope GetDefaultDataFrame Envelope（）；函数说明：该方法用于获取制图显示控件中的数据框默认外接多边形。

（27）GetDefaultScaleBarEnvelope 方法。函数原型：IEnvelope GetDefaultScaleBarEnvelope （）；函数说明：该方法用于获取制图显示控件中的比例尺外接多边形。

（28）GetFocusMapFrameElement 方法。函数原型：IMapFrameElement GetFocusMap FrameElement（）；函数说明：该方法用于获取制图控件中的当前焦点地图的框架元素。

（29）RefreshGraphicsView 方法。函数原型：void RefreshGraphicsView（）；函数说明：该方法用于获取刷新制图显示控件中的图形视图。

（30）Resize 方法。函数原型：void Resize（System.Drawing.RectangleF rec）；函数说明：该方法用于重置 PageLayout 大小，参数 rec 为 PageLayout 大小的 Rectangle 对象。

（31）QueryOutputSize 方法。函数原型：void QueryOutputSize（int nOutputDPI, ref int nWid, ref int nHei）；函数说明：该方法用于获取打印输出地图大小，参数 nOutputDPI 为打印输出地图的 dpi 分辨率值，nWid 为打印输出地图的返回宽度，nHei 为打印输出地图的返回高度。

（32）OutputTIF 方法。函数原型：void OutputTIF（String strPath, int nDPI, ITrackerCancel ptrTracker）；函数说明：该方法用于打印输出 TIF，参数 strPath 为输出路径，nDPI 为打印输出地图的 dpi 分辨率值，ptrTracker 为控制多线程对象。

（33）OutputPNG 方法。函数原型：void OutputPNG（String strPath, int nDPI, ITrackerCancel ptrTracker）；函数说明：该方法用于打印输出 PNG，参数 strPath 为输出路径，nDPI 为打印输出地图的 dpi 分辨率值，ptrTracker 为控制多线程对象。

（34）OutputJPG 方法。函数原型：void OutputJPG（String strPath, int nDPI, ITrackerCancel ptrTracker）；函数说明：该方法用于打印输出 JPG，参数 strPath 为输出路径，nDPI 为打印输出地图的 dpi 分辨率值，ptrTracker 为控制多线程对象。

2）IPageLayout 接口常用属性

GraphicContainer 属性：获取制图显示控件中的图形容器 GraphicContainer 对象。

## 8.5.4　IPage 接口

Page 对象用来管理制图视图中的页面，在 PageLayout 对象被创建后就会自动产生。Page 对象是一个简单的对象，它用于装载地理数据，不提供任何别的分析、查询功能。如果将 PageLayout 当作一个地图画板，那么 Page 对象就是在画板中专门用于绘制地图图形的部分。Page 类的主要接口是 IPage，它用于管理 Page 的制图单位、纸张尺寸编号、制图对象是否随页面拉伸、打印页面是否显示边界、获取打印页面外接多边形等属性和方法。

下面对 IPage 接口常用的方法和属性进行介绍。

1）IPage 接口常用方法

（1）GetDeviceBounds 方法。函数原型：IEnvelope GetDeviceBounds（IPrinter pPrinter, int currentPage, double dOverlap, double dResolution）；函数说明：该方法用于获取设备的边界范围，参数 pPrinter 为 Printer 对象，currentPage 为当前 page 对象的索引，dResolution 为分辨率大小，返回值为设备范围对象。

（2）GetPageBounds 方法。函数原型：IEnvelope GetPageBounds（IPrinter pPrinter, int currentPage, double dOverlap, double dResolution）；函数说明：该方法用于获取 page 对象外接多边形的边界范围，参数 pPrinter 为 Printer 对象，currentPage 为当前 page 对象的索引，dResolution 为分辨率大小，返回值为 page 对象外接多边形的边界范围。

（3）GetPrintableBounds 方法。函数原型：IEnvelope GetPrintableBounds（）；函数说明：该方法用于获取打印页面外接多边形的边界范围，返回值为打印页面外接多边形的边界范围。

（4）GetPrinterPageCount 方法。函数原型：int GetPrinterPageCount（IPrinter pPrinter）；函数说明：该方法用于获取打印页数，参数 pPrinter 为 Printer 对象，返回值为打印页数。

（5）PutCustomSize 方法。函数原型：void PutCustomSize（double dWidth, double dHeight）；函数说明：该方法用于自定义设置打印页大小，参数 dWidth 为页面宽度，dHeight 为页面高度。

（6）QuerySize 方法。函数原型：void QuerySize（ref double dWidth, ref double dHeight）；函数说明：该方法用于获取打印页大小，参数 dWidth 为页面宽度，dHeight 为页面高度。

（7）DrawBackground 方法。函数原型：voidDrawBackground（Graphicsgraphics, IDisplayTransformation displayTransformation）；函数说明：该方法用于绘制打印页面背景，参数 graphics 为 Graphics 对象，displayTransformation 为转换对象。

（8）DrawBorder 方法。函数原型：void DrawBorder（Graphics graphics, IDisplay Transformation displayTransformation）；函数说明：该方法用于绘制页面边框，参数 graphics 为 Graphics 对象，displayTransformation 为转换对象。

（9）DrawPaper 方法。函数原型：void DrawPaper（Graphics graphics, IDisplayTransformation displayTransformation）；函数说明：该方法用于绘制打印页面，参数 graphics 为 Graphics 对象，displayTransformation 为转换对象。

（10）DrawPrintableArea 方法。函数原型：void DrawPrintableArea（Graphics graphics, IDisplayTransformation displayTransformation）；函数说明：该方法用于绘制打印可视区域，参数 graphics 为 Graphics 对象，displayTransformation 为转换对象。

（11）Draw 方法。函数原型：void Draw（Graphics graphics, IDisplayTransformation displayTransformation）；函数说明：该方法用于绘制打印，参数 graphics 为 Graphics 对象，displayTransformation 为转换对象。

2）IPage 接口常用属性

（1）Units 属性：获取或者设置制图单位。

（2）FormID 属性：获取或者设置纸张尺寸编号。

（3）StretchGraphicsWithPage 属性：获取或者设置制图对象是否随页面拉伸。

（4）PrintableAreaVisible 属性：获取或者设置打印页面是否显示边界。

（5）Orientation 属性：获取或者设置打印方向，1 为纵向，2 为横向。

### 8.5.5 IPageEvents 接口

通过 IPageEvents 接口，开发者可以激活对 Page 对象变化事件的监听器，实现对 Page 对象颜色变化、Margins 变化、PageSize 变化、Units 单位变化等事件的捕获与响应。

IPageEvents 接口常用事件如下。

（1）OnPageColorChanged 事件：颜色变化事件。

（2）OnPageMarginsChanged 事件：Margins 变化事件。

（3）OnPageSizeChanged 事件：PageSize 变化事件。

（4）OnPageUnitsChanged 事件：Units 变化事件。

### 8.5.6 IBackground 接口

Background 是制图时的背景对象，它实现了背景名称、X、Y 间距、获取 Geometry、查询边界、绘制、克隆等方法和属性。

下面对 IBackground 接口常用的方法和属性进行介绍。

1）IBackground 接口常用方法

（1）GetGeometry 方法。函数原型：IGeometry GetGeometry（IDisplayTransformation displayTransformation, IGeometry ptrShape）；函数说明：该方法用于获取几何图形，参数为转换对象和目标几何体对象，参数 displayTransformation 为转换对象，ptrShape 为目标几何体对象，返回值为几何对象。

（2）QueryBounds 方法。函数原型：IEnvelope QueryBounds（IDisplayTransformation displayTransformation, IGeometry geometry）；函数说明：该方法用于查询当前几何的外接多边形，参数 displayTransformation 为转换对象，geometry 为目标几何体对象，返回值为当前几何体的外接多边形对象。

（3）Draw 方法。函数原型：bool Draw（Graphics graphics, IDisplayTransformation displayTransformation, IGeometry geometry）；函数说明：该方法用于绘制几何体对象，可以通过绘制路径直接在 Graphics 上绘制，也可以通过转换对象和目标几何体对象在 Graphics 上绘制，参数 graphics 为 Graphics 对象，displayTransformation 为转换对象，geometry 为目标几何体对象，绘制成功时返回值为 true，否则为 false。

（4）Clone 方法。函数原型：IBackground Clone（）；函数说明：该方法用于克隆当前背景对象，返回值为当前背景的克隆对象。

2）IBackground 接口常用属性

（1）Name 属性：获取或者设置背景的名称。

（2）XGap 属性：获取或者设置背景的 X 方向的间距。

（3）YGap 属性：获取或者设置背景的 Y 方向的间距。

### 8.5.7 IBorder 接口

Border 是制图时的边界对象，和上边的 Background 类似，它实现了制图边界名称、X、Y 间距、获取 Geometry、查询边界、绘制、克隆等方法和属性。

下面对 IBorder 接口常用的方法和属性进行介绍。

1）IBorder 接口常用方法

（1）GetGeometry 方法。函数原型：IGeometry GetGeometry（IDisplayTransformation displayTransformation, IGeometry ptrShape）；函数说明：该方法用于获取几何图形，参数 displayTransformation 为转换对象，ptrShape 为目标几何体对象。

（2）QueryBounds 方法。函数原型：IEnvelope QueryBounds（IDisplayTransformation displayTransformation, IGeometry geometry）；函数说明：该方法用于查询当前几何的外接多边形，参数 displayTransformation 为转换对象，geometry 为目标几何体对象。

（3）Draw 方法。函数原型：bool Draw（Graphics graphics, IDisplayTransformation displayTransformation, IGeometry geometry）；函数说明：该方法用于绘制几何体对象，可以通过绘制路径直接在 Graphics 上绘制，也可以通过转换对象和目标几何体对象在 Graphics 上绘制，参数 graphics 为 Graphics 对象，displayTransformation 为转换对象，geometry 为目标几何体对象，绘制成功时返回值为 true，否则为 false。

（4）Clone 方法。函数原型：IBorder Clone（）；函数说明：该方法用于克隆当前边界对象。

2）IBorder 接口常用属性

（1）Name 属性：获取或者设置边界的名称。

（2）XGap 属性：获取或者设置边界的 X 方向的间距。

（3）YGap 属性：获取或者设置边界的 Y 方向的间距。

## 8.5.8　IFrameElement 接口

FrameElement 是制图时的 Frame 图框元素对象，它实现了绘制 Frame 和查询边界等方法。IFrameElement 接口常用方法如下。

（1）QueryFrameBounds 方法。函数原型：IEnvelope QueryFrameBounds（IDisplayTransformation displayTransformation, IGeometry geometry）；函数说明：该方法用于获得 FrameElement 的 Geometry 对应的 Envelope，参数 displayTransformation 为转换对象，geometry 为目标几何体对象。

（2）DrawFrame 方法。函数原型：void DrawFrame（Graphics graphics, IDisplayTransformation displayTransformation）；函数说明：该方法用于绘制 Frame 对象，可以通过绘制路径直接在 Graphics 上绘制，参数 graphics 为 Graphics 对象，displayTransformation 为转换对象。

## 8.5.9　IFrameProperties 接口

FrameProperties 定义了制图时 Frame 图框元素对象的背景、边界、阴影属性的设置和获取，从而实现对 Frame 图框元素的显示控制。

IFrameProperties 接口常用属性如下。

（1）Background 属性：获取或者设置制图时的背景。

（2）Border 属性：获取或者设置制图时的边界。

（3）Shadow 属性：获取或者设置制图时的阴影。

## 8.5.10　IMapFrameElement 接口

MapFrame 对象用于管理制图时 Map 对象，而 MapFrameElement 是指对应的地图的

MapFrame 元素对象。

IMapFrameElement 接口常用属性如下。

（1）Background 属性：获取或者设置制图时的背景。

（2）Map 属性：获取或者设置制图时的 Map 对象。

## 8.5.11　IPaper 接口

Paper 对象是制图时的纸张对象，可以设置 Paper 的制图单位和纸张尺寸编号，查询纸张大小等属性和方法。

下面对 IPaper 接口常用的方法和属性进行介绍。

1）IPaper 接口常用方法

QueryPaperSize 方法。函数原型：void QueryPaperSize（ref double dWidth, ref double dHeight）；函数说明：该方法用于获取纸张大小，参数 dWidth 为纸张宽度，dHeight 为纸张高度。

2）IPaper 接口常用属性

（1）FormID 属性：获取或者设置纸张尺寸编号。

（2）Units 属性：获取或者设置制图单位。

## 8.5.12　IPrinter 接口

Printer 对象是制图输出时的打印机对象，可以设置 Printer 的打印机名称、Paper 对象、驱动是否支持打印机、打印结束等与地图制图打印有关的属性和方法。

下面对 IPrinter 接口常用的方法和属性进行介绍。

1）IPrinter 接口常用方法

（1）DoesDriverSupportPrinter 方法。函数原型：bool DoesDriverSupportPrinter（String strPrinterName）；函数说明：该方法用于获取驱动是否支持打印机，参数 strPrinterName 为打印机名称，返回值为驱动是否支持打印机。

（2）GetName 方法。函数原型：String GetName（）；函数说明：该方法用于获取打印机名称。

（3）DriverName 方法。函数原型：String DriverName（）；函数说明：该方法用于获取驱动名称。

（4）FileExtension 方法。函数原型：String FileExtension（）；函数说明：该方法用于获取文件扩展类型。

（5）Filter 方法。函数原型：String Filter（）；函数说明：该方法用于获取文件过滤格式。

（6）FinishPrinting 方法。函数原型：void FinishPrinting（）；函数说明：该方法用于结束打印。

（7）PrintableBounds 方法。函数原型：IEnvelope PrintableBounds（）；函数说明：该方法用于获取可打印的外接多边形范围。

（8）QueryPaperSize 方法。函数原型：void QueryPaperSize（ref double dWidth, ref double dHeight）；函数说明：该方法用于获取纸张大小，参数 dWidth 为纸张宽度，dHeight 为纸张高度。

（9）GetSpoolFileName 方法。函数原型：String GetSpoolFileName（）；函数说明：该方

法用于获取 SpoolFile 名称。

（10）StartPrinting 方法。函数原型：void StartPrinting（IEnvelope ptrPixelBounds）；函数说明：该方法用于开始打印，参数 ptrPixelBounds 为打印的范围。

（11）Units 方法。函数原型：PieUnits Units（）；函数说明：该方法用于获取 Units 单位。

（12）VerifyDriverSettings 方法。函数原型：bool VerifyDriverSettings（）；函数说明：该方法用于获取修改驱动设置是否成功。

2）IPrinter 接口常用属性

（1）PrintFileName 属性：获取或者设置打印文件名称。

（2）Paper 属性：获取或者设置打印纸张的属性。

（3）Resolution 属性：获取或者设置打印分辨率大小。

## 8.5.13　IRulerSettings 接口

RulerSettings 是制图时的标尺对象，它包含获取标尺的宽度和标尺线距边界线间隔等属性和方法。

IRulerSettings 接口常用方法如下。

（1）GetWidth 方法。函数原型：int GetWidth（）；函数说明：该方法用于获取标尺宽度。

（2）GetDeflateWid 方法。函数原型：int GetDeflateWid（）；函数说明：该方法用于获取标尺线距边界线间隔值。

## 8.5.14　IShadow 接口

Shadow 是制图时的图框阴影对象，和上边的 Background 类似，它实现了制图阴影名称、X、Y 间距、获取 Geometry、查询边界、绘制、克隆等方法和属性。

下面对 IShadow 接口常用的方法和属性进行介绍。

1）IShadow 接口常用方法

（1）GetGeometry 方法。函数原型：IGeometry GetGeometry（IDisplayTransformation displayTransformation, IGeometry ptrShape）；函数说明：该方法用于获取几何图形，参数 displayTransformation 为转换对象，ptrShape 为目标几何体对象，返回值为几何对象。

（2）QueryBounds 方法。函数原型：IEnvelope QueryBounds（IDisplayTransformation displayTransformation, IGeometry geometry）；函数说明：该方法用于查询当前阴影的外接多边形，参数 displayTransformation 为转换对象，geometry 为目标几何体对象。

（3）Draw 方法。函数原型：bool Draw（Graphics graphics, IDisplayTransformation displayTransformation, IGeometry geometry）；函数说明：该方法用于绘制几何体对象，可以通过绘制路径直接在 Graphics 上绘制，参数 graphics 为 Graphics 对象，displayTransformation 为转换对象，geometry 为目标几何体对象，绘制成功时返回值为 true，否则为 false。

（4）Clone 方法。函数原型：IBorder Clone（）；函数说明：该方法用于克隆当前阴影对象。

2）IShadow 接口常用属性

（1）Name 属性：获取或者设置阴影的名称。

（2）XGap 属性：获取或者设置阴影的 X 方向的间距。

（3）YGap 属性：获取或者设置阴影的 Y 方向的间距。

### 8.5.15　ISymbolBackground 接口

SymbolBackground 是制图时的符号背景对象，用来设置背景的符号，包括获取或设置线拐角弧度、填充面符号样式属性。

ISymbolBackground 接口常用属性如下。

（1）CornerRounding 属性：获取或者设置线拐角弧度。

（2）FillSymbol 属性：获取或者设置填充面符号样式。

### 8.5.16　ISymbolBorder 接口

SymbolBorder 是制图时的符号边界对象，用来设置边界的符号，包括获取或设置拐角弧度、线符号样式属性。

ISymbolBorder 接口常用属性如下。

（1）CornerRounding 属性：获取或者设置拐角弧度。

（2）LineSymbol 属性：获取或者设置线符号样式。

### 8.5.17　ISymbolShadow 接口

SymbolShadow 是制图时的符号阴影对象，用来设置阴影的符号，包括获取或设置拐角弧度、填充面符号样式属性。

ISymbolShadow 接口常用属性如下。

（1）CornerRounding 属性：获取或者设置拐角弧度。

（2）FillSymbol 属性：获取或者设置填充面符号样式。

### 8.5.18　IMapSurround 接口

MapSurround 是制图时的地图周围的符号，如比例尺、图例等元素对象，用来获取 Graphics、创建 Graphics、绘制、查询和填充大小设置、获取 MapSurround 类型和刷新等方法和属性。

下面对 IMapSurround 接口常用的方法和属性进行介绍。

1）IMapSurround 接口常用方法

（1）Clone 方法。函数原型：IMapSurround Clone（）；函数说明：该方法用于克隆获取 MapSurround 对象。

（2）GetGraphics 方法。函数原型：IList< IElement> GetGraphics（）；函数说明：该方法用于获取 Graphics 视图对象。

（3）CreateItemGraphics 方法。函数原型：void CreateItemGraphics（IDisplayTransformation ptrDisTrans）；函数说明：该方法用于创建 Graphics 视图对象，参数 ptrDisTrans 为显示转换对象。

（4）Draw 方法。函数原型：void Draw（System.Drawing.Graphics graphics, IEnvelope ptrEnv, IDisplayTransformation displayTransformation, ITrackerCancel trackerCancel）；函数说明：该方法用于绘制 MapSurround，参数 graphics 为绘图设备对象，ptrEnv 为外界多边形范围，displayTransformation 为显示转换对象，trackerCancel 为 TrackerCancel。

（5）QuerySize 方法。函数原型：void QuerySize（IDisplayTransformation ptrDisTrans, ref double width, ref double height）；函数说明：该方法用于创建 Graphics 视图对象，参数

ptrDisTrans 为显示转换对象，width 为获取的宽度值，height 为获取的高度值。

（6）FitToBounds 方法。函数原型：void FitToBounds（IDisplayTransformation ptrDisTrans, IEnvelope ptrBounds）；函数说明：该方法用于设置填充 MapSurround 对象使其适应边界大小，参数 ptrDisTrans 为显示转换对象，ptrBounds 为范围。

（7）GetType 方法。函数原型：MapSurroundType GetType（）；函数说明：该方法用于获取 MapSurround 的类型。

（8）Refresh 方法。函数原型：void Refresh（）；函数说明：该方法用于强制刷新。

2）IMapSurround 接口常用属性

Map 属性：获取或者设置焦点地图。

## 8.5.19　IMapSurroundFrame 接口

MapSurroundFrame 是制图时的地图周围的框架元素符号，它实现了获取和设置 MapSurround、绘制、查询大小、缩放和克隆等方法和属性。

下面对 IMapSurroundFrame 接口常用的方法和属性进行介绍。

1）IMapSurroundFrame 接口常用方法

（1）Clone 方法。函数原型：IMapSurround Clone（）；函数说明：该方法用于克隆获取 MapSurroundFrame 对象。

（2）Draw 方法。函数原型：void Draw（System.Drawing.Graphicsgraphics, IDisplay Transformation displayTransformation, ITrackerCancel trackerCancel）；函数说明：该方法用于绘制 MapSurroundFrame，参数 graphics 为绘图设备对象，displayTransformation 为显示转换对象，trackerCancel 为 TrackerCancel。

（3）QuerySize 方法。函数原型：void QuerySize（IDisplayTransformation ptrDisTrans, ref double width, ref double height）；函数说明：该方法用于创建 Graphics 视图对象，参数 ptrDisTrans 为显示转换对象，width 为获取的宽度值，height 为获取的高度值。

（4）Scale 方法。函数原型：bool Scale（IPoint originPoint, double sx, double sy）；函数说明：该方法用于缩放，参数 originPoint 为参照点，sx 为 x 方向缩放值，sy 为 y 方向缩放值，缩放成功时返回值为 true，否则为 false。

2）IMapSurroundFrame 接口常用属性

MapSurround 属性：获取或者设置 MapSurround。

## 8.5.20　IMarkerNorthArrow 接口

MarkerNorthArrow 是制图时的点状指北针对象，用来获取或设置点状符号属性。

IMarkerNorthArrow 接口常用属性如下。

MarkerSymbol 属性：获取或者设置点符号样式。

## 8.5.21　INorthArrow 接口

INorthArrow 接口，用来获取指北针符号的角度，获取或设置校准角度、大小和颜色等方法和属性。

下面对 INorthArrow 接口常用的方法和属性进行介绍。

1）INorthArrow 接口常用方法

GetAngle 方法。函数原型：double GetAngle（）；函数说明：该方法用于获取指北针对象的角度。

2）INorthArrow 接口常用属性

（1）CalibrationAngle 属性：获取或者设置校准角度。

（2）Color 属性：获取或者设置颜色。

（3）Size 属性：获取或者设置大小。

# 第9章　系统设计与开发综合实战

## 9.1　太湖蓝藻监测系统简介

太湖是我国第三大淡水湖，地跨江浙两省，水域面积达 2338km²，平均水深 2m 左右。20 世纪 80 年代，太湖水体营养化很严重，频繁暴发蓝藻水华现象，是非常典型的二类水体（光学性质变化受浮游植物及其附属物、外生的粒子和外生有色可溶有机物等其他物质影响的水体）。悬浮物（suspended solid，悬浮在水中的固体物质，包括不溶于水的无机物、有机物及泥沙、黏土、微生物等）作为造成水体浑浊的主要影响因素，是衡量水体污染程度的重要指标。太湖蓝藻水华的连年暴发以及蓝藻潜在的有害作用已经引起了生态环境部门、水资源管理部门以及普通公众的广泛关注，实现藻类的时空动态监测成为湖泊水质保护亟待解决的问题。常规的人工现场采集水样进行水质分析的方法，监测结果较准确，但是采样频次有限、成本高、耗时长，对于大型浅水湖泊难以获得全部水体的水质情况；而遥感技术监测范围广、成本低，可以快速、实时地监测水体表面水质参数的长期动态变化。遥感图像不仅可以直观、全面地提供整个湖泊的蓝藻水华分布情况，还可以通过对蓝藻浓度的连续动态监测，实现蓝藻水华的预警。本系统基于 PIE-SDK 实现数据加载、蓝藻提取、蓝藻专题图生成、专题图片导出等功能（Torbick et al.,2013）。

## 9.2　开 发 思 路

（1）数据加载、专题图生成、专题图导出功能可直接调用 PIE-SDK 中接口来实现。
（2）蓝藻提取功能基于 PIE-SDK 进行蓝藻算法实现。

## 9.3　系统开发实战

源代码参见共享文件夹中的"01 源代码\09 第 9 章　系统设计与开发综合实战\9.3 系统开发实战"。

（1）创建一个 WinForm 工程，在窗体中添加菜单项：【数据加载】【蓝藻提取】【蓝藻专题图生成】【导出专题图片】，如图 9.1 所示。

图 9.1　添加功能菜单项

（2）在窗体中添加两个 panel 控件，用来盛放图层树控件和制图、地图控件，调整合适的位置及大小。在右边的 panel 中添加一个 tabControl 控件，如图 9.2 所示。

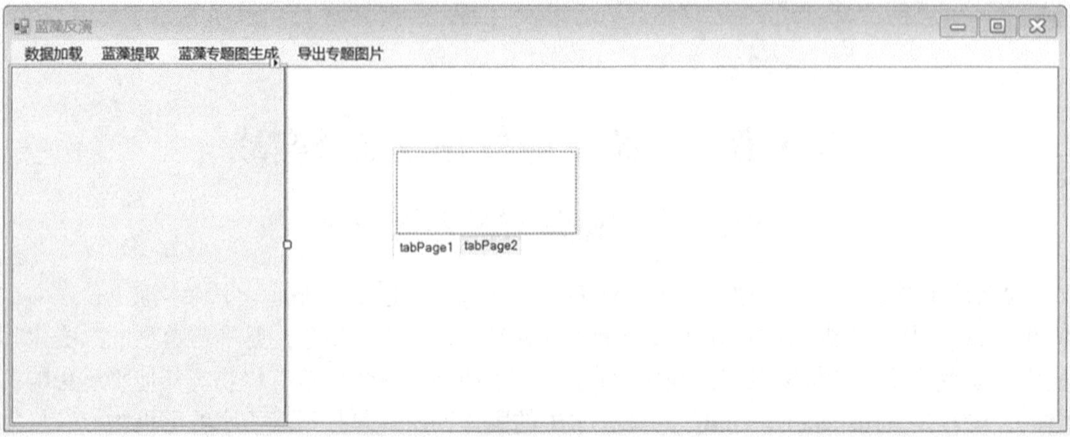

图 9.2　添加 panel 面板控件

（3）在界面中绑定 PIE-SDK 控件。

（4）添加制图\地图视图切换事件。

（5）实现【数据加载】功能。

（6）实现【蓝藻提取】功能。

（7）实现【蓝藻专题图生成】功能。

（8）实现【导出专题图片】功能。

## 9.4　成 果 展 示

成果展示如图 9.3～图 9.6 所示。

图 9.3　数据加载

图 9.4　蓝藻提取

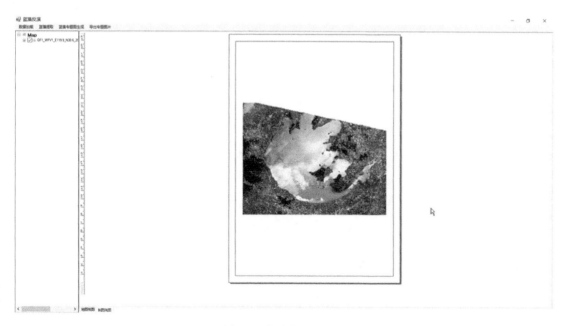

图 9.5　蓝藻专题图生成

图 9.6 蓝藻专题图片

# 主要参考文献

董彦卿. 2012. IDL 程序设计: 数据可视化与 ENVI 二次开发. 北京: 高等教育出版社.

樊文锋, 李鸿洲, 温奇, 等. 2016. 高分二号卫星影像正射纠正精度分析. 测绘通报, 9: 63-66.

高连如, 张兵, 张霞, 等. 2007. 基于局部标准差的遥感图像噪声评估方法研究. 遥感学报, 11(2): 201-208.

韩培友. 2006. IDL 可视化分析与应用. 西安: 西北工业大学出版社.

柯佳宏, 吴安东, 李勇, 等. 2017. 基于 LBP 改进的 MeanShift 高分辨率遥感影像分割方法. 矿山测量, 45(6): 64-68.

李崇贵, 陈峥, 谢非, 等. 2016. ArcGIS Engine 组件式开发及应用. 2 版. 北京: 科学出版社.

李厚强, 王宜主, 刘政凯. 1997. 一种适用于多类别遥感图像分类的新方法——复合神经网络分类方法. 遥感学报, (4): 257-261.

牟乃夏, 王海银, 李丹, 等. 2015. ArcGIS Engine 地理信息系统开发教程. 北京: 测绘出版社.

王慧贤, 靳惠佳, 王娇龙, 等. 2015. k-均值聚类引导的遥感影像多尺度分割优化方法. 测绘学报, 44(5): 526-532.

王桥, 厉青, 陈良富, 等. 2011. 大气环境卫星遥感技术及应用. 北京: 科学出版社.

王周龙, 冯学智, 刘晓枚, 等. 2003. 秦淮河丘陵地区土地利用遥感信息提取及制图. 遥感学报, (2): 131-135.

韦玉春, 汤国安, 汪闽, 等. 2019. 遥感数字图像处理教程. 3 版. 北京: 科学出版社.

闫利, 费亮, 叶志云, 等. 2016. 大范围倾斜多视影像连接点自动提取的区域网平差法. 测绘学报, (3): 310-317, 338.

阎殿武. 2003. IDL 可视化工具入门与提高. 北京: 机械工业出版社.

朱文泉, 林文鹏. 2015. 遥感数字图像处理——原理与方法. 北京: 高等教育出版社.

Cormack R M. 1971. A review of classification. Journal of the Royal Statistical Society: Series A(General), 134(3): 321-367.

Torbick N, Hession S, Hagen S, et al. 2013. Mapping inland lake water quality across the Lower Peninsula of Michigan using Landsat TM imagery. International Journal of Remote Sensing, 34(21): 7607-7624.

Wang M, Wei S, Tang J. 2011. Water property monitoring and assessment for China's inland Lake Taihu from MODIS-Aqua measurements. Remote Sensing of Environment, 115(3): 841-854.

# 致 谢

本书得到"首都师范大学国家级一流本科专业（地理信息科学）""北京市一流专业（地理信息科学）"建设项目资助。

感谢中国高分辨率对地观测系统重大专项办公室、中国资源卫星应用中心、航天宏图信息技术股份有限公司提供的国产高分系列卫星数据和无人机影像数据。

在本书撰写过程中，高校教师汤占中、田金炎，博士研究生张可，硕士研究生侯晨辉以及本科生梁嘉曦、张鸿宇等做了很多工作，在此特别感谢。此外，航天宏图信息技术股份有限公司的任芳、孙焕英、李彦、卫黎光、王小华、兰翠玉、杜漫飞、王晓悦、曹欢对各章节的文稿进行了反复检查，在此一并致以诚挚的谢意。

本书作者

2020 年 6 月 20 日